全国高等院校应用心理学系列精品教材

总主编 李 红

景观设计心理学

主 编 李 良

副主编 莫妮娜 李侃侃 王 静

赵 姣 张长亮

西南师范大学出版社

国家一级出版社 全国百佳图书出版单位

图书在版编目(CIP)数据

景观设计心理学 / 李良主编. -- 重庆：西南师范
大学出版社, 2021.6
全国高等院校应用心理学系列精品教材
ISBN 978-7-5697-0916-2

Ⅰ.①景… Ⅱ.①李… Ⅲ.①景观设计—应用心理学
—高等学校—教材 Ⅳ.①TU986.2-05

中国版本图书馆 CIP 数据核字(2021)第 123140 号

景观设计心理学
JINGGUAN SHEJI XINLIXUE

主　编　李　良

副主编　莫妮娜　李侃侃　王　静　赵　姣　张长亮

责任编辑:王传佳
责任校对:李　君
封面设计:汤　立
排　　版:瞿　勤
出版发行:西南师范大学出版社
　　　　　地址:重庆市北碚区天生路2号
　　　　　邮编:400715
　　　　　网址:http://www.xscbs.com
　　　　　市场营销部电话:023-68868624
经　　销:全国新华书店
印　　刷:重庆紫石东南印务有限公司
幅面尺寸:185mm×260mm
印　　张:17.5
字　　数:370千字
版　　次:2021年6月　第1版
印　　次:2021年6月　第1次
书　　号:ISBN 978-7-5697-0916-2

定　　价:56.00元

前　言

在社会发展进程中,无论是对于城市建设,还是对于乡村发展,景观设计都有着举足轻重的作用。而随着社会经济的不断发展,人们的物质生活水平得到了极大的提高,人们对周围环境质量的要求也越来越高,对城市环境和自然环境的结合以及人与自然环境的和谐关系也越来越注重。同时,人们也越来越重视物质环境对自己精神需求的满足。在这样的发展背景下,近年来,景观设计也越来越提倡人性化和满足人的心理需求。无论是建筑小品的布局,还是植物空间的布局,都有诸多环境心理因素需要考虑。例如,景观环境中的植物,它不仅是景观的构成要素,也能成为激发游人丰富联想的刺激物,如玫瑰让人联想到爱情,竹让人联想到高风亮节,松柏让人联想到长寿,牡丹让人联想到富贵吉祥,等等。因此,研究人类的行为心理在园林景观设计中必不可少,而景观设计心理学作为研究景观、景观设计与人的行为和心理之间关系的一个应用心理学领域也越来越受到人们的重视与关注。

在我国现阶段,景观设计心理学还处于基础发展阶段,其内容和体系还没有完全建立起来。在本书的编写中,我们努力使其内容全面,从而搭建起一个较为完善的景观设计心理学体系。

本书面向风景园林专业的学生,力求提高风景园林专业学生的综合创作能力,强调在景观设计中关注设计受众的心理需求,以普通心理学和设计心理学指导学生设计实践,体现风景园林专业课程目标与教学内容的统一,力求做到理论与实际相结合。全书共分十章:第一章对景观概念进行梳理概括,对景观设计心理学做出初步界定,同时对相关学科的理论及研究方法做归纳总结;第二章以传统的环境心理学为基础,探讨不同空间环境对人产生的不同影响;第三章从认知心理学里的感觉心理、知觉心理出发,将心理学衍生至景观设计的应用中,分析认知过程对景观设计效果的影响,讲解认知地图的基本概念和性质;第四章阐述了景观与人的情绪、情感的关系;第五章探讨景观对人健康的各方面影响;第六章探讨景观环境对公共社会安全的影响及其产生原因;第七章基于人格的基本概念,探讨了地域文化与人格的关系,进而阐释景观对健康人格塑造的影响;第八章阐述景观和审美的关系;第九章探讨设计师自身心理因素对设计作品的影响;第十章从创造力与创造人格、设计师与创造性思维、文化影响及设计三个方面来探究景观设计师的创造心理。各章作者分别为:李良(第一章、第四章、第七章、第九章、第十章);赵姣(第二章);莫妮娜(第三章);张长亮(第五章);李侃侃(第六章);王静(第八章)。

成功的景观设计,不但要满足人的生理要求,同时还应满足人的心理要求。要满足人的心理需求,就需要设计师通过研究环境心理学等相关学科,发掘人们内心深处的理想环境模式,并在设计中将这种理想环境模式呈现出来。景观设计内容丰富,每一方面都蕴含了与人的行为心理的关系。总之,景观设计心理学这一交叉学科的发展,机遇与挑战并存,责任与使命并重,我们任重而道远。

本书在撰写过程中借鉴、参考、引用了大量国内外有关景观设计心理学的文献资料和前沿研究成果,在此对这些资料与成果的作者致以深深的谢意。由于景观设计心理学还处于不断发展的过程中,加上作者水平有限,书中难免有疏漏偏颇之处,敬请各位同仁、专家及广大读者批评指正。

CONTENTS **目录**

第一章

景观设计心理学概述

景观设计心理学是一门以景观及景观设计为研究主体,研究景观与人的心理和行为之间的关系,运用格式塔心理学、认知心理学等相关心理学原理及方法,对景观设计心理、景观认知、景观行为进行研究的心理学与风景园林学的交叉学科。因其是多学科交叉、涉及多领域的全新课题,它的研究者必然应具备心理学及风景园林学方面较专业的知识、深厚的景观设计实践功底以及必要的人文修养。这样才能从景观设计师的认知角度,从景观使用者的知觉角度,从环境空间对人心理的映射角度,来探究人与景观的相互关系。它的研究将促进风景园林学理论的发展,并促进对认知心理学、人机工程理论的研究。

景观设计心理学以提高景观设计能力为主要目的。它面向风景园林专业的学生,力求全面提高风景园林专业学生的综合创作能力,强调在景观设计中关注设计受众的心理需求,以心理学和设计心理学指导学生设计实践,体现风景园林课程目标与教学内容的统一,力求做到理论与实际相结合。风景园林学是交叉性较强的学科,本章节在对各个名词作界定时会借用其他学科的相关定义,通过对景观概念的梳理概括,使学生能更好地理解景观设计心理学的基本定义,并借助设计心理学的基础知识对景观设计心理学做出初步界定,同时将环境心理学、环境艺术心理学、建筑设计心理学等学科有关的设计心理学理论及研究方法做归纳总结,以帮助大家更好地掌握景观设计心理学基础知识。

设计心理学是一门设计艺术学与心理学交叉的学科,该领域学者提炼学科理论知识、构建学科体系,使设计心理学课程的内容不断完善,将设计心理学课程的重点落在提高可用性和有目的的情感体验上,着重在设计中引导设计者将"人"这一重要因素考虑在内,遵循人的心理,设计出满足人需要的作品。设计心理学帮助学生解读设计构造的意义,将相对枯燥的技法课程和手段课程引入实际的应用情境中,深入理解材料带给人的情感体验与设计内在的逻辑关系,为接下来的专业技术课程铺平道路。然而就目前来说,设计心理学教材的内容大都偏重于工业设计方面,从风景园林学科和行业研究的角度出发,景观设计心理学的内容还有待讨论。本章就从设计心理学的基础知识出发,结合风景园林学科特点,总结一些景观设计心理学的基本知识与方法。

第一节　什么是景观设计心理学

景观设计心理学的理论主要源自设计心理学和环境心理学,因此关于景观设计心理学的界定,将从研究客体即景观和景观设计入手,首先详细描述景观一词的由来以及在不同学科中景观的定义,体现景观在学科和领域中的侧重点,再结合设计心理学和行为学的定义来讨论景观设计心理学的定义。

一、景观的定义

"景观"一词最早出现于希伯来文的《圣经》(旧约全书)中,用来描绘拥有所罗门王国教堂、城堡和宫殿的耶路撒冷城美丽的景色。景观的英文为"landscape",根据英语的构成可以拆分为"land"和"scape"两个单词,其中"land"在英语中做名词时有"土地"、"国土"、"地"和"陆地"等解释,"scape"在英语中做名词时有"花径"、"风景"、"景色"和"山水"等解释。"landscape"这个单词做名词时有风景、景色、景致、景象、山水、风景画、山水画、乡村风景画、风景摄影、风景照以及景观、地形、眼界、前景展望等含义;做动词时有"对……做景观美化""给……做园林美化""从事庭园设计和美化(环境等)使景色宜人""从事景观美化工作""做庭园设计师"等含义。在英文的详细解释中,有"乡村或土地的所有可见特征,通常根据它们的美学吸引力来考虑"和"在一片土地上你能看到的一切,包括山丘、河流、建筑物、树木和植物"等。但是这里要特别指出,景观(landscape)一词是需要和一些概念做出区别的。

景观与自然有联系,但不完全是自然,它包含了自然与人,是人类对所看到的眼前事物的感知,在脑海中形成的一种印象,所以它是受到人类影响的自然,是人们看到后产生的包含了物质、文化和生态等因素的感知。

景观与风景也是既有联系又有区别的,它不仅包含了风景的一切解释,同时还含有人类审美,但是又不受其限制。我们在研究景观的时候,也会考虑到各种形式、结构、审美和动态变化,景观始终与人类有千丝万缕的联系。

景观与环境的关系同样是相辅相成,但又有所不同:环境的内涵更广泛,相比环境,景观具有更大的独立性,会受到人类思维的影响,与纯粹的环境相比,景观多了一些文化和社会的意义。

景观与场所也有所区别,可以说景观是场所,但是不能完全等同于场所。场所是指特定的人或事所占有的环境的特定部分,指的是特定建筑物或公共空间的活动处所,依靠的是人与人之间的关系,具有更多的个人主观意义在里面。相比之下,景观则更多是客观与真实的事物,比起场所的某个区域和某个特定的地点来说,景观更多是具有连续性的地理地貌。

景观和地理、地区、区域也有区别,"地理、地区和区域"作为地理学中的专业术语是没有争议的,但是景观的定义却有着许多不确定性和复杂性,不同国家因历史文化不同,对景观的翻译各不相同。地理学的发展历程也证明了景观和地理、地区、区域是不能直接等同的。

　　景观和园林最易混为一谈。园林(park,garden)是指在一定的地域运用工程技术和艺术手段,通过改造地形(或进一步筑山、叠石、理水)、种植树木花草、营造建筑和布置园路等途径创作而成的美的自然环境和游憩境域。园林包括庭园、宅园、小游园、花园、公园、植物园、动物园等,随着园林学科的发展,还包括森林公园、风景名胜区、自然保护区或国家公园的游览区以及休养胜地。因此,园林的主要功能是为人们提供游憩和观光,同时可以改善人的生理健康和心理健康,甚至提升人的精神追求,还可以保护和美化环境。然而景观一词除了有前面提到的"风景"的含义以外,更多的是"地域综合体"的含义,它主要还是为人所用、给人类做研究而用的一种适宜的尺度,没有明显边界,具有动态稳定性。

　　综上,我们会发现,景观在不同的学科中有着不同的概念。景观在地理学中的解释一直以来是非常含糊不清的,保罗·库尼斯(Paul Coones)指出"landscape"一词本身意思就不够精确,在许多方面都有各种隐含意义,如综合的或合成的可视景观(源于地形学的描述)、一片美丽的风景、一片广阔的土地以及栖息地等。19世纪初,德国科学家洪堡德(A.von Humboldt)将景观一词引入地理学,并将其定义为"地球整体特征"。吴静娴总结:地理学中的景观是包含地形、地貌、土壤、水体、植物和动物等多种元素的属于土地中具体的一部分,即区域单位的一个综合整体,一般是自然综合体。

　　在艺术学中,景观要从艺术史来看,"landscape"在绘画上的使用比在地理学中早了几百年。曼斯特伯格(Munsterberg)指出,风景绘画既带有宗教性又具有哲学性,对于艺术家来说,"landscape"是最重要的主题之一。他又指出,对于中国画家来说"landscape"从来不是作为人类的活动背景(在西方也经常如此)而存在,相反,在"landscape"中人类从属于无限广阔的自然界,无论何时,人类的影子出现在其中是为了让观察者分析人类在景中出现的目的。

　　在景观生态学中,景观的定义可概括为狭义和广义两种。狭义景观是指几十公里至几百公里范围内,由不同生态系统类型所组成的异质性地理单元。而反映气候、地理、生物、经济、社会和文化综合特征的景观复合体称为区域。狭义景观和区域可统称为宏观景观。广义景观则指出现在微观到宏观不同尺度上的,具有异质性或缀块性的空间单元。根据刘惠清等人从景观生态学的角度对景观下的定义:景观是由相互联系、相互作用的异质景观要素组合而成的包括过去和现在人类活动影响的具有特定结构和功能的地域综合体。

　　景观与风景园林、环境艺术等专业术语的内涵和外延因学科视野不同略有差异,但其研究对象是具有同一性的。为表达方便,本书把景观规划设计、风景园林规划设计、环境艺术设计等统称为景观设计。

二、景观设计的定义

（一）广义的景观设计

刘滨谊教授认为景观设计是一门综合性的、面向户外环境建设的学科，是一个集艺术、科学、工程技术于一体的应用型学科，其核心是人类户外生存环境的建设。所以它涉及的学科专业极为广泛，包括城市规划学、建筑学、林学、农学、地理学、动物学、经济学、生态学、管理学、宗教文化学、历史学及心理学等。现代景观设计均蕴含着以下三个层次：

（1）景观环境形象——景观美学。基于视觉的所有自然与人工形态及其感受的设计，即狭义景观设计。

（2）环境生态绿化——景观生态学。环境、生态、资源层面，包括土地利用、地形、水体、动植物、气候、光照等人文与自然资源在内的调查、分析、评估、规划、保护，即大地景观规划。

（3）大众群体行为心理——景观行为学。人类行为以及与之相关的文化历史与艺术层面，包括潜在于园林环境中的历史文化、风土民情、风俗习惯等与人们精神生活息息相关的文明，即行为精神景观规划设计。

俞孔坚教授认为，景观设计是关于土地的分析、规划、设计、管理、保护和恢复的科学和艺术。景观设计既是科学又是艺术。景观设计师需要科学地分析土地、认识土地，然后在此基础上对土地进行规划、设计、保护和恢复。例如，国家对濒临消失的沼泽地的恢复，对具有生物多样性的湿地的保护，都属于景观设计的范畴。

广义的景观设计概念是随着我们对于自然和自身认识程度的提高而不断完善和更新的。

景观设计是一门复杂的系统工程。它是多学科集合的交叉型学科，也是艺术与科学有效结合的产物。由于它所涉及的是人类户外生存环境的建设问题，而人类户外生存环境是动态发展的，因此，它的内涵和外延也处于动态发展过程中。

同时，景观设计由于涉及自然科学与社会科学两大科学体系。因此，整体的景观设计必然涉及各学科之间的统筹安排与分工合作问题。作为景观设计师，既需要具有科学地分析土地、认识土地、了解景观受物质与精神需求影响的能力，又要有较高的艺术素质和统筹安排的能力，只有这样，所设计出的环境景观作品才能符合环境系统要求，并能满足人们对于景观的物理性需求和审美需求。

景观设计主要包含规划和具体空间设计两个环节。

规划环节指的是大规模、大尺度景观的把握，包括五项规划内容：场地规划、土地规划、控制性规划、城市设计和环境规划。场地规划指通过对建筑、交通、景观、地形、水体、植被等诸多因素的组织和精确规划使某一块基地满足人类使用要求,并具有良好的发展趋势;土地规划的主要工作是规划土地大规模的发展建设,包括土地划分、土地分析、土地经济社会政策,以及生态、技术上的发展规划和可行性研究;控制性规划的主要内容是处理土地保护、使用与发展的关系,包括景观地质、开放空间系统、公共游憩系统、给排水系统、交通系统等诸多单元之间关系的控制;城市设计的主要工作是城市化地区的公共空间的规划和设计,例如,城市形态的把握、和建筑师合作对建筑面貌的控制、城市相关设施(包括街道设施、标识)的规划设计等,以满足城市经济发展的需要;环境规划的主要工作是对某一区域内自然系统的规划设计和环境保护,目的在于维持自然系统的承载力和可持续性发展的能力。

景观设计中具体空间设计环节则构成了景观设计的狭义概念。

(二)狭义的景观设计

景观设计是一个综合性很强的学科,其中场地设计和户外空间设计,也就是我们所说的狭义的景观设计,是景观设计的基础和核心。它主要是指基于环境美学,对城市居民户外生活环境进行的设计。狭义景观设计中的主要要素包括地形、水体、植被、建筑及构筑物、公共艺术品等。其主要设计对象是城市开放空间,包括广场、步行街、居住区环境、城市街头绿地以及城市滨湖、滨河地带等,其目的是不但要满足人类生活功能上、生理健康上的要求,还要不断地提高人类生活的品位,丰富人类的心理体验和精神追求。

从景观设计广义和狭义的两种定义来看,景观设计和城市规划或城市设计可以结合成为城市景观规划,景观设计也可以和建筑设计结合起来形成室内外空间一体化的设计。所以景观设计也可以说是处理人工环境和自然环境之间关系的一种思维方式,一条以景观为主线的设计组织方式,是以使人和自然最优化组合和可持续性发展为目的的。

景观设计是一个庞大、复杂的综合学科,融合了社会行为学、人类文化学、艺术学、建筑学、历史学、心理学、地域学、地理学等众多学科理论。景观设计是一个古老而又崭新的学科,广义上讲,从古至今人类所从事的有意识的环境改造都可称为景观设计。它是一种具有时间和空间双重性质的创造活动,是一个创造和积累的过程,随着时代的发展而发展,每个时代都赋予它不同的内涵,向它提出更新、更高的要求。虽然景观设计在欧洲已有两三百年历史,但是在中国仍然是"年轻"的学科,因此,不同知识背景的从业设计人员和研究人员在"景观设计"这一学科概念上,有着各自不同的理解和认识,这也是情理之中的事。

三、设计心理学的定义

将"设计心理学"作为一个独立的名词使用，并作为一门独立学科加以研究，即使在欧美的发达国家，也是在20世纪90年代以后才开始的，并主要应用于人机界面设计、网页设计、数字媒体设计、环境艺术设计等领域。但是，设计心理学的相关理论，如心理学、设计艺术学、美学、人机工程学等，却是由来已久。

心理学"psychology"一词来自希腊文，由"psyche"（灵魂）和"logos"（讲述）二词构成。通过字面理解，心理学的原始形态就是"灵魂的述说"。古希腊人认为，人具有不死的灵魂，灵魂就是意识，可以与肉体分开存在。

设计心理学是一门崭新的学科，以往对它做出明确界定的学者并不多。如果梳理一下设计及相关领域中与心理学有关的研究便会发现，由于设计心理学显著的学科交叉性和边缘性，其主要内容往往来自其他学科或设计实践中的相关研究和实践经验，包括生理学、心理学、美学、人机工程学、信息科学、设计艺术学等学科，而这些学科又往往相互交叉和渗透，形成了一个错综复杂的网络。因此，设计心理学目前尚未形成一个有秩序的、脉络清晰的整体，而是零星地分散于各学科领域之中，不像纯艺术学科的心理学研究相对发展得较为成熟和完整。研究设计心理学的学者基本上是从其专业领域出发来展开研究的，他们从不同角度，在不同学科背景下进行了多种尝试，提出了多样性的观点。

美国认知心理学家唐纳德·诺曼（Donald Arthur Norman）是最早提出设计心理学相关理论的学者之一，他认为"物品的外观为用户提供了正确操作所需要的关键线索——知识不仅存储于人的头脑中，而且还存储于客观世界"。他将自己所做的研究称为"物质心理学"，通过大量的设计案例来分析用户的使用心理，丰富了设计心理学的定义。

国内学者也对设计心理学做出了界定，主要观点有如下几种：

李彬彬教授认为，设计心理学是工业设计与消费心理学交叉的一门边缘学科，是应用心理学的分支，它是研究设计与消费心理匹配的专题。设计心理学是专门研究在工业设计活动中，如何把握消费者心理、遵循消费行为规律、设计适销对路的产品、最终提升消费者满意度的一门学科。

赵江洪教授认为，设计心理学属于应用心理学范畴，是应用心理学的理论、方法和研究成果，解决设计艺术领域与人的"行为"和"意识"有关的设计研究问题。

任立生教授认为，设计心理学是以普通心理学为基础，以满足需求与使用心理为目标，研究现代设计活动中，设计者心理活动的发生、发展规律的科学。设计心理学属于心理学科的一个新的分支。

以上学者的定义各有侧重,有的是从消费者心理角度出发,侧重于利用心理学原理来掌握不同消费群体的多样性需要,然后用于设计实践中;有的是综合筛选心理学各方面的相关知识,用来分析和解决设计艺术领域中的问题。总之,设计心理学是设计人员必须掌握的一门学科,它是建立在心理学基础上,把人们的心理状态,尤其是人们对于需求的心理,通过意识作用于设计的一门学问。它同时研究人们在设计创造过程中的心态、社会和个体对于设计所产生的心理反应以及它们反过来再作用于设计,起到使设计更能够反映和满足人们心理需求的作用。

景观设计心理学是一门以景观及景观设计为研究主体,研究景观与人的心理和行为之间关系,运用格式塔心理学等相关心理学原理及方法,对景观设计心理、景观认知、景观行为进行研究的心理学与风景园林学的交叉学科。

复习巩固

1. 简述景观与场所的联系和区别。
2. 简述景观与园林的区别。
3. 简述景观在景观生态学中的定义。

第二节　景观设计心理学的理论和研究进展

一、景观设计心理学相关理论

景观设计心理学相关理论主要源自风景园林学、环境心理学和设计心理学。本节主要罗列几种关键的理论。

（一）认知心理学

1. 格式塔心理学

设计心理学研究的许多理论依据都来自格式塔心理学,格式塔心理学是设计心理学最重要的理论来源之一。格式塔心理学揭示人的感知,特别是占主要地位的视知觉,认为知觉本身就具有"思维"的能力,视知觉并不是对刺激物的被动感知,而是一种积极的理性活动。人的视知觉能直接对所看到的"形"进行选择、组织、加工。格式塔心理学在研究人知觉的过程中,发现了大量的知觉(主要是视觉)规律,它们常常被运用于设计中,具有重要的实际价值,主要的知觉规律包括整体性、选择性、理解性、恒常性、错觉等。

格式塔心理美学认为,由于审美对象的形体结构与人的生理结构、心理结构之间存在着相似的力的结构形式,所以能唤起人的情感,即所谓的"异质同构"。同时,格式塔心理学家也将此学说拓展至创造力、创造思维的研究中,认为艺术创作是一种过程,艺术家在一种追求良好结构的张力下试图达到某种理想的形象构图,随着其不断逼近,这个理想的形象不断清晰,张力得到缓解。格式塔心理学派运用格式塔心理学的原理和"力"与"场"的概念去解释审美过程中的知觉活动,这方面的代表人物有阿恩海姆(Rudolf Arnheim),其论述主要体现在视觉艺术中的审美方面。

2.拓扑心理学

拓扑心理学是在拓扑图形学的基础上发展起来的一种学说,代表人物是德国心理学家勒温(Kurt Lewin)。拓扑心理学注重行为背后的意志、需要和人格的研究,试图用心理学的知识解决社会实际问题,是格式塔心理学的重要补充,为心理学的研究开辟了新的道路。

勒温晚年把注意力转向社会心理学领域,其一项主要的研究成果涉及各种社会气氛与攻击性问题。1944年在麻省理工学院创办群体动力研究中心后,勒温再将格式塔心理学原理扩大到用于群体社会行为的研究。他指出,任何一个群体都会具有格式塔的特征:群体是一个整体,群体中每个成员之间都会有彼此交互影响的作用,每一成员都具有交互依存的动力。正如个人在其生活空间里形成心理场一样,群体与其环境会形成社会场。勒温否认行为主义那种简单的"刺激—反应"行为理论,认为人的行为同时决定于个体自身特征以及心理环境。

这一理论提示我们,当研究设计中的主体心理时,要特别重视环境因素对于人的心理状况和行为的影响和制约,设计不仅是作为相对主体的客体环境的组成部分对主体心理存在重要影响,并且其与人的交互活动本身也受到其他环境因素的影响和制约。

3.信息加工心理学

信息加工心理学又叫认知心理学,始于20世纪50年代中期。1967年,美国心理学家奈瑟尔(Neisser)所著的《认知心理学》一书的出版,标志着信息加工心理学已成为一个独立的流派。其主要代表人物是跨越心理学与计算机科学领域的专家艾伦·纽厄尔(Allen Newell)和赫伯特·西蒙(Herbert Alexander Simon)。信息加工心理学是现代心理学研究中最为重要的研究取向,它不仅仅是单纯的心理学分支,其核心理念在普通心理学、实验心理学等心理学分支学科中也得到体现。随着计算机科学与信息技术的发展,它正逐渐成为占主导地位的心理学流派。信息加工心理学研究的主要内容包括感知过程、模式识别及其简单模型、注意、意识、记忆、知识表征、语言与语言理解、概念、推理与决策、问题求解等方面,这些内容被广泛运用于各种应用心理学和人工智能(计算机模拟)领域中。信息加工心理学通过对审美知觉的研究,认为知觉者欣赏艺术品时会唤起一种期望模式,当期望得到肯定时就会产生愉快和美感。信息加工心理学中的知觉理论、模式识别等内容可以被广泛地运用于设计心理学中。

(二)人格心理学——精神分析学派

精神分析学派产生于 19 世纪末,其主要代表人物是弗洛伊德(Freud)和荣格(Carl Gustav Jung)。最初,它主要是一种探讨精神病病理机制的理论和方法,它对人心理活动内在机制的关注以及其关于人格和动机等方面的崭新观点,给心理学界带来了巨大的冲击和影响,到 20 世纪 20 年代已经渗透到社会科学的各个领域,并发展成"新精神分析学派"。精神分析学派的理论承认人的"无意识"的存在以及无意识对人行为的驱动作用,但代表人物各自又从自己的理解出发,对无意识的形成和结构做出了不同的解释。弗洛伊德认为,人格可以分为"本我、自我、超我",其中:"本我"是原始的驱动力,是基本的生理欲望,遵循"快乐原则";"自我"是行为的社会道德和伦理符号,它监控个体按照社会可接受的方式来满足需要;"超我"是限制和抑制"本我"的制动器,服从道德的原则。"自我"使"本我"与"超我"相互平衡,它服从的是"现实"原则。

荣格进一步发展了弗洛伊德的"无意识"理论,提出人类社会中艺术创作的推动力、艺术素材的源泉、艺术欣赏的本源都是与人类深层心理中的"集体无意识"及其"原型"密不可分的。集体无意识是由遗传保留下来的普遍性精神机能,即由遗传的脑结构所产生的内容,它是人类所共有的、普遍一致的无意识;集体无意识的原型是先天固有的知觉形式,也是知觉和领悟的原型,它们是一切心理过程必不可少的先天要素。根据荣格的理论,艺术创造不像一般理解的那样,受到艺术创造主体的个体意识的明显支配,而是由集体无意识暗中推动,是人类原始意向(原型)的自发显现。他认为艺术作品所代表的东西是人们心灵深处不能清楚认识但根深蒂固的部分,它们散布在集体无意识中,而艺术家是播下这些种子的个体,艺术作品依赖于艺术家的个体产生,代表着人类心底最深、最普遍的意识。

精神分析学派认为,审美经验的源泉存在于无意识之中。弗洛伊德用艺术和神话中的生动故事来说明他的心理学理论,如恋母情结;又用这种理论去解释文学艺术中的奥秘,如莎士比亚、达·芬奇的作品和创造心理。弗洛伊德和荣格关于文学艺术方面的论述是设计心理学中最深刻的部分。与心理学崇尚实证的取向不同,弗洛伊德、荣格的理论对艺术和艺术创造的解释具有浓厚的思辨色彩,但精神分析学派是唯一涉及人的无意识行为之下的潜在动因的心理学流派,对于我们理解设计的使用者的潜在需要和行为动机以及设计师的创意来源都具有重要意义。使用者的需要具有多层次性,其动机是非常复杂的,比较容易解释和理解的是他们的目的需要、对品质的信赖、所掌握的知识和过去的经验等理性动机,除此以外,他们还受到许多其他因素的驱使和影响,例如,其本人的个性特征(人格)、注意、态度、情绪、情感以及当时情境等诸多因素。因此一些研究者开始运用精神分析的理论和研究方法,来挖掘用户潜在的动机和需要。例如,设计投射测验、进行深层访谈以及字词联想测试等,揭示消费者被压抑和抑制的需要和动机,这些方法其实就来源于精神分析心理学的临床实践。

(三)环境—行为心理学

1.应激理论

应激理论把环境中的许多因素看作应激源,比如噪声、拥挤。应激源被认为是威胁人们健康状况的不利环境因素,它主要包括工作应激、自然灾害、婚姻不和谐、搬迁混乱等。应激(stress)是一种调节或中介变量,被定义为个体对不利环境因素的反应,这一"反应"包含了情绪、行为和生理等成分。

应激有两种基本模式,一种是生理反应,另一种是心理反应。由于生理和心理应激反应相互联系,不会单独出现,因此环境心理学家通常把所有的成分整合到环境应激模型(environmental stress model)(Baum,Singer & Baum,1981;Evans & Cohen,1987;Lazarus& Folkman,1984)中去。目前,应激理论已被用于对环境应激物如噪声、拥挤、环境压力等的整体研究,并被用来解释当环境刺激超过个体适应能力限度时对健康造成的影响。

2.唤醒构建理论

唤醒构建理论基于如下假设:个体各种行为和经验的内容与形式和我们的生理活动如何被唤醒(arousal)有关。由于唤醒是应激的一个必然反应,因而这一理论与应激理论有相似之处。所不同的是,此理论中的唤醒被认为增加了脑活动和自主反应(脉搏、心率等),而且它可以与不引起应激的事件相联系。日常生活中,高兴或悲伤等都可以引起唤醒,因此,研究者可以通过研究唤醒的性质来了解唤醒及其所产生的环境,进而研究环境与个体心理的关系。

3.注意恢复理论

注意恢复理论（attention restoration theory，ART）认为，为了有效率地进行日常生活，必须保持认知清晰，清晰的认知需要集中注意，集中注意的能力下降会导致很多负面影响，如应激性降低、没有能力做计划、对人际关系信息的敏感性降低、认知作业错误率上升等，而集中注意机制因为需要个体忽略所有潜在的分心物，所以耗能巨大，使个体易于疲劳。

对于自然对人有恢复性功能这一点，注意恢复理论给出了不同的解释（R.Kaplan & S.Kaplan，1989）。正如卡普兰（S.Kaplan）提出的，需要心理努力的任务唤起了人的定向注意，为完成这个任务，一个人必须加倍努力，延缓表达不适当的情绪和行动，抑制突发的分心事件。当然，解决问题也需要其他资源，例如知识储备。卡普兰指出定向注意特别容易被破坏，因此，知道如何将转移的注意力再拉回来是很重要的。

任何计划，只要是强度足够大而且持续时间足够长（即使是令人愉快的任务），就会引起定向注意疲劳（directed attention fatigue），S.卡普兰和R.卡普兰引用的大学期末考试后的心理耗竭就是一个熟悉的例子。我们需要某种方式"再充电"，可以睡觉，但是只睡觉是不够的，按照注意恢复理论，要让注意指向休息，就要找到另一种不同的、无意的，只需要付出很少努力的注意。

自然环境被看作一个重要资源，是一个能引起人们注意的迷人事物。实际上，自然中有大量迷人的事物，有些是"软性奇观"，如云彩、日出、落叶在夕阳中闪烁，这些软性奇观很容易就可以抓住人们的注意力，并使人入迷，这不同于其他的入迷，如被蛇和蜘蛛吸引了注意力，这和人类的需要一致，是出于审美的需求。恢复性的自然要素使人入迷，需要让人们在一个既不同于日常环境又符合人的需求的环境中做出反应。

4.适应水平理论

支持唤醒和超负荷理论的研究证据表明，过多的环境刺激对行为和情绪有负面影响，支持刺激不足理论的研究证据也表明，过少的刺激会产生令人不满意的影响，沃威尔（Wohlwill）借鉴赫尔森（Helson，1964）关于感知的适应水平理论，提出环境刺激作用的适应水平（adaptation level）理论，认为适中水平的刺激是最理想的刺激。埃特曼（Altman，1975）也提出人们会调节自己的个人空间以达到所需刺激水平的环境机制。

5.行为约束理论

根据这一理论，过多或不愉快的环境刺激有可能唤醒或限制我们的信息加工能力,另一种潜在影响就是丧失对环境的控制感。比如:你经历了冬日的暴风雪或夏日的酷暑难耐,但对此无能为力;你不得不在相当拥挤的环境条件下工作或学习,但无法改变现状。这种就是对环境控制感的丧失。

约束是指环境中某些现象限制或干扰了我们想要做的事情。约束可能是来自环境的一种实际不良影响,也可能是来自环境对我们的行为有所限制的一种观念。当人们意识到环境正在约束或限制自己的行为时,会感到不舒服或产生一些消极情绪,也可能会尽力重新获得对环境的控制。

任何时候,当我们感到我们的行动自由受到限制时,心理阻抗就会引导我们重新获得自由,如果我们在重新获得行动自由的过程中,获得控制感的努力屡遭失败,我们就可能开始认为自己的行动对改变当前的处境无济于事,因此我们就会选择放弃获得控制,即使客观上,我们的控制已经起了一些效果。换言之,我们"学习"到自己是无助的,比如一些学生想要改变课程安排,他们在遭到办公室的多次拒绝后,很快就会"学习"到,他们在这方面是十分无助的。

行为约束理论提出了三个基本过程:控制感丧失、阻抗和习得性无助。

二、设计心理学的形成与发展

现代设计心理学的雏形大致形成于20世纪40年代后期。首先,"二战"中人机工程学和心理测量等应用心理学科得到迅速发展,战后转向民用,实验心理学以及工业心理学、人机工程学中很大一部分研究都直接与生产、生活相结合,为设计心理学提供了丰富的理论来源;其次,西方进入消费时代,社会物质生产逐渐繁荣,盛行消费者心理和行为研究;最后,设计成为商品生产中最重要的环节,并出现了大批优秀的职业设计师,其中的代表人物是美国设计师德雷夫斯(Henry Drefuss),他率先开始以诚实的态度来研究用户的需要,为人的需要设计,并开始有意识地将人机工程学理论运用到工业设计中。德雷夫斯1951年出版了《为人民设计》(*Design for People*)一书,介绍了设计流程、材料、制造、分销以及科学中的艺术等,书中的许多内容都紧密围绕用户心理研究展开,他的设计不仅是"人性化设计"的先驱之作,同时其针对用户心理的研究,也应当作为针对设计心理学研究的先行之作。

1961年,曾获得诺贝尔经济学奖的赫伯特·西蒙发表了现代设计学中最重要的著作之一——《人工科学》,其思想核心就在于所谓的"有限理性说"和"满意理论",即认为人的认知能力具有限度,人不可能达到最优选择,而只能"寻求满意"。西蒙将复杂的设计思维活动划分为问题的求解活动,其理论为人工智能、智能化设计、机器人等研究领域提供了重要依据,初步界定了设计心理学以"有限理性"和"满意原则"为

研究内容的基本理论。

认知科学和心理学家唐纳德·诺曼对于现代设计心理学以及可用性工程做出了最杰出的贡献。20世纪80年代,他撰写了《设计心理学》(*The Design of Everyday Things*),成为可用性设计的先声,他在书的序言中写到"本书侧重研究如何使用产品"。诺曼虽然率先关注产品的可用性,但他同时也提出不能因为追求产品的易用性而牺牲艺术美,他认为设计师应设计出"既具有创造性又好用,既具美感又运转良好的产品"。2004年,诺曼又出版了第二部设计心理学方面的著作《情感设计》,这次,他将注意力转向了设计中的情感和情绪,他根据人脑信息加工的三种水平,将人们对于产品的情感体验从低级到高级分为三个阶段:内脏控制阶段、行为阶段、反思阶段。内脏控制阶段是人类的一种本能的、生物性的反应;反思阶段有高级思维活动参与,是有记忆、经验等控制的反应;而行为阶段则介于两者之间。他提出,三种阶段对应于设计的三个方面,其中内脏控制阶段对应"外形",行为阶段对应"使用的乐趣和效率",反思阶段对应"自我形象、个人满意和记忆"。

目前,我国对设计心理学的研究尚处于初级阶段。研究设计心理学的专家,按照专业背景的不同,可以分成两类,一类是曾接受了系统的设计教育,对与设计相关的心理学研究有浓厚兴趣,并通过不断地扩充自己的心理学知识,而成为会设计、懂设计,主要为设计师提供心理指导的专家;另一类是以心理学为专业背景,专门研究设计领域的活动的应用心理学家,他们学术背景中的心理学专业色彩较浓,通过补充学习一定的设计知识(了解设计的基本原则和运作模式),在心理学研究中有较高的造诣。

前者具有一定的设计能力,在实践中能够与设计师很好地沟通,是设计师的"本家人"。较一般的设计师而言,他们具有更丰富的心理学知识,能够更敏锐地发现设计心理学问题,并能运用心理学知识调整设计师的状态,提出更好的设计创意,是设计师的设计指导和公关大使,在设计活动的开展中充当顾问角色,比设计师看得更远更高。由于其特殊的知识背景,可以在把握设计师创意意图的同时调整设计,兼顾设计师的创意和客户的需求,更易被设计师接受。

后者是心理学家,对心理学研究的广度和深度都优于前者,但若不积累一定的设计知识则很难与设计师沟通,但他们在采集设计参考信息、分析设计参数、训练设计师方面有前者不可比拟的优势。现在许多设计项目都是以团队组织的形式进行,团队中有不同专业的专家,他们都专长于某一学科的知识,同时具有一定的设计鉴赏能力,可以从专业角度提出对设计方案的独到见解和提供必要的参考资料,心理学专家也是其中的一员,辅助、协助设计师进行设计。而为了与其他专业的专家沟通,设计师的知识构成中也应包括其他学科的一些必要的相关知识。

在设计团队中,设计师与心理学家及其他专业的专家结成一种相互依靠的关系。

由于设计师不可能精通方方面面的知识，因此，与其他专业的专家在不同程度上的协作十分必要。设计创造思维的训练也主要由心理学专家来指导进行，因为其专业知识，使他们在训练方法、手段和结果测试方面的作用更突出。前者以设计指导的角色出现，主要指导设计、把握设计效果，从某种意义上说，他们仍然是设计师。后者主要进行心理学的研究，研究的范围锁定在设计领域，研究的方法和手段具有心理学的学科特色，更关注对人的研究。但目前存在的问题是，在对设计心理学的研究中，设计学与心理学的结合还不够紧密，针对性不够强。

对使用者和设计师的双重关注，使设计心理学在培养设计师为企业增加效益、以设计打开市场、获取高额利润方面都有不可估量的重要作用。有的设计专业的心理学研究已经很成熟了，有的则刚刚起步，它只能随着设计心理学的发展而发展，景观设计心理学就是才刚刚起步。目前存在的问题是，部分来自调研、设计、使用后评价等实践环节的经验，由于缺乏严谨的心理学和设计学的理论作基础，常常停留在现象层次，没有上升到理论高度。

设计是一个艰苦的创作过程，与纯艺术领域的创作有很大的差别，必须在许多的限制条件下综合进行。传统的设计关注的是物，只要能够充分发挥物质效能的设计就是好的设计。现在却越来越关注人的需求，对设计的要求和限制也越来越多，人成为设计最主要的决定因素。景观设计越向高深的层次发展，就越需要景观设计心理学的理论支持，而景观设计心理学却是一门尚未完善的学科，研究的方法和手段还不成熟，主要还是依靠和运用与其他相关学科与景观设计相交叉的部分的研究理论和方法手段，如主要利用心理学的实验方法和测试方法、环境心理学的行为观察法和各种理论，等等。

复习巩固

1. 简述信息加工心理学。
2. 简述注意恢复理论。

第三节　景观设计心理学的研究方法

景观设计心理学作为设计心理学和应用心理学衍生出的一门学科，研究的方法和手段还不成熟，主要还是沿用了心理学的一般研究方法和范式，但是由于研究者、研究对象、研究目的等的特定性,其研究方法又具有一定的特殊性。首先,景观设计心理学研究的不是单纯的心理学基础理论,而是更侧重于心理学在设计及相关领域中的运用;其次,研究景观设计心理学的目的是为了帮助设计师更好地设计,使设计的成果更好地为人服务;最后,景观设计心理学的研究者必须同时掌握心理学和风景园林学两个领域的知识,才能有效地运用设计心理学来解决设计实践中的具体问题。

由于这些特殊性,景观设计心理学的研究方法主要归纳为以下几种。

一、观察法

观察法是心理学研究的基本方法之一,观察法是在自然条件下,研究者依靠自己的感官和观察工具,有计划、有目的地对特定对象进行观察以获取科学事实的方法。

按照实施原则的不同,观察法可以分为以下几类:

(一)控制观察和自然观察

控制观察是指将被观察者置于特定的人为控制之下进行的观察,因此被观察者的行为可能与真实状态不一致,典型的控制观察就是实验观察。为了使被观察者的行为尽可能接近自然状态,应该使观察场景尽可能自然。例如有学者在研究设计师的设计过程时就使用了这种方法,即在一个封闭的空间中安装监视设备,要求设计师在一定时间内对一个特定的课题进行设计,以便研究者通过对他的行为进行观察来搜集设计师设计过程的信息。

自然观察是对处于自然状态下的人的活动进行观察,被观察者并没有意识到自己正在被观察,因此观察到的情形比较真实。

(二)直接观察和仪器观察

直接观察是研究人员亲自在现场观察发生的情形以搜集信息的方法。

仪器观察是利用电子、机械仪器来观察,例如为了测定研究植物或景观对人注意力的影响,研究者使用了"眼动仪"来观察被试的视线运动轨迹。常用于观察的仪器包括眼动仪、脑电图仪和虚拟现实设备等。一般而言,使用仪器观察可以保证观察结果的客观性、真实性,还可以反复检验,比直接观察更加精确、易于控制,但灵活度有所欠缺。

（三）参与观察和非参与观察

参与观察是指观察者亲身介入观察对象的活动情境，对其中的对象进行观察；而非参与观察是观察者以局外人的身份进行观察。

观察法的优点是可以从大量客观事实中获得自然、真实的资料，简便易行、花费低廉，并且具有及时性，能捕捉到正在发生的事件。观察法的缺点是需要被动地等待，事件发生了也只能观察被观察者怎样从事活动，并不能了解得到被观察者从事这样的活动的原因。观察法可能还会带上观察者的主观感情色彩。总之，观察法最大的局限在于只能观察到被观察者的表情和言行，而没有办法获取该种表情和言行出现的原因的信息，因此，必须结合其他方法，才能进一步总结出被观察者的心理变化和规律。

二、实验法

在传统的心理学里，实验法是指有目的地在严格控制的环境中，或创设一定的条件的环境中诱发被试产生某种心理现象，从而进行研究的方法。科学的心理实验过程是这样的：确定用实验法做心理学研究→设想控制条件→改善条件→出现要研究的心理现象→观察心理现象的规律→验证设想。

实验法一般分为实验室实验法和自然实验法。

（一）实验室实验法

实验室实验法是在专门的实验环境中进行的，一般可借助各种仪器设备而取得精确的数据。它的特点是：控制条件严格，可以反复验证。其不足之处是：实验环境往往与现实生活有差异，有时它并不能显示真实的情况。

（二）自然实验法

自然实验法是把情境条件的适当控制与正常进行的实际生产生活有机地结合起来，具有较大的现实意义。自然实验法测定的常见内容一般有两类，一是机械性测定内容，另一个是观念性测定内容。

三、问卷法

问卷法又称问卷调查法，是各类研究中最基本、最常用的方法。问卷法是指以书面形式向被调查者提出若干问题,并要求被调查者以书面或口头的形式回答问题,从而搜集资料来进行研究的一种方法。问卷法的优点是不受人数限制,可以在较大的空间范围内使用,能在较短的时间内搜集到大量的数据;缺点是不容易把握问卷结果的真实性和可靠性,其结果尤其容易受到被调查者文化水平和认真程度的限制。另外,如果问卷的问题设置得不合适,往往只能得到表面的东西,要想深入了解还需要和其他方法配合使用。

问卷分为结构问卷和非结构问卷。结构问卷是指对问题的答案范围加以限定,被调查者只能在限定的范围内选择答案的问卷;非结构问卷则是指不限定答案范围,被调查者可以按照自己对问题的理解而自由回答的问卷。其中,回答结构问卷占用时间少,结果标准化,易于统计计算;非结构问卷可以充分发挥被调查者的主动性,结果可信度较高,易于定性分析。

学会设计问卷对于景观设计心理学研究非常重要,问卷设计一般应遵循如下原则:

(1)应从景观使用者最关心、最感兴趣但又不带威胁性的问题入手。例如先问被调查者是否曾去过××公园,使他们的兴趣先转向与之相关的内容。

(2)把敏感性、威胁性的问题及有关用户个人资料的问题放在最后,这样可以避免被调查者出现防卫心理而拒绝作答或中断作答。

(3)问卷应该精练有效,减少那些通过资料检索便可获得答案的问题;问卷不宜太长,街头拦访的时间不应超出20分钟每人。

(4)在问卷用词上:首先,措辞必须清楚,避免出现含糊的语言;其次,应避免使用术语;最后,要避免设计具有引导性的问题。

四、访谈法

访谈法是通过和被试面对面地交谈,引导他以自我陈述的方式谈出个人的意愿、感受和体验,从而把握并分析其心理规律和特点的方法。访谈法的实施,首先,要明确谈话的目的,有目的、有步骤地为获得某些素材而进行调查访谈,所以访谈法也被称为口头调查法。访谈法在事前要拟定提纲,并对被试对问题的回答进行预测,事后要进行认真的分析研究。其次,要求主试必须经过专业训练,并且具有一定的交谈技巧。访谈法的主试既要语言清晰、和颜悦色,又要坚持达成访谈目标,还要能灵活地处理访谈对象的意外行为表现和突如其来的发问。再次,还需有一定的技术装备,例如录音、录像等设备,访谈过程中最好不要进行当面记录。

由于访谈法运用方便,所以被研究者广泛运用。但是,由于它的依据只是被试的口头回答,所以往往不够精确和可靠,只能作为参考。因此,研究中常把它作为辅助方法与其他方法配合应用。

五、档案法

　　档案法是通过运用已有的资料,而不是学术上的验证假设或变量间的关系而进行研究的方法。档案研究的资料通常是书面资料,包括历年来的社会记录,如统计资料、保险统计资料(如出生日期、死亡日期、婚姻状况)、人名录、报纸或以往的调查结果,还有的是私人资料,如日记、信件或合作经营记录。

　　尽管档案法在很多方面都有用,但必须注意,从档案研究中得到的这些数据可能不具有代表性,因为并不是所有的信息都有平等的机会被保存下来,这种现象称为选择存放(selective deposit),而那些有效的资料并不都能随时间被保存下来的现象,称为选择存留(selective survival)。在使用档案资料时,必须了解档案研究的这一局限,以判断其对研究结论的影响。

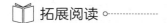 拓展阅读 ◦┄┄┄┄┄┄┄┄

定量研究与定性研究

　　心理科学的诞生是以德国心理学家冯特建立心理学实验室并确立了实验研究在心理科学研究中的主导地位为标志的,但至今还不能说心理学研究就完全是定量研究。关于景观设计心理学的研究是从定性研究到定量研究的过程,特别是近年来越来越多的学者向定量研究靠拢,但景观设计心理学研究的定量化,还需要一个长期的过程。

　　定性研究与定量研究的差异主要在于:

　　(1)着眼点不同。定性研究着重事物质的方面,定量研究着重事物量的方面。

　　(2)在研究中所处的层次不同。定量研究是为了更准确地定性。

　　(3)依据不同。定量研究依据的主要是调查得到的现实资料数据,定性研究的依据则是大量历史事实和生活经验材料。

　　(4)手段不同。定量研究主要运用经验测量、统计分析和建立模型等方法,定性研究则主要运用逻辑推理、历史比较等方法。

　　(5)学科基础不同。定量研究是以概率论、社会统计学等为基础,而定性研究则以逻辑学、历史学为基础。

（6）结论表述形式不同。定量研究结论主要以数据、模式、图形等来表达，定性研究结论多以文字描述为主。定性研究是定量研究的基础，是它的指南，但只有同时运用定量研究，才能在精确定量的根据下准确定性。

复习巩固

1.简述目前景观设计心理学的几种主要研究方法。

2.简述按照实施原则的不同，观察法可以分为哪几类。

本章要点小结

1.景观与自然是有联系的，但不完全是自然，它包含了自然和人，是人类对所看到的眼前事物的感知，在脑海中形成的一种印象，所以，它是受到人类影响的自然，是人们看到后产生的包含了物质、文化和生态等因素的感知。

2.景观与风景也是既有联系又有区别的，它不仅包含了风景的一切解释，同时还含有人类审美，但是又不会受其限制。我们在研究景观的时候，也是考虑到各种形式、结构、审美和动态变化，景观始终与人类有千丝万缕的联系。

3.景观与环境的关系同样是相辅相成的，但又有所不同，景观没有环境容纳的事物多，它具有更大的独立性，它受到人类思维的影响，并且主要取决于人的视知觉感知，与纯粹的环境相比，景观多了一些文化和社会的意义。

4.景观与场所也有所区别，可以说景观是场所，但是不能完全等同于场所。场所是指特定的人或事所占有的环境的特定部分，指的是特定建筑物或公共空间的活动处所，依靠的是人与人之间的关系，具有更多的个人主观意义在里面。相比之下，景观则更多是客观与真实的事物，比起场所的某个区域和某个特定的地点来说，景观更多是具有连续性的地理地貌。

5.景观设计主要包含规划和具体空间设计两个环节。规划环节指的是大规模、大尺度景观的把握，包括五项内容：场地规划、土地规划、控制性规划、城市设计和环境规划。景观设计中具体空间设计环节则构成了景观设计的狭义概念。

6.设计心理学是设计人员必须掌握的一门学科，它是建立在心理学基础上，把人们的心理状态，尤其是人们对于需求的心理，通过意识作用于设计的一门学问。它同时研究人们在设计创造过程中的心态、社会和个体对于设计所产生的心理反应以及它们反过来再作用于设计,起到使设计更能够反映和满足人们心理需求的作用。

7.信息加工心理学研究的主要内容包括感知过程、模式识别及其简单模型、注意、意识、记忆、知识表征、语言与语言理解、概念、推理与决策、问题求解等方面,这些内容被广泛运用于各种应用心理学和人工智能(计算机模拟)领域中。

8.应激是一种调节或中介变量,被定义为个体对不利环境因素的反应。应激理论把环境中的许多因素看作应激源,比如噪声、拥挤。应激源被认为是威胁人们健康状况的不利环境因素,它主要包括工作应激、自然灾害、婚姻不和谐、搬迁混乱等。

9.控制观察是指将被观察者置于特定的人为控制之下进行的观察;自然观察是对处于自然状态下的人的活动进行观察。直接观察是研究人员亲自在现场观察发生的情形以搜集信息的方法;仪器观察是利用电子、机械仪器来观察。参与观察是指观察者亲身介入观察对象的活动情境,对其中的对象进行观察;而非参与观察是观察者以局外人的身份进行观察。

关键术语

景观 landscape
景观设计 landscape design
设计心理学 design psychology
人格心理学 personality psychology
应激 stress
环境应激模型 environmental stress model
注意恢复理论 attention restoration theory, ART
定向注意疲劳 directed attention fatigue
适应水平 adaptation level
选择存放 selective deposit
选择存留 selective survival

选择题

1.任何计划,只要是强度足够大而且持续时间足够长(即使是令人愉快的任务),就会引起(   )疲劳。

A.无意注意　　　　　　　　B.随意注意

C. 定向注意　　　　　　　　　　D. 模糊注意

2. 根据应激理论,应激的两种基本模式是(　　)和(　　)。

A. 生理反应　　　　　　　　　　B. 身体反应

C. 心理反应　　　　　　　　　　D. 快速反应

3. 按照实施原则的不同,观察法可以分为(　　)、(　　)和(　　)几类。

A. 控制观察和自然观察　　　　　B. 参与观察和非参与观察

C. 直接观察和仪器观察　　　　　D. 个人观察和群体观察

4. 实验法一般分为(　　)和(　　)。

A. 实验室实验法　　　　　　　　B. 生态实验法

C. 自然实验法　　　　　　　　　D. 情感实验法

5. 问卷分为(　　)和(　　)。

A. 结构问卷　　　　　　　　　　B. 横向问卷

C. 竖向问卷　　　　　　　　　　D. 非结构问卷

第二章

景观环境与人类

景观环境是指由各类自然景观资源和人文景观资源组成的,具有观赏价值、人文价值和生态价值的空间关系。环境是人类生存、繁衍的物质基础,景观设计的宗旨是为人创造舒适宜人的工作和生活环境,以人为中心的生存环境。人处于环境的中心,围绕中心的一切事物、状态、情况的总和构成了庞杂的环境系统,对这个系统的研究,是景观环境与人类关系的重要课题。人处于环境的中心,与环境有着千丝万缕的联系,不同的空间环境对人产生不同的影响。本章将以传统的环境心理学为基础,讨论拥挤、高密度环境对人的影响,探讨个人空间与环境的关系。

第一节　人处于环境的中心

人处于环境的中心,那么环境分为哪几种类型呢? 本节将对环境的分类进行讲解,同时讲解心理学中的环境是怎样的。

一、环境的分类

人们所说的环境,就是以某一物体作为中心,围绕在这个中心物体周围的,同时对这个中心物体产生某种影响的外界事物。所以,将某物体作为中心主体,那么和这个中心主体发生一定关系的周边其他事物就称为环境。

我们一般认为,人类环境可分为物质环境和社会环境两种,物质环境又分为自然环境和人工环境。下面就对自然环境(natural environment)、人工环境(artificial environment)和社会环境(social environment)做简要介绍。

(一)自然环境

人类赖以生存的地球,是一颗在漫无边际的宇宙中,闪耀着生命火花、绚丽多彩的行星。据科学判断,地球的年龄约有50亿年,而人类出现的时间则较短,不过几百万年,有文字记载的历史就更短,仅有几千年。自然界在人类出现以前,就已经历了漫长的岁月。当自然界发展到一定阶段,具备了一定条件时,人类才逐渐从动物界分化出来,从而使整个自然界进入了一个高级的、有人类参与和干预发展的新阶段。自然为人类的生存和发展提供了所需要的一切物质条件,其中包括必要的土地和活动空间、适宜的温度和湿度、一定数量的空气、清洁的水源、维持生命活动及物质生产所需要的各种形式的能源和资源(阳光、矿物、动物、植物资源等)等。

自然环境是个极其复杂、极其丰富的自然综合体,有许多领域还没有为人类所认识,或者人们的认识还很不深透。自然地理学通常把地球表面环境划分为大气圈、水圈、生物圈、土圈和岩石圈等五个自然圈层。每个圈层,其内部还含有许多复杂的层次,各圈层既可视为一个独立的系统,同时又互相渗透,甚至重叠,共同组成一个统一的整体,这就是宏观的自然环境。

综上所述,自然环境指的是我们周围自然界中各种自然因素的总和,是由岩石圈、土圈、大气圈、水圈和生物圈相互作用、相互制约、相互渗透的庞大而复杂的物质体系,包括生物和非生物两大部分。自然环境是人类和其他一切生命体存在和发展的物质基础。大多数自然环境都打上了人类活动的烙印。反之,自然环境对人的心理也会产生直接或间接的影响。直接的影响是自然环境作用于人的感觉器官,引起特定的认知、情感、态度,决定了人对环境的适应方式;间接的影响是自然环境通过社会环境对人的心理和行为产生的影响。

(二)人工环境

虽然自然环境提供给人们的环境构成因子极其丰富而又复杂,但在现代人的生活中,仅有自然因子是无法满足丰富多彩的生活需求的。这就需要人类自身创造一种在自然环境基础上能够抵消自然环境的不利因素、能够补充自然环境的不足因素的人工环境。人工环境是为克服自然环境的严酷条件,按人类社会功能需求而创造的,适宜人类生存的环境,是人类智慧的产物,它是不断发展、不断完善、不断提高的动态环境。人工环境的创造是人类利用自然、改造自然的结果,同时又是人类社会行为功能的积极体现。

人类要生存,就要创造条件。为了克服自然界不利于人类生存的严酷消极因素,于是人类创造出了能够遮风避雨、抵御灾害的居住房屋,为社会细胞——家庭的活动提供了可能。随着社会的发展,家庭内容随之变化,居住建筑也逐渐复杂化,由简单粗陋向复杂文明发展。同时,随着人类社会生活的不断发展,一系列公共社会活动所需要的公共建筑应运而生。

人类生存的任何地区,历史上出现过的任何建筑形式,都有着不断发展不断优化的过程。每一历史时期的新建筑,都是在前一历史时期的基础上孕育产生,又都优于前一历史时期,更适合于所处时代的人们的生活需求。这其中蕴含着不断改进、不断创新的内容,从而推动社会不断进步与发展。所以人工环境的不断创新,标志着人类社会的不断进步。人工环境是自然环境与社会需求相结合的产物。人们在创造人工环境的过程中,除了运用自然环境所提供的物质资源,遵循自然界的客观规律外,同时还融入人们的意识文化内涵,因而体现出在不同地域、不同历史时期,人们所创造

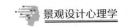

的人工环境有所不同的情况。

现代人直接生活的可居住环境都属于人工环境,住宅、学校、办公楼、商店、工厂、影剧院、图书馆、博览馆、体育馆、餐厅、宾馆、火车站、航站楼等,都是人们运用自然资源,经过创造性的劳动,加工建造出来的社会活动场所。所以人工环境与社会活动场所是密不可分的一体。

这些社会活动场所在满足人们使用需求的同时,还要满足人们的心理、精神需求,即文化内涵要求。建筑类别不同,要求就有所不同,甚至对一栋建筑内部各个部分的要求也是不同的。比如,住宅是家庭活动的核心场所,其内容环境的设计与布置通常体现了主人的喜好和追求,具有一定的文化意境。再如一栋星级旅游宾馆,要接待来自八方的游客,就要创造具有特色的迎宾环境,常将接待大厅或公共活动大厅作为设计的重点,使其成为宾馆的标志性空间,更要体现深刻的文化意境。其宾馆外观也是人类文化的载体,通过其形象给人以美的享受和文化信息的诠释。

有些人工环境不属于建筑环境,如道路交通环境,有的直接与人相接触(如步行道路),有的借助于交通工具服务于人(如铁路、公路等)。这一类人工环境,其表现形式与建筑环境不同,但其本质相似,也要运用自然资源,遵循自然规律,结合人类智慧。创造现代化的高速交通运输环境,这是现代社会功能需要的产物。这一类人工环境系统,不仅有其自身特殊的构成因子,而且还有其特殊的管理及调度指挥系统,这也是现代社会功能所需的。

公园绿地是另一种人工环境,是专门供人们休憩、观赏的旅游环境,或仿借自然,或微缩自然,人工创造出的具有某种意境的环境景观。人是自然界的成员,生于自然界,与自然有着不可分割的联系,不论生活与情感都离不开自然。人具有热爱自然的本能,因此在人们聚居的城市创建仿借自然的公园绿地是必要的,这对于改善城市环境,陶冶人们的情操,具有无可估量的影响。

(三)社会环境

社会环境是指人们所在社会的经济基础和上层建筑的总体,它包括社会的经济发展水平、生产关系及相应的政治、宗教、文化、教育、法律、艺术、哲学等。

社会环境是以人际关系为中心的人文环境,它涵盖的内容十分广泛。从个体来看,最近的就是与家庭成员的关系以及近邻关系;扩大一点,就是学校里的同学、师生关系;随着年龄的增长而融入社会,便有了更广泛深入的社会群体关系。这是从小到大,从个体到群体,从家庭到社会的不断变化过程。人们面临的环境在不断变化,这要求人们不断地调整自我去适应不断更新的环境。在这个不断变化的过程中,人们还受到不断变化的社会文化意识的影响与制约。

社会环境对人的刺激与影响会使人们做出随机性应变,这种应变能力和效果都取决于个体大脑的敏捷和适应能力。对于个体来说,时刻都存在自己如何融入社会群体,如何在不同的社会群体环境中寻求自己的地位、发挥自己作用的问题,一旦处理不好这些问题就可能出现各种负面影响。比如在我国计划生育政策下出生的一代,他们是家庭中独一无二的存在。若家长溺爱,导致孩子在一个温室里成长,没有经历任何磨难,当他们长大后自己去面对这个社会的时候,他们会发现自己根本无法适应,受到挫折以后会因为接受不了事实的打击而出现各种负面消极的情绪,这就是典型的家庭环境和家庭教育带来的问题。

社会环境的形成,取决于社会功能的需要,同时又受特定的自然环境的制约。比如学校的建立,首先是有学习者需要学习、社会要发展、国家要富强,需要创办学校。这个学校一定是建在特定的地点,受外部环境的制约,这其中的制约因素就有自然环境因素。于是可以认为,社会环境是自然环境与人文活动相结合的产物,只有人类参与其活动才能构成社会环境,人们不论进行什么内容的社会活动,都要依赖一定的物质环境条件,都要在特定的自然环境控制下进行。

人在特定的社会环境中生产和生活,社会环境对个体的活动起着调节作用。当然,自然环境和社会环境的划分不是绝对的,二者既有区别又有联系。自然环境是社会环境的基础,它影响和制约着社会环境,而社会环境又反作用于自然环境,并给自然环境在一定程度上"立法"。

二、心理学中的环境

心理学中的环境概念始终是和行为联系在一起的。虽然在心理学发展早期,环境一词的使用已相当普遍,但与现代心理学对它的理解还是有所区别的。最早使用与现代意义相近的环境概念的是心理学家勒温,他早在20世纪40年代就认为个体的行为决定于人格和环境之间的交互作用,并据此提出了著名的公式 $B=f(P,E)$,在这里,个体行为是人格和环境的函数。虽然勒温所说的环境主要是指社会环境,但他也注意到环境的整体性,他明确指出,个体所处的环境是行为的重要决定力量,并对此做了深入的阐述。

(一)人的行为构成

勒温将人与环境的相互关系用函数关系来表示,认为行为决定于个体本身所处的环境,即 $B=f(P,E)$:B 即行为,P 即人,E 即环境。也就是行为(B)是人(P)及环境(E)的函数(f),表现出人与其所处的环境,在相互依存中影响行为的产生与变化。

就个体人而言,"遗传""成熟""学习"是构成行为的基础因素,遗传因素在受精卵形成时即已被决定,其以后的发展都受所处的环境因素影响,故前述公式可简化为:$B=f(H, E)$。式中 H 即遗传。

我们展开类分析行为的发展,其基本模式可概括为:$B=H×M×E×L$。式中 B 即行为(Behavior),H 即遗传(Heredity),M 即成熟(Maturation),E 即环境(Environment),L 即学习(Learning)。这说明人的行为受遗传、成熟、环境、学习四个因素的相互作用影响。

(二)刺激与行为

行为是有机体对所处情境的反应形式。心理学将行为的产生分解为刺激、生物体、反应三要素来讨论,即 SOR:S 即外在、内在刺激(Stimuli),O 即有机体、人(Organism),R 即行为反应(Response)。

人的中枢神经系统是接收外界刺激及做出相应反应的指挥中心,它既负责接收刺激,又负责对刺激做出必要的相应反应。人的中枢神经系统由脑和脊髓组成,在此系统中,脑处于中心地位,处于协调指挥地位。人接收刺激及做出反应的这一切都是自动进行的。

就机体来看,围绕中枢神经系统,还存在负责接收刺激的传入神经系统,也存在指挥反应的传出神经系统。有些反应并不都需经过中枢神经系统,除中枢神经系统外还存在周围神经系统,可将环境刺激经传入神经系统直接传递给传出神经系统。

感觉器官接收到刺激,通过传入神经把神经冲动传递到中枢神经系统,再通过传出神经系统,把信息传入反应器官,机体最后做出相应的行为反应。

机体接收环境刺激需要借助于感觉器官,如眼、耳、口、鼻、皮肤等,它们直接同外界环境相接触,成为接收外界刺激的桥梁。机体同时存在复杂的反应器官,包括肌肉、腺体等,由反应器官完成反应动作。

刺激的来源可分为来自体外和体内两种,来自体外的刺激是指外在刺激,来自体内的刺激是指内在刺激。外在刺激分为心理刺激、物理刺激、环境刺激和社会刺激;内在刺激可分为生理刺激和心理刺激。人们一般遇到的刺激如表2-1所示(马铁丁,1996)。

表2-1　人的刺激分类表

外在刺激	心理刺激	笑脸相迎、礼貌待人、恶语伤人、误会中伤
	物理刺激	冷暖、明暗、色彩、气味、动静、响动
	环境刺激	城市风貌、居住空间、山水景物、风雨雷电
	社会刺激	世界新闻、人事变动、结婚离异、道德规范

内在刺激	心理刺激	思考、回忆、幻想、做梦、立志、决策、嫉妒
	生理刺激	化学刺激：食物、药物、激素、废物、水分 物理刺激：电疗、针灸、热敷、挤压、错位

外在物理刺激包括冷暖、明暗、色彩、气味等，其是通过感觉器官而感受到的。

外在社会刺激会对人的心理产生刺激，进而引起人的情绪、情感变化。

内在刺激不依赖于感觉器官，但是需要借助体外刺激因素。比如人们消化过程中营养物被身体吸收，废物被排出体外，内分泌激素的变化等，即表现为生物化学过程，也属于生理化学刺激。

另外，各种心理活动也可以形成内在刺激，如思考、冥想、回忆、幻想等。这些心理活动会引发各种情绪，比如梦到不吉利的事情，就会让人感到压抑不欢，从而影响心理健康。

复习巩固

1. 简述环境的分类。
2. 简述刺激来源有哪些。

第二节　城市与人类生活

当社会生产力发展到一定阶段后，便产生了城市，同时城市生活也不同于以往的乡村生活。随着社会经济的发展，城镇化进程的加快以及程度的加深，出现了许多城市问题，使人类的行为活动和心理活动同时受到影响。在环境心理学中谈及城市与人类生活时，总是提及城市中的高密度和拥挤对人类生活的影响，本节将从城市的产生、城市生活方式进行讲解，对环境心理学中的密度和拥挤进行阐述，指出其对人类的影响，便于我们更好地在景观设计中改善这些环境带来的压力和影响。

一、城市生活

（一）城市

城市是社会生产力发展到一定阶段的产物。人类社会曾发生了三次社会大分工。第一次社会大分工发生在原始社会后期，畜牧业从农业中分离出来，从而产生了固定的以农业(种植业)劳动者为主体的人群聚落——初始状态的村庄。第一次社会大分工后，人类从使用石器劳动工具逐渐过渡到使用金属工具，手工业逐渐从农业和畜牧业中分离出来，从而产生了第二次社会大分工，在手工业集中的地方，出现了以非农业劳动者为主体的更为进步的人群聚落——初始状态的城市，一种不同于乡村生活的崭新的社区生活——城市生活也开始出现。在手工业与商品交换发展的基础上，社会上出现了不从事生产而专门从事商品交换的商人，于是产生了第三次社会大分工。商人阶层的产生，使城乡分化更加明显，产生了最早的城市。城市的出现，标志着人类社会在经济、文化发展和聚居形式等方面的飞跃。

(二)城市生活方式

随着城市的产生，一种与乡村有着本质差别的人工自然的生活环境中的人群聚落形态随之产生。同时，在城市中形成了一种与乡村生活方式有本着质差别的崭新的社区生活方式——城市生活方式。

城市生活方式是在城市这一特殊社区环境中产生和形成的，是全体城市居民所共有的一种生活方式。它与亚城市生活方式不同，亚城市生活方式是指城市中各种社会人口群体(如阶级、民族、职业群体等)所特有的生活方式，而城市生活方式却是全体城市居民所共有的，不论居民的社会阶级、民族和职业归属如何，只是它的一般特征在城市的不同社会人口群体的生活方式中表现出来的程度不同而已。也正因为这样，城市生活方式的主体——城市居民，虽然分化为不同的社会人口群体，但并不表现为这些社会人口群体成员的总和，而表现为一个独特的社会构成物，即城市人口共同体。由此可见，城市生活方式概念的内涵比亚城市生活方式概念要狭窄得多。

与乡村相比，城市具有一系列显著的特点：第一，城市是社会政治、经济和科技文化的中心；第二，城市人口集中，来源分散，成分复杂，异质性强；第三，城市的劳动分工和社会分工发达，专业化程度高；第四，城市的社会化程度高；第五，城市的开放性强，人、财、物流动大；第六，城市的社会变迁速度快；第七，城市生活中信息传递系统发达；第八，城市中的人际关系比较疏远。城市的这些特点，从本质上决定了城市生活方式就是区别于乡村生活方式的，总的来看，城市生活环境较乡村优越。

城市是人工自然的生活环境，它的街道、地下管道、建筑物以及花园、体育馆等公共设施和场所，都是人工建筑，是人类文化智慧的结晶，是属于智力圈系统的人工自然。人们的劳动、消费都不是直接与大自然打交道，而是与人工自然打交道的。所以，城市中的人直接生活在社会之中、人工自然之中，而不是大自然之中。对此马克思指出："如果说城市工人比农村工人发展，这只是由于他的劳动方式使他生活在社会之中,而土地耕种者的劳动方式使他直接和自然打交道。"在城市里,集中了大量的工业企业、建筑行业企业、管理机关、科学和文化机构、高等和中等专业学校以及邮电和生活服务设施,所以城市能够提供多种多样的劳动活动形式,允许人们广泛地选择社会职业,从而为发挥人的才能和个性提供有利的条件。城市中完善的生活服务设施和发达的服务性行业,使城市居民从日常生活的操劳中解脱出来,从而有更多的时间用于自学、业余创作、体育锻炼和社交活动等。

城市生活方式具有社会化程度高、生活水平和生活质量高、多元化与异质性、开放性强和容易受外来因素影响、节奏快和时间观念强、易变性等特点。

二、密度与拥挤

(一)密度

密度(density)是指每单位空间面积内的个体稀密程度。具体来说,它是指个体数目与空间面积的比值。这里需要注意的是,密度可以在任何单位空间面积里进行度量,我们可以拿一个国家作为测量单位,如中国大约每平方千米多少人;我们也可以拿一个城市作为测量单位,如北京的人口密度为每平方千米多少人等。

可以看到,空间和空间中的人共同构成了密度。单位度量面积不同,密度也随之变化。一般来说,根据不同的计算方法,密度又被分为内部密度和外部密度、社会密度和空间密度、实际密度和可知觉密度。

1.内部密度和外部密度

内部密度(inside density)是个体数目与建筑内部空间面积的比值,也就是房间内的密度,如每一间房间或每幢住宅中的居民人数。外部密度(outside density)是个体数目与建筑外部空间面积的比值,也就是房间外的密度,如每平方千米内居民、住宅和建筑物的数量。在环境心理学的研究中,一些学者在房间或建筑物的空间范围上研究密度,即关注内部密度;另一些学者则在街区、行政区域或国家的范围内研究密度,即关注外部密度。从户内到户外,密度可能会有很大的变化,对人类的影响也不尽相同。

2.社会密度和空间密度

由于内部密度和外部密度的定义不便于实验操作,后续的研究则提出了便于实验操作的社会密度和空间密度这两个概念。我们先看一个例子:假如一个教室有30个学生,如果要把教室的密度提高一倍有两种方法,一是增加30个学生,另一个是将教室的面积减少一半,在数学上,这两种计算方法的结果是相同的,但是,心理学的研究结果却证明这两种方法产生的心理效果是不同的。面积不变而变化个体数目,这属于社会密度(social density),它关注的是固定空间里的许多人(人/平方米);个体数目不变而变化面积,这属于空间密度(spatial density),它关注的是不同空间中的相同人数(平方米/人)。前者强调人太多,后者主要关注空间太少。

社会密度和空间密度的变化对个人行为和情感的影响也不尽相同,高社会密度引起的不良反应要比高空间密度更为明显。

3.实际密度和可知觉密度

个体对所处空间的密度的主观评价,就是可知觉密度(perceptible density)。它与实际测量的密度不同,其结果可能是与实际密度一致,也可能与其不一致。比如,举行大型活动的公园广场内,有些人会觉得人太多比较拥挤,可知觉密度偏高,有些人却觉得刚刚好。可知觉密度受个体的个性、感知特征等因素的影响,存在明显的个体差异。事实上,人的行为往往更多地受可知觉密度的影响,而不受实际密度的影响。

(二)拥挤

拥挤是当空间太小而周围人又太多时的主观感受,是对导致负性情感的高密度的一个主观心理反应。拥挤会对情感产生一定影响,大多数人认为,拥挤容易使人产生消极的、令人不愉快的情绪,如会使人感到烦躁不安、抑郁消沉等。

当人口密度达到一定的程度,个人空间的需求遭到长时间阻碍时,就会产生拥挤感。影响人们产生拥挤感的因素有很多,主要有个体的人格因素、人际关系、各种情境因素以及个人过去的经验和容忍度等,但密度可能是决定人们是否感到拥挤的最具有影响力的因素。

密度属于客观的物理状态,拥挤则是主观的心理状态。虽然就构成拥挤感受的诸因素里,密度是必要条件,但并不意味着高密度就必然导致拥挤感的产生。例如,在动感十足的舞会或在比赛激烈的球场上,都需要一定的高密度人群,如果人少了反而会让人觉得冷冷清清,少了一种氛围。

人们为什么会产生拥挤的感受?拥挤为什么会给人们带来负面效应呢?不同的学者分别从不同的视角提出了自己的理论观点,以下关于拥挤的一些理论可能能使我们更全面深入地了解拥挤产生的心理机制。

1.生态理论模型

生态理论模型认为,在不同的行为背景下,需要不同的最适宜的人数。高密度环境下，由于人太多，环境与个体行为之间的关系失去平衡。食物是资源，玩具是资源，服务是资源，空间是资源，交通工具是资源……这里所说的资源是广义的资源，而非仅指物质材料，而拥挤其实是过多的人争夺过少的资源，资源不足而导致拥挤压力。

2.超负荷理论模型

米尔格莱姆(Milgram)认为，人们在高密度环境下往往接受过多的刺激，造成在该场合里必须处理比平常多很多的信息，于是信息超载，最终导致压力和高唤醒状态。超负荷理论模型关注的重点在于高密度环境下个体知觉到的信息量。人们在高密度情境中为了适应这种刺激过量的情况，往往通过回避、关闭自己的注意力等措施来过滤掉周围的一些信息，比如，公共汽车上，乘客往往把头朝向窗外。米尔格莱姆认为，人口稠密的社区的居民为了保存自己的心理能量，存在着尽量回避那些无关紧要的交往的倾向，有时候城市居民看到路人跌倒却视而不见，并非他们很冷漠或铁石心肠，而是因为他们每天都要为所碰到的大量信息进行排序，以确定哪些需要优先考虑。相反，乡村生活使人容易注意一些次要的信息，甚至有时会使人感到信息不足，需要寻找一些刺激。我们经常会听到大城市的人比较冷漠，农村人比较亲切、热情的议论，这一模型就为我们理解这两类人群提供了很好的环境视角。

3.密度强化理论模型

1975年，弗里德曼(Freedman)提出了密度强化理论模型。该模型认为，高密度环境对人类的影响并不总是消极的，密度本身无所谓好和坏，只不过是加强了个体在某种环境背景下的反应程度。例如，如果我们喜欢某个情境，高密度会让我们更喜欢它；反之，如果讨厌某个情境，高密度则会让我们忍无可忍。迪斯科舞厅是令人兴奋的地方，多数人尤其是年轻人特别喜欢这个拥挤、刺激的场所，人越多，音乐越响，人们跳得越疯狂有劲。如果舞厅里人少，舞客们跳得不开心，下次估计也不来了。弗里德曼用了一个很形象的比喻来说明他的观点，他把拥挤的影响比喻成一个立体音响上的音量旋钮，当邻居的收音机里播放着一首你特别喜欢听的乐曲时，即使声音再大，你都不会感到反感，而当邻居的收音机里播放的是你不喜欢的乐曲时，即使音量不大，你的不愉快情绪也会产生，随着音量的增大，你的消极情绪也会增强。

4.控制理论模型

控制理论模型认为，高密度会使我们丧失对环境的控制感，并使环境变得不可预测，而控制感丧失是产生压力的主要原因。交通堵塞是比较典型的例子，你本来预计下班后六点左右就能赶回家，但是路上塞车使你无法预测自己什么时候能到家，无法控制自己的时间，心中就会十分郁闷。我国学者陈芝蓉等人对公共场所出入口拥挤

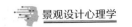

感的实证研究结果也证实控制感与拥挤感成负相关。

早期的行为约束理论可以说是控制理论模型的子模型。行为约束理论认为,高密度会限制或约束人们想要做的事情,使置身于其中的人失去某些行为自由,在高密度情境中人们可以做出的选择大为减少,控制感大大降低。如在拥挤的地铁上,你会发现由于人太多,想进进不去,想下下不来,根本无法动弹,不愉快的感觉油然而生。

(三)高密度城市

对高密度城市的界定,国际学术界主要倾向于使用城市人口密度作为划分指标。由于城市人口密度存在着边际效益,一个城市的人口密度增加到一定程度时将自然趋于稳定,所以对于特定城市的人口高密度标准在理论上是存在的。

国际上至今尚未形成统一的高密度城市标准。学术界有关高密度城市的研究,主要关注其建筑营造、交通设施、景观优化等方面的特征。研究者多选取中国香港、澳门,日本东京等城市作为案例,因为这些城市的人口密度约为25000~30000人/km²。同时,世界上一些大城市出现"逆城市化"的临界人口密度约为13000~15000人/km²。有学者从人居环境的角度研究认为,城市宜居人口密度应为4000~9000人/km²,大于9000人/km²时人居环境质量将受到影响。我国《城市用地分类与规划建设用地标准》(GB50137–2011)规定,新建城市人均城市建设用地指标应控制在85.1~105m²/人。据此推算城市人口密度规划控制的合理范围约为9500~11750人/km²。

有的学者认为城市密度常常用来揭示城市人口与城市土地面积之间的关系,它客观反映了在一定的城市空间范围内人类社会活动的强度。分析城市密度的公式为:$PD = \dfrac{UP}{BA}$ 其中,PD 为城市密度;UP 为市辖区人口,代表人口城镇化的规模;BA 为市辖区建成区面积,代表土地城镇化的规模。通过公式我们了解到,城市人口规模和城市用地面积是影响城市密度的两大因素,高密度的城市往往会出现城市用地比较紧张,城市比较拥挤的局面。

张为平认为主流媒体、建筑学者或是普通大众,一旦提及"高密度",则立刻将其与"问题"或者"都市的困境"相联系。他认为,高密度意味着:拥挤、制约、紧张、压力,高密度等同于土地的超负荷利用、资源的穷尽式开采、公共及私人空间的无止境争夺;在心理层面,高密度仅仅指向压抑与不快。加之多年以来媒体对于理想生活的设定一直是欧洲式的"阳光、空气、绿地、低密度",对于"舒适度"的过度且一成不变的渲染,使"高密度"仿佛已经成为生存的梦魇。

然而一个一直被人们忽略却不争的事实是:在舆论界对于高密度异口同声地声讨之下,城市化却悄无声息、无可阻挡地一直进行着,并且呈现出加速的状态。城市化的一个集中体现即密度的激增,就连一向以低密度为傲的欧洲,也在中心城市出现了人口密度加速增长的情况。

环境心理学认为信息超载、行为约束以及生态心理学三个方面是人类产生拥挤感的主要原因。然而,这三方面的原因与高密度城市环境也并非都是严格的决定关系。从生态心理学角度看,拥挤感的产生来自过多的人口争夺有限的生态资源,但是在高密度环境下的城市并不一定就会产生这种争夺资源的情况,事实上伴随着人口的集中和城市规模的增加,城市往往会成为区域性的中心,更多的资源都会优先供给城市,而且高密度的环境下资源利用率反而会增加。

(四)影响拥挤感的因素

1.个人因素

(1)性别差异。对于高社会密度的反感没有明显的性别差异,但男性对空间高密度更加敏感。

(2)人格特征。有人发现,内在人格者(认为自己能够控制自己的命运)比外在人格者(认为事件由外力所控制)对拥挤表现出更强的耐受性。(Schopler, et al.,1978)

(3)文化、生活方式的差异。研究发现:处在拥挤的建筑物内,与偏爱其他活动的人相比,喜欢户外休闲活动的人更易产生拥挤感;经常离家外出或者以看电视为主要休闲方式的人,对高密度不大敏感。(Gillis,1979)

(4)收入水平。收入越高对高密度的耐受力越低。

(5)适应水平。具有高密度生活经历的人,如日本人和中国香港人对拥挤的耐受力较高,产生拥挤感的可能性较小。但这一结论并不适用于监狱,监狱犯人关押时间越长,对拥挤的耐受力越低。

2.情境因素

与次要场所(如饭店)相比,处于主要场所(如家中)时对高密度更易敏感。其他应激源,如噪声、难闻的气味等与高密度同时作用会加剧拥挤感。工作时比娱乐时也更容易体验,但在某些特殊情境中,高社会密度会强化积极或消极的情绪反应,即前面提到的"密度强化理论"。例如:在大型游览会,游客观看美景会有"越是人多越向前"的心理。不过,人群过于密集时,稍有骚动便会引起恐慌,甚至会发生重大踩踏事故。换言之,高密度也可能会增强消极的体验。

3.社会因素

据研究,在下列每组社会条件中的后一种条件之下,所体验到的拥挤感较轻:与不喜欢的人在一起,与喜欢的人在一起;与陌生人在一起,与熟人在一起;处于无序的场所,处于有序的场所。

此外,当3名学生共住一间宿舍时,常会发生两人亲密并冷落"第三者"的情形,致使"第三者"感到孤立、拥挤且缺乏控制感,形成宿舍版"三国演义"。(Kelley & Arrowood,1960)而且,3名学生的心境都会趋向消极,绩效降低,有关健康的抱怨增加。(Baron,et al.,1975)民间谚语"三人误大事,六耳不通谋"正是对这种不稳定关系的写照。

4.建筑因素

对于建筑室内空间来说,人们发现如果在摆放家具时,把家具摆放在房间的中间位置就要比靠着墙壁摆设更容易让人感觉到拥挤。(Sinha、Nayyar & Mukeriee,1995)对男性来说,如果把天花板设计得高些,那么拥挤感就会减轻(Savinar,1975),并且那种墙壁弯曲没有墙角的房间要比墙角设计鲜明的房间更容易使人产生拥挤的感觉(Rotten,1987)。此外,在相同的空间面积上,长方形的房间也要比正方形房间显得更开阔,设有视觉逸出系统(如门窗等)的房间要比没有视觉逸出系统的房间给人们带来的拥挤感小些。(Desor,1972)

研究表明,在某些情况下,当物理空间保持不变的时候,建筑的设计类型将会对人们的拥挤感产生影响。拉玻波特(Rapoport)提出了很有价值的一点:决定人们行为表现的往往并不是实际的人口密度大小,而是人们所能感觉到的密度状况,即前面提到的可知觉密度。因此,如果能够通过设计来减小人的感觉密度,那便有可能通过这种方式来减轻高密度造成的拥挤感及其消极影响了。

一种有助于减轻拥挤感的设计理念是低层建筑设计理念,与高层建筑设计理念正相反。在高层建筑中,人们往往会有更加强烈的拥挤感,他们的控制感更弱,安全和私密性似乎也受到了威胁,并且也比较难于和他人和睦相处。(McCarthy & Saegert,1979)一些研究者也表明高层建筑物中的低层居民同高层居民相比,其拥挤感要更加强烈。(Nasar & Min,1984;Sciffenbauer,1979)埃文斯等人(1996)在他们的一篇研究报告中提出了高密度影响力的另外一个决定性因素,具体来说就是在某一居住环境中,人们居住地点越靠里靠内,例如需要走很长一段路程才能到自己家中,那么人们会出现退缩现象的可能性就越小,并且在高密度下出现心烦意乱、消极郁闷等情绪的可能性也较小。

5.光线因素

由墙壁特点、色彩鲜明程度和是否有合适的光源等所决定的光线环境也是影响人们的拥挤感的外在因素。(Mandel,et al.,1980;Nasar & Min,1984;Schiffenbauer,

1979)同时如果存在其他的分散视线的物体,比如墙壁上有挂画、交通工具中贴有各种小广告等,也可以扩大人们的感觉空间。(Baum & Davis,1976;Worchel & Teddlie,1976)

三、高密度对人类的影响

(一)高密度对身心健康的影响

高密度对人造成的影响可分为直接效应和累积效应,即短期影响和长期影响。直接效应指由于高密度带来的即时负性情感体验,如焦虑;累积效应是指高密度对健康的损害。

高密度会导致个体消极的情感状态,其中高社会密度对男女的情感都会产生消极影响,而在高空间密度下,男性体验到的消极情感要比女性更强。之所以存在这样的性别差异,可能与男性与女性的个人空间需求不同有关:女性对个人空间的需求要远低于男性,在社会交往中有更高的合群动机,所以在近距离内有更大的亲和力;而男性所需的个人空间要远大于女性,竞争动机更强,因而和他人距离过近则会产生被威胁感。

高密度对生理活动的影响也比较明显。许多研究表明,人们感到拥挤时会产生生理上的应激唤醒。埃文斯曾做过一个研究,他让五男五女先后在一间大房子和小房子内进行长达三个半小时的实验,在实验过程中分别对被试们的心率及血压进行了测量记录,结果表明高密度下人们的脉搏和血压指数明显高于低密度下人的脉搏和血压指数。(Evans,G. W.,1979)另外一些研究则发现,在高密度条件下,人的血压偏高,个体患病的概率更高,儿茶酚胺含量升高,肾上腺素分泌也增高,皮肤的导电系数也明显增加。

高密度可令我们的情绪低落,生理唤醒水平过高,它也会对我们的身体造成一定的危害,从而引发相关的疾病或使病情加重。另外,高密度环境更加有利于病毒的传播,身处其中的人们往往更容易受到病毒的侵袭。

(二)高密度对人类社会行为的影响

在人际吸引方面,高密度会使人们更容易对别人或自身所在环境产生厌恶之情,因此在高密度条件下人们彼此之间的人际吸引降低。从总体上看,不管我们受困于拥挤环境中的时间有多长,甚至仅仅是预测到了自己将会置身于一种拥挤状态之中,人们彼此之间相互吸引的程度似乎都能够受到影响。

在回避行为方面,处于高密度环境下的人们常常表现出回避社会交往的倾向。常见的例子有:在拥挤的汽车上大家彼此回避目光的接触,把头扭向一边或朝向窗外;在拥挤的电梯里大家即使很熟也很少交谈,沉默不语。上述行为均属于社会回避行为,是高密度情境下的一种应激措施,也有可能是一种后效反应。

在亲社会行为(亲社会行为即利他行为或助人行为)方面,拥挤对亲社会行为的影响,让我们很自然地想到一个比较常见的印象,就是农村人比较朴实、热情,城市人相对冷漠、不好打交道。这与城市人口多、乡村人口少,刺激不均衡有很大的关系。

在攻击性行为方面,人们在高密度情境下,更有可能会去伤害别人。在公共汽车上,在各种售票点,人们因拥挤而吵架、打架的事情司空见惯。因此,高密度导致攻击性行为的增加,似乎是个不争的事实。且似乎空间密度的增大同男性的攻击性增强之间存在着密切的联系,而在女性身上却不存在这种现象。

(三)高密度对工作绩效的影响

研究发现,当工作任务比较复杂时,高社会密度和高空间密度都会对工作的完成产生不良影响。高密度可能会阻碍个体的信息加工能力的发挥,削弱人们的斗志,影响人们的工作或学习效率,并且在高社会密度下这种影响会更加显著。这里就不赘述,后面会详细说明。

复习巩固

1. 简述密度的分类。
2. 简述高密度对人类身体健康的影响。

第三节　个人空间与环境

一、个人空间概述

（一）个人空间的概念

个人空间（personal space）是指人体周围不允许他人侵入的区域，是在无形边界范围内的空间。个人空间问题早在20世纪30年代就开始讨论了。1969年，罗伯特·萨默（Robert Sommer）首次明确描述了个人空间的含义：个人空间是指不允许入侵者进入的人体周围的无形边界区域。

关于个人空间，每人都有亲身体验：乘公共汽车时，不拥挤的状态下总会优先选择旁边无人的空位；观赏美景时，若最佳观景处有人，则通常会等其离开后再去观赏；与陌生人见面的礼仪是握手，只有非常亲密的人见面时才会拥抱；在拥挤的地铁、电梯内，人们不可避免地有身体接触，但各人的面部方向却是错开的，尤其会避免视线接触或直视。

上述情况均说明每个人都积极地防卫着自己的身体与个人空间，防卫与个性化正是领域性的两项行为标准。阿盖尔（Argyle）认为，个人空间也是把两个人之间的交流维持在最佳水平上的一种机制，其中相互间的距离与目光接触是互补的变量。

阿盖尔（Argyle）与迪恩（Dean）在1965年做过实验：被试朝两张与真人一般大小的照片走过去，其中一张照片上人的眼睛是闭着的，另一张睁着，要求被试从远处走近这两张照片的正面，到他认为比较舒服的距离停下。实验结果显示，被试与闭着眼睛的那张照片的距离要比睁着眼睛的那张近。此外他们还提出，当两人在谈话过程中彼此距离缩小时，目光接触次数也减少，瞪着眼睛看人被认为是一种对个人空间无礼的侵犯。

1970年，他们做了另一个实验，初步确定了人交谈过程中的最适距离。实验中，由一个人以面部间距为30~60厘米、1.5~1.8米、4.2~4.5米的不同距离，分别对90个不同的对象讲话。分析实验结果发现：1.5~1.8米间距的人对讲话的内容掌握得最清晰；离得过远的人，对讲话人的物质形象注意过多，分散了注意力；离得过近的人，个人空间受干扰，感到来自讲话人的压力，很不自在，也分散了听讲的注意力。

（二）个人空间大小与分类

1966年，霍尔（Hall）在他的《看不见的向量》（*The Hidden Dimension*）一书中讲了一些个人间的距离，这些内容被认为是美国社会白人中产阶级的习性标准。他把人与人之间距离的研究称为接近学(Proximity),书中把其1959年发表在 *The Silent Language* 中的八类距离做了修正与简化。霍尔把这种人与人之间保持的空间距离概括地分为四类:

1.亲密的距离(intimate distance)

双方交谈亲密,身体距离在0~45厘米,处在亲密的距离时,个人空间受到干扰。亲密的距离是男女间谈情说爱的距离,只有双方同意才能如此,有很多身体间的接触,视线是模糊的,声音保持在说悄悄话的水平上,能感觉到对方的呼吸、气味等。

2.个人空间的距离(personal distance)

个人空间的距离指身体距离在45~122厘米的距离。两人近到45~76厘米,是得以最好地欣赏对方面部细节与细微表情的距离;远到76~122厘米时,即达到个人空间之边沿,相互间的距离有一臂之隔,说话声音的响度是适度的。

3.社交距离(social distance)

社交距离指122~366厘米的距离。近到122~214厘米的距离时,接触的双方均不扰乱对方的个人空间,能看到对方身体的大部分,双方对视时,视线常在对方的眼睛、鼻子、嘴之间来回转,这往往是人们在一起工作、社交时保持的距离。但更正规些的社交场合的距离是214~366厘米,此时,对方的全身都能被看见,但面部细节被忽略,说话时声音要大些,但如感觉声音太大,则双方的距离会自动缩短。

4.公共距离(public distance)

公共距离指两人约366~762厘米的距离,此时说话声音比较大,讲话用词很正规,交往不属私人间的,对人体的细节看不大清楚(甚至可以把人看成物体),这个距离在动物界大约相当于可以逃跑的距离。距离若在762厘米以上,则全属公共场合,公共场合中的人说话声音很大,且带夸张的腔调。

人与人之间的接触有不同方式,各有其适当的距离,一般地说,如果不是受到对方邀请与默许,在与陌生人接触时,都要保持在个人空间的范围以外。

二、影响个人空间的因素

不管是基于观察还是实验,结果都说明个人空间受许多因素影响而发生变化,影响个人空间的因素有文化、个性、种族、年龄、性别、相互接触的方式、社会影响、个人心理状况、环境以及双方亲近的程度等。而且这些因素随着接触时间的推移,其影响程度也会起变化。

（一）场合与个人空间

一般认为，场合不同，个人空间的大小也不同。公园里、教室里、马路上、火车上……随着场合不同，人们的个人空间像一个弹性气泡，根据社会规范自动调整。例如，到郊外去野餐，草地上的野餐垫就会从大自然中划出属于自己小群体的一块"领地"；在拥挤的公园里，来往人不断，年轻的情侣会用雨伞作道具，划出两人卿卿我我的小天地。

（二）文化背景与人际距离

由于文化背景的不同，个人空间的距离也有所不同。例如，英国人冷漠，相互距离较大；美国人随性，相互距离较小。德国人认为，两个人正在谈话，第三者走进7英尺（约合2.1米）之内就算是侵犯了他们的"领地"。美国人办公时喜欢把门打开，认为空间可以共享，德国人则喜欢关起门来，认为这是保护自尊与隐私区的完整。阿拉伯人与美国人交谈时，前者认为距离太远，不够热情礼貌，后者认为距离太近，很不尊重与礼貌，这也是文化差异导致双方对适宜交谈空间的差异化认知。

（三）年龄与人际距离

实验发现，年龄不同，人际空间距离也不同。11岁的被试的平均人际距离为139.4厘米，16岁为147厘米，21岁为140.1厘米。16岁时所需人际距离最大，但离散程度也最高，差异系数达到37.61，而11岁和21岁时的差异系数分别为31.36和21.59。这是因为11岁的孩子处于童年期，16岁的处于青年初期，21岁的处于青年期，身心由发育、成长到成熟。其中16岁的年龄正是情窦初开之时，具有很强的自我封闭和自我角色意识，同时，由于各人的发展极不平衡，因而离散程度较大；11岁还处在童年阶段；21岁时，性别角色意识、社会道德观念已大体成熟，可以独立自觉地评价自己及交友处世。

相比年轻人，老年人的空间距离感相对较小，其原因有二，一是感官机能变差，二是愈老愈有小态，也就是俗话说的"老小孩"。

（四）个人空间的方向与大小

一般来说，人前方的个人空间较大，后方较小，两侧最小。例如，拥挤的公共汽车上，陌生男女可以侧肩相抵，或背靠背，鲜有近距离面对面的。因此，有人说，接近人的最好方式是由侧面靠近。

美国心理学家简各布斯采用拍照的方式调查广场上人员稀疏时的情况，经过统计计算,他发现每个人可自主地保持个人空间时,所需要的最低值为10平方英尺,相当于0.93平方米,若小于此面积,常有人表现出入侵带来的不快。

胡正凡在其研究中表明,人与人之间互相保持密切关系(密切的同事关系)时,距离的上限是社交距离近距离,如果以身高1.8米计,此时距离与身高之比D:H= 2:3~6:7,中值恰好接近1:1;在社交距离远距离时,D:H=2:1,这一比值起着使人互相分隔、互不干扰的作用;在公众距离远距离时,D:H近似为4:1,距离大于这一比值,人与人之间就没有什么互相影响可言了。他据此还分析了北京美术馆绿地和二里沟绿地空间的生气感的不同,估算出空间活动面积与活动人数比值的上限:以中国男子身高平均1.67米计,这一比值不宜大于40平方米每人,当这一比值小于平方米每人时,空间气氛就可能会转向活跃。

(五)性别与个人间距

个人间距受性别的影响。心理学家乔瑟夫·普莱克(Joseph Pleck)提出性别角色意识发展的三阶段模式。第一,无差别的性别角色阶段,如儿童阶段尚无性别角色的概念和自我意识;第二,两极分化,相互对抗的性别角色观念阶段,如在少年时代,性别角色意识日益增强,并了解和遵守性别角色的规则,在青春期达到顶峰;第三,灵活的、能动的性别角色观念阶段,即超然的性别角色阶段,此时,个人设法超越社会所约定的性别角色的限制,努力自由地表现个人的素质,培养出"双性化"的个性心理特征。根据这一理论,小学属于第一性别角色认识阶段,高中属于第二阶段末期、第三阶段初期,大学则进入第三阶段。因而,性别差异对11岁孩童的人际空间距离的需求无明显影响,对16岁的青少年影响显著,对21岁的无显著影响。

异性之间,夫妻间的距离最小。西方认为,一对女性或一对男性之间的距离最大,而中国可能是一对陌生的男女之间的距离最大,这或许和中国传统观念不无关系。有研究认为,从12岁开始,男女在使用空间时就有不同,女性无论和谁在一起都喜欢近一些,特别是两个女性在一起时就更加明显。对女性来说,似乎近一些有利于情感和思想的交流,男士则恰好相反。和自己喜欢的人在一起,女性倾向于坐在对方的旁边,而男性则愿意坐在对面。

三、个人空间与景观设计

(一)舒适距离

萨默在一连串的实验里曾探讨了人坐着时可以舒适地交谈的空间范围(Sommer,1959&1962)：两个长沙发面对面摆着，让被试选择，他们既可面对面，也可肩并肩地坐，通过不断调整沙发之间的距离，他发现当两者相距在105厘米之内时，被试愿意相对而坐，当距离加大时，他们都选择坐在同一张沙发上。坎特尔(Canter)后来也找了一些完全不知道萨默工作的学生重复了此实验，他测量到面对面坐的极限距离是95厘米。考虑到测量中可能出现的误差，可以认为这两个距离是相同的，而且显示出此结果不随时间和地点而改变的性质。

除了距离以外，角度也同样重要。精神病专家奥斯蒙德(Osmond)经过长期观察发现，他所在的医院尽管条件很好，给病人提供了足够的空间，但病人都不喜欢相互交往，一个个愁眉苦脸的样子，因此奥斯蒙德就找了学生萨默一起选择餐厅作为实验地点，通过大量观察，他们发现餐厅的不同位置与人们的交往有一定的联系(Osmond,1957)，详见图2-1。

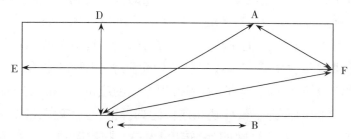

图2-1　可能交往的六种方位联系图(Osmond,1957)

从图中可以看到，长方形餐桌提供了最基本的六种交往联系。奥斯蒙德和萨默发现F—A之间的联系最多，通常比C—B多两倍，C—B又比C—D要多三倍。在其他位置上，他们没有发现有多少交谈发生。通过此项研究，奥斯蒙德想到医院病房里唯一属于病人的东西就是床铺和椅子，他们缺乏共同活动的设施，如果安排有书籍、报纸和杂志的大桌子，就会促进彼此间的交往。奥斯蒙德认为关键问题是房屋的设计和室内陈设必须与功能之间相适应，以便空间有不同的变化，同时根据自己的活动需要和情绪状态决定使用何种空间。

(二)桌椅布置

在公共空间设计中，设计师应尽量使桌椅的布置有灵活性，把座位布置成背靠背或面对面是常用的设计方式，但曲线形的座位或成直角布置的座位也是明智之选。当桌椅布置成直角时，双方如都有谈话意向的话，那么这种交谈就会容易些，如果想清静些的话，那么从无聊的攀谈里解脱出来也比较方便。建筑师厄斯金(Erskine)一直都把这些原则广泛地应用到他的居住区设计中，他的公共空间设计里，几乎所有的座位都是成双布置的，围绕桌子成一直角，桌子为休闲活动和餐饮提供了有利条件，如此这个空间就具有了一系列功能,远不只是让人们小坐一会儿。

桌椅的布置需要精心计划,现实中许多桌椅却完全是随意放置,缺乏仔细推敲,这样的例子俯拾皆是。桌椅在公共空间里自由的布局并不鲜见,设计师在设计中多半考虑的是美学原则,为了图面上的美观而忽略使用上的需要,造成的结果就是空间里充斥着自由放置的家具,看上去更像是城市里杂乱无章的小摆设而不是理想交谈和休息的地方。事实证明,人们选择桌椅绝不是随意的,里面隐含着明确的模式。

(三)边界效应

沿建筑空间边缘的桌椅很受欢迎,因为人们倾向于在环境中的细微之处寻找支持物。位于凹处长凳两端或其他空间划分明确的座位,以及人的后背有高靠背的座位较受青睐,相反那些位于空间划分不明确之处的座位受到冷落。

社会学家扬(Jonge)在一项有关餐厅和咖啡厅座位选择的研究中发现,有靠背或靠墙的座位,以及能纵观全局的座位比别的更受欢迎,其中靠窗的座位尤其如此,坐在那里,室内外景观尽收眼底。餐厅里的侍应生证实,无论是散客还是团体客人,大都明确表示不喜欢餐厅中间的桌子,希望得到靠墙的座位。(Jonge,1968)

人们对边缘空间的偏爱不仅反映在座位的选择上,也体现在逗留区域的选择上。当人们驻足时会很细心地选择在凹处、转角、入口,或是靠近柱子、树木、街灯和招牌之类可依靠的物体边上。丹麦建筑学家格尔(Gehl)发现,许多南欧的城市广场的立柱为人们较长时间的逗留提供了明显的支持,人们依靠在立柱旁或是在立柱附近站立和玩耍。(Gehl,1991)在意大利古城锡耶纳的坎波广场,人们站着时几乎都是以立柱为中心的,这些立柱恰好布置在两个区域的边界上。近一点的例子就是上海外滩,改造以前作为情人滩时,成双入对的青年男女都是靠在防洪墙边谈情说爱。

扬为此提出了颇有特色的"边界效应理论",他指出,森林、海滩、树丛、林中空地等边缘空间都是人们喜爱的逗留区域,而开阔的旷野或滩涂则少有人光顾,除非边界区已人满为患,此种现象在城市里随处可见。

边界区作为小坐或逗留场所在实际上和心理上都有许多显而易见的优点,个人空间理论可以对其做出完美的解释。靠墙、靠背或有遮蔽的座位,以及有支持物的空间可以帮助人们与他人保持距离,当人们在此类区域逗留或小坐时,比待在其他地方暴露得少些,会更有安全感。个人空间也是一种自我保护机制,当人们停留在建筑物的凹处、入口、柱廊、门廊和树木、街灯、广告牌边上时,此类空间既可以为人们提供防护,又不使人们处于众目睽睽之下,同时也有良好的视野,特别是当人们的后背受到保护时,他人只能从前面走过,观察和反应就容易多了。此外,朝向和视野对座位的选择也有重要的影响。

人们的工作空间也有边界效应。亚历山大(Alexander)曾对工作空间的封闭性与舒适感做了调查,研究预先假设了13个影响空间封闭性的因素,调查中要求17个被试回想他们曾工作过的工作空间,画出其中"最好的"和"最差的"两种工作空间草图,然后要求他们根据13个影响因素,分别对这两种工作空间做主观评价。研究结果表明,在工作空间中,如果工作人员后面与侧面有墙,他就会感到更舒服,同时该研究也指出,工作人员前方8英尺(约2.4米)之内不应设置无窗的实墙面,窗户可以使工作人员通过观看前方而改变视距。另外,良好的工作空间设计还应使工作人员能看到外界的景色。对此,著名美国建筑师波特曼(Portman)谈道:"人们希望从禁锢中解放出来","在一个空间中,假如你从一个区域往外看的时候能察觉到其他人的活动,它将给你一种精神上的自由的感觉"。亚历山大在他的名著《模式语言》中总结了有关公共空间中的边界效应现象,并精辟地指出:如果边界不复存在,那么空间就绝不会有生气。

📖 生活中的心理学 ·················

会议室座位的选择

　　一般的会议室功能区包括主席台、听众区和发言区,部分会议室则不作明确区分,如圆桌会议室和会见式会议室。会议室座位布置和选择对交谈有一定的影响。

　　据说在讨论越南问题的巴黎和会的某个阶段,各方代表对于会谈采用的桌子是圆是方曾有过激烈争论,而且曾一度陷入僵局。确实,桌子的形状以及人们所处的位置对他们之间的交往有着重要的意义。

　　位置的选择直接透露出人们交往的方式,在会议场合里两者关系表现得更具体。在一个长桌上开会,通常是会议主席坐在桌子的短边,即使在非正式场合,谈话最多的或居于支配地位的人倾向于坐在桌子的短边,因而领导人常占据该位置。这种会议场合透露了一种强烈的上下级制度,坐在不同位置的人有不同的和不平等的视域,权力最高的人有最好的、最全面的视域。另一方面,如果选用圆桌的话,此种不同和不平等关系将消失,代之以与会者平等的视域。所以一个民主意识较强的组织在开会时应选用圆桌。

复习巩固

1.简述人与人之间保持的空间距离的大小与分类。

2.简述扬的"边界效应理论"。

本章要点小结

1.人类环境分为物质环境和社会环境这两种,而物质环境又分为自然环境和人工环境。

2.空间和空间中的人数共同构成了密度,单位度量面积不同,密度也随之变化。一般来说,根据不同的计算方法,密度又被分为内部密度和外部密度、社会密度和空间密度、实际密度和可知觉密度。

3.面积不变而变化个体数目的属于社会密度,它关注的是固定空间里的许多人(人/平方米);个体数目不变而变化面积的属于空间密度,它关注的是不同空间中的相同人数(平方米/人)。

4.个体对所处空间的密度的主观评价,就是可知觉密度,其结果可能是与实际密度一致,也可能与其不一致。

5.拥挤是当空间太小而周围人又太多时的主观感受,也就是对导致负性情感的高密度的一个主观心理反应。

6.生态理论模型认为,在不同的行为背景下,需要不同的最适宜的人数。高密度环境下,由于人太多,环境与个体行为之间的关系失去平衡。拥挤其实是过多的人争夺过少的资源,资源不足则导致拥挤压力。

7.Hall认为:双方交谈亲密,身体距离在0~45厘米,这属于亲密的距离;个人空间的距离指身体距离在45~122厘米的距离;社交距离指122~366厘米的距离;公共距离指两人约366~762厘米的距离。

关键术语

自然环境 natural environment

人工环境 artificial environment

社会环境 social environment

内部密度 inside density

外部密度 outside density

亲密的距离 intimate distance

个人空间的距离 personal distance

社交距离 social distance

公共距离 public distance

选择题

1. 我们一般认为,把人类环境分为物质环境和社会环境两种,而物质环境又分为( )和人工环境。

A. 认知环境   B. 自然环境

C. 学习环境   D. 工作环境

2. 著名的社会心理学家勒温将密不可分的人与环境的相互关系用函数关系来表示,认为行为决定于个体本身与其所处的环境。函数关系式为( )。

A. $B=f(C,E)$ B. $B=f(H,E)$

C. $B=f(P,E)$ D. $B=f(P,H)$

3. 根据不同的计算方法,密度又被分为( )和外部密度、社会密度和空间密度、实际密度和可知觉密度。

A. 内部密度   B. 简单密度

C. 拥挤密度   D. 紧张密度

4. 影响拥挤感的因素有( )。

A. 个人因素   B. 社会因素

C. 情境因素   D. 建筑因素

5. 人与人之间的距离包括下列哪些类型?( )

A. 亲密的距离   B. 公共距离

C. 社交距离   D. 个人空间的距离

第三章

景观与认知

认知心理活动主要包括以下几种：注意、感觉、知觉、想象、思维和记忆等。这些认知心理活动虽然各不相同，但每一项具体的认知任务却必须由它们相互协调、共同完成，缺一不可。在景观设计中，景观的感受及知觉是相当重要的，是所有认知活动的组成部分之一，认知地图的产生有助于人们去回忆自我认知中的景观，对景观设计心理学的学习至关重要。同时，人对景观的认知对于人的景观心理和景观行为有着最直接而重要的影响，因此厘清人对景观的认知规律和机制是设计师设计出优秀作品的重要前提。本章将从认知心理学的感觉心理、知觉心理出发，延伸至景观设计的应用中，去分析认知过程对景观设计效果的影响，去讲解认知地图的基本概念和性质，从而帮助读者获得一种新的研究方法。

第一节　景观的感觉

感觉是一种重要的心理活动，是一切意识及行为的基础。没有感觉，我们不能做任何事情，人的一切知识、观念及信仰都是由感觉得来的。假若一个人丧失了内外的一切感觉，他将变成一个什么样的人？那么他将无法体验大千世界的美好。景观的美，需要人的感觉去体会和领悟；景观的好与坏，需要借助人的感觉去做判断；景观的设计，需要把人的感觉作为参考标准；等等。由此可知，景观与感觉的关系是密不可分的，但是在现阶段的景观心理研究中，还没有系统而权威的文献，本节主要对感觉的基本概述、感觉的分类以及感觉的基本规律做阐释，并将景观与感觉心理结合做简要讨论。

一、感觉概述

一提到感觉我们似乎都若有所悟，但要说出其确切意思，却又难以言喻。什么是感觉？什么是感官？什么叫感觉刺激？感觉是人脑对直接作用于感觉器官的客观事物个别属性的反映和感官系统的察觉情况。感官即感觉器官。而感觉刺激是一种力，能使感官起活动的力。

（一）感觉

感觉（sensation）是个体的感受器（如眼、耳等器官中的结构）接受刺激而产生感觉经验的过程，是人脑对直接作用于感觉器官的客观事物个别属性的反映。人生活在世界上,每天都要与周围环境发生感性的、直接的关系,如观看美景、倾听乐声、品尝美食、触摸外物等,而由这种种渠道得到的感觉,就构成了人们进行理解、想象和情感活动的基础。人的各种感官都能使他们得到有关周围环境和自身内部活动的各项信息,而这些信息又为他们的生存和心理结构向更高水平发展提供保证。感觉是知觉的第一个阶段,是人对外界刺激的即时、直接的反映。

(二)感觉器官

感官即感觉器官,是身体的某些特别区域,专对某种刺激起某种活动。例如:眼睛是身体的一个特别区域,专对光刺激起视活动,所以眼睛是感官,但严格讲起来,视觉器官还不是整个眼睛,而是散布在视网膜上的感光细胞;耳朵是身体的另一特别区域,专对声刺激起听活动,所以耳朵也是感官,当然严格讲起来,也不是整个耳朵都是感官。

每个感官都是一组特别对某种刺激产生反应的细胞,如身体上某处的细胞对光更能感应,这组细胞便是眼睛。某种感官对特定的某种刺激能特别感应,对于其他各种刺激则特别迟钝。感官是外来刺激传达到神经系统的必经之门,有选择刺激的功能。

二、感觉的种类

感觉的类别有很多,可以根据各种不同的标准对感觉进行分类。根据感觉刺激是来自有机体外部还是内部,可把各种感觉分为外部感觉和内部感觉。外部感觉(external sensation)接受机体外的刺激,觉知外界事物的个别属性,属于外部感觉的有视觉、听觉、嗅觉、味觉、肤觉。内部感觉(internal sensation)接受机体内的刺激,觉知身体的位置、运动和内脏器官的不同状态,属于内部感觉的有动觉、平衡觉、内脏感觉等。

根据刺激能量的性质,可把感觉分为电磁能的感觉、机械能的感觉、化学能的感觉和热能的感觉四大类。视觉感受器对光波的电磁能发生反应,听觉感受器对声波的机械能发生反应,味觉和嗅觉感受器对化学能发生反应,皮肤上的感受器对触压的机械能和热能发生反应。

此外,临床对感觉也有其分类:(1)特殊感觉,包括视觉、听觉、味觉、嗅觉和前庭觉;(2)体表感觉,包括触压觉、温觉、冷觉、痛觉;(3)深部感觉,包括来自肌肉、肌腱、关节的感觉及深部痛觉和深部压觉;(4)内脏感觉。

三、感觉的基本规律

感觉的基本规律包括感觉阈限、感觉适应、感觉后效和感觉对比。

（一）感觉阈限

我们生活在能量的世界中,每时每刻我们都受到X射线和无线电波、紫外线和红外线、高频声波和低频声波等的作用,然而我们对自然界中的许多能量却毫无感觉。人类对世界的觉察是不同于其他的动物的,比如,鸟能利用它们的磁性指南针,蝙蝠和海豚能用声呐获取食物,在多云的天气里,蜜蜂通过探测偏振光来辨别方向。可以说,目前,人类对于这个辽阔的能量世界的认识还是非常有限的。

感觉阈限(sensory threshold)是指在刺激情境下感觉经验产生与否的界限。不是所有的刺激都能引起人的感觉,人听不到来自遥远地方的细微的声音,感觉不到飘落在皮肤表面的细小尘埃。因此,引起感觉的最小刺激量称为感觉阈下限,能产生正常感觉的最大刺激量称为感觉阈上限。从感觉阈下限到感觉阈上限之间的刺激强度,就是人能产生感觉的刺激范围。

（二）感觉适应

"久入芝兰之室而不闻其香,久入鲍鱼之肆而不闻其臭",正是对感觉适应的描述。刚走进花园,你会闻到一股花香味,但过了一段时间,就闻不到了,这种现象就是感觉适应。感觉适应(sensory adaptation)是由于刺激对感受器的持续作用从而使感受性发生变化的现象。感觉适应既可引起感受性的提高,也可引起感受性的降低。景观设计时就可运用感觉适应规律,避免在园林景观设计上的感觉适应,如中国古典园林造景运用障、透、框、漏等景观造园手法使得步移景异,避免了观赏者产生审美疲惫感。

所有感觉都存在适应现象,但适应的表现方式和速度不尽相同。比如视觉的适应可分为暗适应和明适应。在夜晚由明亮的室内走到黑暗的室外时,开始时我们的眼前一片漆黑,什么也看不清楚,隔了一段时间后,眼睛就能分辨出黑暗中物体的轮廓了,这种现象叫暗适应(dark adaptation)。相反,由漆黑的室外进入明亮的室内时,一开始会感到耀眼发眩,什么都看不清楚,只要稍过几秒钟,就能清楚地看到室内物体了,这种现象就叫明适应(light adaptation)。

（三）感觉后效

对感受器的刺激作用停止以后,感觉印象并不会立即消失,仍能保留短暂的时间,这种在刺激作用停止后暂时保留的感觉现象称为感觉后效(sensory after-effect)。感觉后效在视觉中表现尤其明显,称为后像(after-image)。

视觉后像有两种:正后像和负后像。若我们先看强光刺激物一两分钟,随即闭上眼睛,就会看见眼前有一个与强光刺激物差不多亮的像,因为后像和强光刺激物一样,都是亮的,即品质相同,所以叫正后像(positive after-image)。正后像出现以后,如果此时把眼睛转向白色的墙壁,就会看到一个比墙壁还要暗的像,因为后像和强光刺激物在品质上是相反的,所以叫负后像(negative after-image)。彩色视觉也有后像,不过正后像很少,一般都是负后像。彩色的负后像在颜色上与原颜色互补,而在明度上则与原颜色相反。例如,注视一个红色菱形几分钟后,再看一白色背景时,在白色的背景上就会看到一蓝绿色菱形,这就是颜色视觉的负后像。

在视觉中,如果让断续的刺激达到一定的频率,则后像可以使这些断续的刺激引起连续的感觉。刚刚能引起连续感觉的最小频率,叫临界闪光融合频率(critical flicker fusion frequency)。这时产生的心理效应就是闪光融合(flicker fusion)现象。例如,使用交流电的日光灯,如果每秒钟闪动100次,我们看到的就不再是断续的闪光而是融合的不闪动的光,在中等光强度下,视觉后像能保留大约0.1秒,因此,如果一个闪烁的光源每秒钟闪动超过10次,就会产生闪光融合现象,但是,临界闪光融合频率还受许多因素的影响,例如,光的强度、波长、光进入视网膜的位置以及机体的身心状态等都会影响临界闪光融合频率。

(四)感觉对比

对某种刺激的感受性不仅决定于该刺激的性质,还会受到同一感受器接受的其他刺激的影响。不同的刺激作用于同一感受器而导致感受性发生变化的现象称为感觉对比(sensory contrast)。感觉对比分两类:同时对比和先后对比。

几个刺激物同时作用于同一感受器而产生的对比现象称为同时对比(simultaneous contrast),这在视觉中表现得很明显。视觉对比可分为无彩色对比和彩色对比。无彩色对比的结果是引起明度感觉的变化,例如,同样两个灰色小方块,一个放在白色背景上,一个放在黑色背景上,结果,白色背景上的小方块看起来比黑色背景上的小方块要暗得多,同时在相互连接的边界附近,对比更明显。彩色对比的结果是引起颜色感觉的变化,而且是向着背景色的补色方向变化,例如,两个绿色正方形,一个放在黄色背景上,一个放在蓝色背景上,结果,黄色背景上的正方形看起来略带蓝色,蓝色背景上的正方形看起来略带黄色,同时在两色的交界附近,对比也更明显。

刺激物先后作用于同一感受器而产生的对比现象称为先后对比(successive contrast)。例如:吃梨会觉得梨很甜,但吃了糖之后接着吃梨,会觉得梨不怎么甜;喝了苦药后接着喝口白开水，会觉得白开水有点儿甜味；凝视红色物体之后再看白色的东西，会觉得白色的东西有点儿带青绿色。

复习巩固

1.感觉有哪些基本规律？

2.感觉有哪些种类？

第二节　景观的知觉

一、知觉概述

（一）知觉的概念

知觉（perception）是个体将来自感受器官的信息转化为有意义对象的心理过程。

当你知觉某个东西的时候，你会利用以前的知识对感觉器官记录的这个刺激进行解释。知觉就是利用已有的知识解释感觉器官记录的刺激。比如，你利用知觉解释这一页上的每一个词语，看一下你是如何知觉"刺激"一词中的"激"这个字的：①眼睛记录的信息；②字典中关于字的形状的已有知识；③当你的视觉系统已经加工了"刺"的时候期待与什么样的已有知识相结合，来知觉"刺激"中的"激"。

知觉结合了外部世界（视觉刺激）和内部世界（已有知识）。就知觉而言，其模式识别的加工是将自下而上和自上而下的加工结合了起来。自下而上的加工关注的是环境中的物理刺激，俗称为"间接知觉理论"；而自上而下的加工强调的是概念、期望和记忆如何影响知觉加工，又称为"生态知觉理论"。

（二）知觉的种类

根据知觉对象是否涉及人，可以把知觉分为社会知觉（social perception）和物体知觉（object perception）。社会知觉是对人的知觉，涉及印象形成等问题，除对人的知觉外，其他各种知觉都可称为物体知觉。

根据事物都有空间、时间和运动的特性，可以把知觉区分为空间知觉（spatial perception)、时间知觉(temporal perception)和运动知觉(motion perception)。空间知觉就是我们对物体的形状、大小、深度、方位等空间特性的知觉。时间知觉就是我们对客观现象的持续性和顺序性的知觉。运动知觉就是我们对物体的静止和运动以及运动速度的知觉。

另外,根据知觉中哪一种感受器的活动占主导地位,还可以把知觉分为视知觉、听知觉、嗅知觉以及视听知觉、触摸知觉等。景观设计中也常运用知觉的各种特性。

二、知觉的基本特性

(一)知觉整体性

知觉的对象是由不同的部分组成的,具有不同的属性。当它们对人发生作用时,是分别作用或者先后作用于人的感觉器官的。人并不是孤立地反映这些部分或属性,而是把它们有机地结合起来。知觉为一个统一的整体,其原因是事物都是由各种部分组成且具有多种属性的复合刺激物,当这种复合刺激物作用于我们的感觉器官时,就在大脑皮层上形成暂时神经联系,以后只要有个别部分或个别属性发生作用,大脑皮层上有关的暂时神经系统马上兴奋起来,产生一个完整印象。

知觉的整体性具体包括就近律、相似律、闭合律和连续律四个规律(见图3-1)。

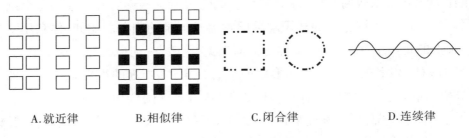

| A.就近律 | B.相似律 | C.闭合律 | D.连续律 |

图3-1　知觉整体性

(二)知觉选择性

作用于人的客观事物是纷繁多样的,人不可能在瞬间全部清楚地感知到,但可以按照某种需要和目的,主动而有意地选择少数事物(或事物的某一部分)作为知觉的对象,或无意识地被某种事物所吸引,以它作为知觉对象,对它产生鲜明、清晰的知觉印象,而把周围其余的事物当成知觉的背景,只产生比较模糊的知觉印象。知觉的选择性既受知觉对象特点的影响,又受知觉者本人主观因素的影响,如兴趣、态度、爱好、情绪、知识经验、观察能力或分析能力等。知觉的选择性与知觉的其他特性是密不可分的,被选择的知觉对象通常是完整的、相对稳定的和可以理解的。

人在知觉事物时,首先要从复杂的刺激环境中将某些有关内容抽象出来组织成知觉对象,而其他部分则留为背景,这种根据当前需要,对外来刺激物有选择地作为知觉对象进行组织加工的特征就是知觉的选择性。

由于人所接触到的客观事物众多,因此不会,也不可能对同时作用于感觉器官的所有刺激信息进行反映,而是主动地挑选某些刺激信息进行加工处理,从而排除其他信息的干扰,以形成清晰的知觉,并迅速而有效地感知客观事物来适应环境,所以,人们总是有选择地将对自己有重要意义的刺激物作为知觉的对象。知觉的对象能够得到清晰的反映,而背景只能得到比较模糊的反映。例如,在课堂上,学生把黑板上的文字当作知觉的对象,而周围环境中的其他东西,比如头顶的电扇、墙上的标语、同学的面孔等便成了知觉的背景。

当注意指向某个事物时,该事物便成为知觉的图形,而其他事物便成为知觉的背景。当注意从一个图形转向另一个图形时,新的图形就会"突出"而成为前景,原来的知觉图形就退化成为背景。因此,支配注意选择的规律,也决定着知觉图形如何从背景中分离出来。

知觉选择依赖于以下两个条件:

(1)对象与背景差别:对象与背景差别越大,越容易分出来,反之越难。

(2)对象各部分组合:刺激物各部分组合常常是我们分出知觉的重要条件,有接近和近似组合。

(三)知觉理解性

在感知当前事物时,人总是借助于以往的知识经验来理解它们,并用词标示出来,这种特性即知觉理解性。人的脑海里存在着大量的知觉经验,认知世界的时候总是不断地进行着抽象、概括、分析、判断等过程,直到对象转化为人的知觉概念。主体在接收到来自外界的刺激信息时,总是先对这些刺激信息的组成部分进行分析,并将刺激信息的突出特征同主体以往的记忆、经验相比较,最后做出适合于个体的知觉判断,而这种判断是能够被主体理解的、有意义的信息整合。如钟表的指针所指的数字不是完整的,但是人们可以根据以往的知觉经验来判定正确的数字(见图3-2)。

图3-2 知觉理解性

(四)知觉恒常性

当知觉的对象在一定范围内发生了变化,知觉印象仍然保持相对不变,这就是知觉的恒常性。比如,人对色彩的知觉敏感性不强,我们微微改变颜色的某个要素,如色相、明度、饱和度,然后单独去看每一种颜色时,往往难以发现颜色的变化,只有在前后的反复比较中才能发现。知觉恒常性细分有以下五种:

1.大小恒常性

大小恒常性是指在一定范围内,个体对物体大小的知觉不完全随距离变化而变化,也不随视网膜上视像的大小而变化,其知觉印象仍按实际大小知觉的特征。根据光学原理,同样一个物体,在视网膜上成像的大小随观察者距离的改变而变化,距离越远,物体在视网膜上的成像越小,反之,距离越近,物体在视网膜上的成像越大。

人在知觉物体的大小时,尽管观察距离不同,但在知觉中的物体大小都与物体实际大小相近,这主要是过去经验的作用以及对观察者距离等刺激条件的主观加工造成的,也为学习和实践的结果。在知觉物体大小时,个体学会了把物体与观察者的距离因素考虑在内,当自己处于不同距离位置知觉同一物体的大小时,知觉的结果经常是一致的。

当刺激条件越复杂,则越表现出恒常性,刺激条件减少则恒常性弱化,距离很远时,大小恒常性便消失,水平观察时其恒常性表现突出,垂直观察时恒常性表现不明显。

大小恒常性与距离、经验与环境线索之间的关系密切,如果在知觉某物体的大小时距离等因素发生偏差,就会对该物体的大小感到困惑而难以知觉。

2.形状恒常性

形状恒常性是指个体在观察熟悉物体时,当其观察角度发生变化而导致在视网膜的影像发生改变时,其原本的形状知觉保持相对不变的知觉特征。比如:在观察一本书时,不管你从正上方看还是从斜上方看,看起来都是长方形的。又比如:站在房间的不同角度观察同一扇门,以及门从完全关闭到完全打开的过程中,门在观察者视网膜中的成像是不一样的,但在观察者的知觉中门始终是相同的长方形。

3.方向恒常性

方向恒常性是指个体不随身体部位或视像方向改变而感知物体实际方位的知觉特征。人身体各部位的相对位置经常发生变化,如弯腰、侧卧、侧头、倒立等,当身体部位一旦改变,与之相应的环境中的事物的上下左右关系也随之变化,但人对环境中的知觉对象的方位的知觉仍保持相对稳定,并不会因为身体部位的改变而变化。

不同个体对视觉信息和前庭感觉信息的运用存在着个体差异,特别是当这两者信息相互矛盾时,差异就更加明显。表现在当两者信息相互矛盾的时候,有的人更多地依赖外部环境中的视觉信息进行方位判断和推理,有人则更多地依赖自己内部前庭感觉信息进行方位判断和推理。

方向恒常性与个体的先前经验和已有的知识多寡密切相关。在熟悉的环境中,个体原有的经验会提供某物体朝向的附加信息。处于自己不熟悉的、复杂的环境中,比如进入了茂密树林中时,就不容易识别出方向。在看一些不熟悉的国家的地图时,可能不清楚其所处的地理位置。

4.亮度恒常性

亮度恒常性是指当照明条件改变时,人知觉到的物体的相对明度保持不变的知觉特征。如将黑、白两匹布,分别一半置于亮处,一半置于暗处,虽然每匹布的两半部分亮度存在差异,但受众仍会把它们知觉为一匹黑布和一匹白布,而不会知觉为两段明暗不同的布料。

5.颜色恒常性

颜色恒常性是指个体对熟悉的物体,当其颜色由于照明等条件的改变而改变时,颜色知觉趋于保持相对不变的知觉特征。从物理特性和生理角度看,当色光照射到物体表面时,由于色光混合原理的作用,其色调会发生变化,但人对物体颜色的知觉并不受照射到物体表面色光的影响,仍把物体知觉为其固有的颜色。比如:在不同色光照明下,家中的家具在视网膜中的色彩成像会发生变化,但我们对自己家中的家具比较熟悉,所以会依据过往经验而对家具的颜色知觉保持相对不变;在室外飘扬的红旗,不管是在阳光照射下还是在路灯照射下,人们都会把它知觉为红色。

三、感知觉与景观设计

将不同类型的感知觉与景观设计结合起来,可以实现感知觉在景观中的应用。

(一)视知觉与景观设计

视知觉就是人的眼睛经过视觉刺激后传送到人脑接收与分析辨识的过程,其过程包括视觉刺激获取,对视觉讯息进行组织以及做出最终反应。视知觉不仅包括视觉接受,也包括视觉认知。视觉接受察觉了事物的存在,而视觉认知则对看到了什么东西、是否有意义做出解释。

1.格式塔心理学理论

格式塔心理学诞生于1912年的德国,在德语中,格式塔指图形或形式,英文译为"configuration"或音译"gestalt",中文译为"完形"或音译"格式塔"。

格式塔作为心理学术语包含以下两种含义:一指事物的一般属性,即形式;二指事物的个别属性,即分离的整体,形式仅为其属性之一。从辩证的角度来讲,就是事物整体与部分的关系问题,也就是说,一个整体可能由多个部分组成,各部分结合构成整体,而这里面的每一部分之所以会发挥其特性,是因为它们并不是单独存在的,而是存在于整体当中。格式塔心理学不是从独立的角度去观察事物,而是从整体上去研究视知觉问题。

格式塔组织原则从理论上阐明了知觉整体性与形式的关系,为"统一中求变化,变化中求统一"这一传统美学观点提供了科学依据。

格式塔心理学的一个重要原则就是人类不需要学习的组织倾向,我们可以毫不费力就看到一个个模式而不是随机的排列。(I. E. Gordon,2004;Schirillo,2010)例如,当两个区域有共同的边界的时候,图形(figure)就是拥有清晰边缘的确切形状,而范围就是"剩下的"区域,形成了图形的背景(ground)。格式塔心理学家指出,图形有确定的形状,而背景只是在图形后面的简单延伸。图形看起来离我们更近,比背景更突出。(Kelly & Grossberg,2000;Palmer,2003;Rubin,1915/1958)

在鲁宾的两可图形中(见图3-3),图形与背景会不时地发生转换,图形会变成背景然后又变回图形。鲁宾的两可图形表明了广为人知的花瓶—面孔效应,最初你会看到黑色背景上的一个白色的花瓶,但过了一会儿你又会看到白色背景上两张黑色的脸。即使在这种模棱两可的情况下,我们的知觉系统也会对刺激进行组织,一部分突出出来而余下的部分变成了背景。我们习惯了图形与背景关系的确定性,所以在遇到图形与背景可以相互转换位置的情形时,会感到惊奇。(Wolfe,et al.,2009)当图形与背景两者之一可以明确认定时,图底关系便不易转换。

图3-3　鲁宾的两可图形

在景观设计中,较好地运用格式塔的组织原则,可以增加景观的丰富性和可观察性,方便人们从形式美的角度增加对景观的认识和理解。

例如,在景观设计中强调图底关系之分,有助于突出景观和建筑的主题,即受众在第一眼就能发现想要观赏的对象。环境中的某一元素一旦被感知为图形,它就会取得对背景的支配地位,使整个形态的构图形成对比、主次和等级,反之,感知对象图底不分或难分,成为暧昧或混乱的图形,知觉就会忽略不顾。

2.光视觉

光视觉,又叫明度视觉。明度是对照射在视网膜上的一定强度的光的感受,它受到两个要素的影响,一是眼睛的适应状态,二是光的强度。明度视觉是最基本的视觉,对一般人而言,视觉是由明度和颜色组成的,并且明度还是色彩的三大属性之一。人们的色彩视觉也受明度视觉的影响。

科学研究发现,人的视网膜上有两种对光敏感的细胞,即锥体细胞和杆体细胞。在明亮的环境下,锥体细胞起作用,杆体细胞被抑制,在黑暗的条件下则正好相反。如前面介绍,人对光线的适应分为明适应和暗适应,人眼从暗处转向亮处即明适应,这个过程很快,大约不到一分钟,而反之,从亮处转向暗处的暗适应则相对较慢,大约需要30分钟甚至更长时间才完全适应。因此照明过程中光线不可直射人眼,避免在眼睛适应过程中造成视力下降的现象。经过暗适应后,眼睛的感受能力会提高,再感受到的光会更加明亮,产生的原因是在黑暗中产生作用的杆体细胞比锥体细胞更加敏感,可对微弱的光线进行反应。

影响明度视觉的另一个要素是周围环境的光线强度,其原因可用差别阈限的原理加以解释,即较黑背景下的同样明度的物体看起来比较明亮。反之,要想使物品显得较为明亮,则需要使其与背景明度差别较大(更黑或更白)。与之相应,当人的视野中物体与背景间的亮度对比过大时,就会造成视觉不适或视力下降,这也就是常谈到的"眩光"。

3.颜色感知

人类的眼睛能够感知不同的颜色。眼睛有三种不同类型的感光细胞,分别对三原色敏感。三原色能够创造其他的颜色。我们通过光和色素感知颜色。光的三原色(红、绿、蓝)是加法三原色,用于创建穿透式的颜色;颜料的三原色(青色、品红色和黄色)是减法三原色,它们吸收或过滤其他颜色,用于创建反射颜色。

在设计中,颜色有三个主要属性:色相、饱和度和明度。色相就是能够被识别的颜色的名称(如红色、绿色或紫色),与色光的波长有关。饱和度,也称为浓度,主要用于衡量颜色的纯度以及颜色的深度和强度。明度是与饱和度有关的明暗程度。

（1）暖色系的应用。

暖色系色彩给人温暖的感觉,可以对人的情绪形成一种感染力,使人心情愉快,因此,一般在节日中会运用红色、橙色以及黄色等暖色系烘托节日的氛围。暖色系在园林景观中的应用也非常普遍,红色的花卉种类很多,在园林景观设计中应用较广泛,在实际使用中通常作为衬托,并且在广场入口、公园中心等地方使用暖色系花卉可以起到引导作用。很多园林景观设计不单单采用一种色系的颜色,而是将冷暖色系进行合理搭配,例如,很多公园都是以绿色为主基调,同时辅助以暖色系的装饰,如木纹的建筑、红色的标志物等,主要是为了营造轻松愉悦的氛围。

（2）冷色系的应用。

冷色系给人一种严肃、庄重的感觉。在园林景观设计中,冷色系花卉一般用于边缘作为装饰。冷色系花卉的另一种作用就是能够起到收缩面积的视觉效果,在园林景观中使用冷色系花卉可以在视觉上起到缩小空旷面积的作用。

（3）对比色的应用。

将对比色放在一起可以凸显效果,形成鲜明的碰撞,产生跳跃感受,比如底色为暗红色,周围用绿色进行装饰。两种不同色系的碰撞,不但不会显得突兀,反而给人以视觉上的冲击感。在现实生活中不用刻意将两种色彩放在一起,大自然许多植物已经形成了对比色,比如植物的绿叶与红色的花朵就是红配绿,两种颜色都得到凸显,使得鲜花更加鲜艳。

（4）同类色的应用。

同类色应用就是将同一色系的颜色放在一起,但在颜色的深浅上有所选择和设计。比如,花坛设计时,可以用暗红色、鲜红色、粉色等同类色,层层递进,给人以舒适的美感。同时树木的搭配也是如此,深绿、浅绿的树木搭配,再加上树木高度的不同,形成一种错落有致的感觉。

（5）中性色的应用。

中性色是一种最保险的颜色,中性色系与任何一种色系搭配都非常合适,没有违和感。中性色系主要有白色、黑色、灰色等。江南园林中的白墙黑瓦就是用的中性色系。中性色在园林景观中的另一个作用就是起过渡作用,统一园林风格。一般是对建筑运用中性色。

（二）听觉与景观设计

耳是人的听觉感受器,耳所能感受的刺激是声波。它接受声波后产生兴奋性冲动,并将其传至大脑的听觉中枢,产生听觉。

听觉的形成过程:声源→耳郭(收集声波)→外耳道(使声波通过)→鼓膜(将声波

转换成振动)→耳蜗(将振动转换成神经冲动)→听神经(传递冲动)→大脑听觉中枢(形成听觉)。

听觉是人类对外界进行感知的最重要的感觉之一。在古今中外的造园活动中,听觉在景观设计中有着广泛的运用。在园林景观中,雨打芭蕉、风吹竹叶等均运用了听觉来营造园林的意境。

听觉景观设计通常包括零设计、负设计与正设计三种类型:零设计指保存与保护现状景观听觉环境;负设计指对景观环境中的声音要素进行筛选与调整;正设计主要是增加景观环境中的声音要素。

讲到听觉设计,就要首先来了解"声景"概念。"声景"的概念最早出现于20世纪初,由芬兰地理学家格拉诺提出。20世纪六七十年代,加拿大音乐家谢弗进一步发展了"声景"。"声景"泛指环境中,从审美角度和文化角度而言,值得欣赏和记忆的声音。"声景"概念给声学研究带来了新的视角,同时,也为景观设计带来新的切入点。经过半个多世纪的融合发展,声音要素给人们带来的审美体验逐渐被园林景观设计行业所接受,越来越多的设计师开始积极主动地把声音作为景观的一个有机组成部分进行设计,利用动态、生动的声景,创造更为丰富的园林景观效果。在我国的古典园林中就有很多关于声景的设计。

(1)自然之声。声景能带来听觉上的愉悦和享受。中国古代的达官贵族和文人雅士在追求园林意境的时候,经常利用大自然的声音,将其作为园林的一部分,营造出生动的带有悦耳享受的声景,因此在中国古典园林中有很多声景,如承德避暑山庄的万壑松风、杭州西湖的曲院风荷和苏州留园的清风池馆等,体现出"留得残荷听雨声"等意境。在古代造园过程中,水是必不可少的一种园林要素,造园者通常会利用流水发出的美妙动听的声音来制造声景。利用流水和石头之间发生的碰撞而产生的声音甚至可以制造出一支曲子,"杭州西湖烟霞三洞"之一的水乐洞就是以听泉而闻名的。

(2)人工声景。人类的声音和园林的环境是融合在一起的,在园林中的人发出的各种声音也是园林声景的一部分。人吵闹的声音可能会是噪声,是一种让人烦躁不舒服的声音,但是如果人在一起弹奏乐器,音乐声就是好听的声音,可以丰富园林景观。还有,人们发自内心的欢笑声与自然的声音相互交融,让整个环境生机勃勃。

现代园林设计也是需要对古代的园林声景设计学习的。随着城市化进程的加速,那些曾经带给人诸多感动的美好声音在纷杂的都市生活中逐渐失去它的魅力,人们被各种城市噪声困扰着,甚至影响到自身健康,所以,对声景的营造不仅要对当代生活环境进行反思,更要从传统中汲取营养,用声音形成情、景的良好互动,用声音唤起人们的情感和记忆。

（三）触觉与景观设计

触觉是指分布于全身皮肤上的神经细胞接受来自外界的温度、湿度、疼痛、压力、振动等方面的感觉。多数动物的触觉感受器是遍布全身的，像人的皮肤位于人的体表，依靠表皮的游离神经末梢能感受温度、痛觉、触觉等多种感觉。狭义的触觉，指刺激轻轻接触皮肤触觉感受器所引起的肤觉。广义的触觉，还包括增加压力使皮肤部分变形所引起的肤觉，即压觉，一般统称为"触压觉"。

触觉在景观设计中的作用也是不容忽视的。比如，在硬质景观中，有些地面铺装的是拼成各式纹路的鹅卵石，让游人可以光脚晨练，按摩足底；座凳的材质，有的选择木质，给人以柔和、温暖的触感，有的选择大理石材质，光滑的触感给人一种舒适高级的感觉。在软质景观中，草坪的草的选择也会对触感有所影响，有的草坪的草质地柔软，给人舒适的感觉，有的比较粗硬，会给人毛躁的感觉。

（四）气味与景观设计

嗅觉也是一种重要的感觉。同时，嗅觉也是一种难以言说和描绘的感觉，因为气味无形也无声，所以不能在画面中进行表现，但它在人类世界中又是无处不在的，所以必须在设计过程中进行充分考虑。

气味在景观设计中能发挥意想不到的作用。在园林景观设计中，非常注重气味的利用，各种植物散发出来的不同气味，会带给人不一样的体验。有的气味有杀菌的作用。有的气味对人类的身心健康非常有益，甚至有保健功能，比如"上海交通大学芳香植物研发中心"姚雷教授团队在2008年验证了由西洋甘菊、薰衣草薄荷、迷迭香、香叶天竺葵组合的"助眠区"以及由甜罗勒、留兰香、薰衣草薄荷、香叶天竺葵组合的"降血压区"的保健功能，2011年验证了以真薰衣草、香叶天竺葵、甜牛至、甜罗勒等植物为主要构成的闻香区的降压保健功能。现在的康复性景观就特别重视气味的设计。一直以来，园林景观设计还会强调一种"香景"，这是一种对气味景观的营造，会适当地利用香花植物带来嗅觉的体验。

（五）动觉与景观设计

动觉是对身体运动及其位置状态的感觉，它与肌肉组织、肌腱和关节活动有关。身体位置、运动方向、速度大小和支撑面性质的改变都会造成动觉改变。典型的例子如水中的汀步（踏石）：当人踩着不规则布置的汀步行进时，必须在每一块石头上略作停顿，以便找到下一个合适的落脚点，结果造成方向、步幅、速度和身姿不停地改变，形成"低头看石抬头观景"，动觉和视觉相结合的特殊模式。如果动觉发生突变的同时伴随有特殊的景观出现,突然性加特殊性就易于使人感到意外和惊奇。在小尺度的园林和建筑中,"步移景异""先抑后扬""峰回路转""柳暗花明"都是运用这一原则的常用手法,其实例并不限于国内。在大尺度的风景区中,常可利用山路转折、坡度变化(如连续上坡后突然下坡)等突然性,达到同一目的。至于特殊的动觉体验,如沿沙坡下滑(敦煌鸣沙山和宁夏沙坡头)、攀登天梯、探索溶洞和俯瞰仰望等,还可成为风景区的重要特色之一。惊险的动觉体验,如峨眉山的"九十九道拐"和华山的"长空栈道",更令人终生难忘。

复习巩固

1.举例说明知觉是如何产生的。

2.简述知觉的特性。

3.简述格式塔理论及其在景观设计中的应用。

第三节 人的认知三层次

一、注意

(一)注意的含义

注意(attention)是个体心理活动对一定事物的指向与集中,其本质是意识的聚焦和集中,是心理过程的动力特征。虽然注意是一种非常重要的心理现象,但其并不是一种独立的心理过程,总是伴随着其他心理过程而出现,离开了具体的心理过程,注意就无从产生和维持。人在注意某种事物的时候,总是在感知、记忆、想象或体会该事物的某些特征,比如:在人们说"注意看屏幕"时,是感知活动中的注意;在"注意思考这个问题"中,则是思维活动中的注意。如果没有注意对心理活动的组织作用,大多数心理活动都无法开展和进行,可以说,注意是信息加工系统的"卫士",它直接影响着其他心理活动的开展。

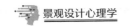

(二)注意的基本特征

指向性和集中性是注意的两个基本特征。

注意的指向性表现为人的心理活动具有选择性,即在某一时刻,人的心理活动总是有选择地指向一定对象。因为人不可能在某一时刻同时注意所有事物,接收所有信息,只能有选择地对一定对象进行注意和加工,就像在人群里找人,在某一时刻只能看清某个位置的一个人或几个人。

注意的集中性是指心理活动停留在一定对象上,对其进行深入加工。当注意集中时,个体的心理活动只关注当前注意所指向的事物,即注意对象,与当前注意对象无关的事物或活动则被抑制,比如,当学生集中注意写作业的时候,对走廊里同学的说话声、窗外的汽车声都听而不闻。注意的集中性保证了个体对当前注意对象有更为深入的加工和理解。

指向性和集中性统一于同一注意过程中,保证了注意的产生和维持。当学生上课的时候,其心理活动不可能指向教室内外的各种事物,只能选择教师的教学活动作为自己的注意对象。另外,在听课过程中,学生必须始终关注教师的教学,抑制与听课无关的小动作,只有在正确指向的基础上加以集中,才能清晰、完整和深入地理解教师的教学内容。

(三)注意的分类

根据注意产生和保持时有无目的性以及意志努力程度的不同,可以把注意分为不随意注意和随意注意两种。不随意注意也称为无意注意,是指没有预定目的、不需要意志努力、不由自主地对一定事物所发生的注意。随意注意也称为有意注意,是指有预定目的、需要意志努力、主动地对一定事物所发生的注意。

虽然不随意注意和随意注意存在明显的区别,但是在人类活动中两者往往是不能截然分开的,很多活动的完成需要这两种注意同时参与。在一些活动中,不随意注意和随意注意可以相互转化。

当个体对某个活动的熟悉程度达到自动化程度时,就会出现随意后注意。随意后注意又称有意后注意,是指有预先设定的目的但只需要非常少的意志努力的注意。它既服从于当前活动的目的和任务,又不需要太多的意志努力。它是在随意注意的基础上发展起来的,是由随意注意升华而来的更高级的注意,是随意注意的一种特殊形式。引起随意后注意的主要条件是当前活动必须具有高度的自动化,即不需要太多的意志努力,比如,一边看电视一边织毛衣,此时,对织毛衣这一活动的注意就是随意后注意。

(四)注意的功能

1.选择功能

注意的选择功能是指注意对外界信息进行选择性加工。每一时刻,个体内外存在各种类型的大量刺激,在注意的作用下,个体只选取符合当前需要的、有意义的刺激,排除和抑制不重要的、无关的刺激。注意的选择功能使个体在同一时刻将注意指向于一项或少数几项工作或事件,使心理活动具有一定的方向性,使人们能在纷繁复杂的刺激面前做出有意义的选择,从而高效率地适应环境。

2.维持功能

注意的维持功能是指注意对象的表象或内容在意识中得以保持,然后得到进一步加工,直到完成任务为止。具体来说,当外界信息进入知觉、记忆等心理过程进行加工时,注意能够将已经选择好的有意义的、需要进一步加工的信息保持在意识之中,使之得到进一步加工。例如,文字校对员可以连续很长时间将注意集中于校对任务上;小朋友观看动画片时可以聚精会神很长时间。注意的维持功能在人们的生活和工作中起着重要作用。

3.调节与监督功能

注意可以提高活动的效率,还体现在注意具有调节和监督功能上。在注意集中的情况下,人们常常需要把自己的当前行为与既定目标进行比较,然后通过信息反馈,对当前行为进行相应调节,使之与目标相一致,直至达到目标为止。在实现目标的过程中,注意还起着监督功能,目的是使行为效率增加,错误减少,准确性和速度提高。例如,有些小学生的作业出现错误,不是他们不会计算这些题目,而是他们在做作业时注意的参与程度不够,监督功能不完善,才导致错误的出现。

二、记忆

(一)记忆的含义

记忆(memory)是对过去经验的保留和恢复。我们过去感知过的事物、思考过的问题、体验过的情绪和情感以及完成过的动作,都能够不同程度地保存在记忆中,这就是个人的知识、技能、阅历、经验。人的记忆容量是巨大的,记忆的内容也在不停地更新,因此可以说,没有记忆就没有积累,没有记忆就没有发展,没有记忆就没有创新。

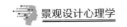

（二）记忆的分类

记忆过程是在人头脑中保存个体经验的心理过程,它可以分为三个主要环节:编码(encoding)、存储(storage)、提取(retrieval)。编码是将从感觉器官获得的信息转换成合适存储的形式。存储是将转换好的信息保存起来,记忆的存储过程并不是简单地将信息保存起来,它还是一个"整合分析"的过程,即将信息和使用者已有的知识经验联系起来,以利于使用者牢固地记住信息和以后顺利地提取信息。提取是从大脑中将以前存储的信息提取出来,当人们在努力回忆一件事情或一个词的时候,常会感觉这个要回忆的东西马上就要想起来了,却怎么也想不起来,在这种情况下,人们便会应用各种方法去回忆要回忆的东西,比如重构当时的情境,寻找回忆的原因以及各种和要回忆的东西有关的线索等,这种体验可以帮助使用者了解信息在记忆中是如何存储的。

记忆的类型有很多,按记忆内容的不同,可分为动作记忆、形象记忆、语词逻辑记忆和情绪记忆;按记忆编码方式和贮存时间不同,可分为瞬时记忆、短时记忆和长时记忆;按记忆过程利用的感知觉通道不同,可分为听觉记忆、视觉记忆、运动记忆和混合记忆等。这里主要介绍对设计师影响较深的几种记忆:

(1)形象记忆,是以感知过的事物形象为内容的记忆。这些具体形象可以是视觉的,也可以是听觉的、嗅觉的、触觉的或味觉的,如人们对看过的一幅画,听过的一首乐曲的记忆就是形象记忆。这类记忆的显著特点是保存事物的感性特征,具有典型的直观性。

(2)情绪记忆,是以过去体验过的情绪或情感为内容的记忆,如学生对接到大学录取通知书时的愉快心情的记忆等。情绪记忆的印象有时比其他形式的记忆印象更持久,即使人们对引起某种情绪体验的事实早已忘记,但情绪体验仍然保持着。

(3)逻辑记忆,是以思想、概念或命题等形式为内容的记忆,如对数学定理、公式、哲学命题等内容的记忆。这类记忆是以抽象逻辑思维为基础的,具有概括性、理解性和逻辑性等特点。

(4)动作记忆,也叫运动记忆,是以人们过去的操作性行为为内容的记忆。凡是人们头脑里所保持的做过的动作及动作模式,都属于动作记忆。如上体育课时的体操动作、武术套路,上实验课时的操作过程等都会在头脑中留下一定的痕迹。这类记忆对于人们动作的连贯性、精确性等具有重要意义,是动作技能形成的基础。

三、思维

(一)思维的含义

思维(thinking)是对客观事物的间接和概括反映。所谓间接,一是指思维能够从已知的信息推知未能直接感知到的信息,二是指思维活动需要借助一定的工具,如语言、表象或动作等。所谓概括,是指思维能够对一类事物或现象的共同的本质或规律进行探索。感知觉只能提供具体事物的直观的外部特征,要想认识事物的本质特征和内在联系与规律,必须借助思维这种高级认知活动。

思维的过程十分复杂。一般而言,思维过程通过分析、综合、比较、分类、抽象、概括、系统化和具体化等心理操作得以完成,其中分析和综合是最基本的过程。

(二)思维的分类

心理学家帕维奥的双重编码说将记忆系统分为两类:表象系统(形象记忆)和言语系统(词语逻辑记忆),前者存贮的是记忆中的形象,后者则是各种抽象的概念。(Paivio, 1975)对前者的形象编码进行加工处理的过程就是形象思维,对后者的语义代码进行加工处理的过程就是逻辑思维。

承认表象编码的学者认为,形象思维是一种以形象为依托和工具的思维方式。"形象"在认知心理学中称为"表象"或"意象",有学者认为它类似一种"心理图画",人脑以形象思维思考时,就像观看无声电影,虽然没有语言,大脑却能理解一幕幕的景象。与逻辑思维相比,形象思维呈现出整体性、直觉性、跳跃性、模糊性的特点。在艺术、美学领域,"形象"是一切活动的核心和基本单位。作为一种思维活动的形象思维,不同于"知觉"或单纯的直觉,它比知觉暗淡、模糊。作为基本材料的"形象"不是原始的感觉材料,而是一种省略某些特征,突出重要特点的典型的、概括的形象。任何人造物的形象都不是艺术家、设计师对客观现象的简单模仿,也不是抽象思维所能完全解决的概念和符号,这些形象都来自人们对客体本质特征的概括表达,是人们运用联想、想象,编造或创造出来的东西。

形象思维是以具体的形象或图像为思维内容的思维形态,是人的一种本能思维,人一出生就无师自通地能以形象思维方式考虑问题。形象思维也是设计思维的基础,是设计主体进行思维活动的基本素材。形象思维使人们能创造出整体的、概括的、典型的、具有某种风格的图像。设计师利用草图记录脑中闪现的表象,从印象到意象再到艺术形象的逐步转化就是一个典型的形象思维过程。

形象思维与逻辑思维同样具有创造性,都是创造性思维的组成部分,而且形象思维在整个创造性思维中处于先导的、启示性的地位。许多创造过程中都有这样的现象,创造主体首先具有一个模糊的印象,虽然它不像逻辑思维中的概念或数据那么清晰明确,却吸引着创造主体向着那个模糊的印象前进,这也是有人将某些"形象思维"称为"直觉思维"的重要原因。

📖 生活中的心理学 ⋯⋯⋯⋯⋯

阿德勒的童年记忆

早期记忆:由于人的记忆带有主观选择性、创造和想象的成分,因此,通过早期记忆可以发现个体感兴趣的东西,使个体找到自己的兴趣,形成独特的生活风格和适应社会的方式。

阿德勒曾谈到他自己的最初记忆,所回忆出的是他五岁时在上学的路上要穿过一个墓地,他总感到十分害怕,每次上学时,他都很害怕,但是其他同学似乎一点也不在乎墓地,这使他更感到不安和害怕,加重了自卑感。有一天他决定不再害怕了。他将书包放在地上,然后来回12次穿过墓地,直到克服了恐惧感为止。从那天起,他上学时再也不害怕墓地了。阿德勒认为,这个最初记忆似乎表明他生活风格的某些东西。他从很小的时候起,就努力克服自卑感和恐惧感,以勇敢的行为进行补偿,使自己坚强起来,而不是低人一等。30年之后,阿德勒同一位老同学交谈时,询问那块墓地现在是否还在,他的那位同学十分惊异地说,那里从来就没有什么墓地。阿德勒自己也十分吃惊,他的回忆是那样生动清晰。后来,他还询问过其他老同学,都说从来都没有墓地。最后,阿德勒认识到,虽然他回忆的事情是不存在的,但是那反映了他童年时的瘦弱、自卑及战胜它们的勇气和努力,他认为这些成了他一生的特点,最初记忆揭示了他生活风格的一个重要方面。

(引自黄希庭《人格心理学》,浙江教育出版社,2002年)

复习巩固

1.注意的基本特征是什么?

2.注意的功能有哪些?

第四节　景观与认知地图

提到认知地图，不得不先说说凯文·林奇（Kevin Lynch）的城市意象说，因为直到城市设计师凯文·林奇出版了《城市意象》（*The Image of the City*）一书后，人们才对人类认知地图的结构和功能给予了广泛关注。在该书中，林奇开创了一个新的调查领域、一种数据收集方法和一些描述认知地图特点的词汇，这些词汇至今仍被广泛使用。基于历史原因和实事求是原则的考虑，林奇提出的这些研究方法值得我们详细探讨。林奇指出，城市意象的组成元素包括道路、边界、区域、标志物和节点五点，这也是认知地图的重要组成要素，本节接下来会做详细讲解。

一、认知地图的概念

你有过这样的经验吗？ 你到了一个新环境，可能是你上大学的第一年，你问人家到图书馆怎么走，别人的回答是："哦，这很简单。你爬过这个山丘，沿着黑色的楼的右侧走，然后左转，会看到大礼堂在右边，而图书馆就在左边。"你努力回忆他提到的路线上的一些重要地点，坚定地想要把这些新的信息整合到你模糊的心理地图中，这就是初步的认知地图。

认知地图（cognitive map）是在过去经验的基础上，产生于头脑中的某些类似于一张现场地图的模型，是一种对局部环境的综合表象，既包括事件的简单顺序，也包括方向、距离，甚至时间关系的信息。

关于认知地图的研究关注的是标准地理空间的方式。更具体点说，认知地图是地理信息的心理表征，包括了我们周围环境的信息。（Shelton & Yamamoto，2009；Wagner，2006）

二、认知地图的构成要素

林奇发现道路、标志物、节点、区域、边界这五个因素可用来描述和分析认知地图。

道路指的是行进的通道，如步行道、大街、公路、铁路、河流等连续而带有方向性的通道，其他要素均沿路径分布。城市建筑阻挡了视线，人只能沿道路一边观察一边行进，因此，在大多数城市认知地图中，道路是地图的骨架。

标志物指的是具有明显视觉特征而又充分可见的参照物，是引人注意的目标。

如路径不明的沙漠、草原、山林或路径混乱如大城市的大尺度环境中,因为无法看到或了解全貌,只有依靠标志来识别和组织环境。标志可以是日月星辰、山川、岛屿、大树、堆石,也可以是人工建筑物或构筑物。而在城市中,高塔、桥梁、纪念碑、雕塑、牌楼、喷泉、建筑等都可成为引人注目的标志。有些标志,如天安门、自由女神像、埃菲尔铁塔等还升华为城市或国家的象征。

节点指的是观察者可进入的具有战略地位的焦点,如广场、车站、交叉路口、道路的起点和终点、码头等人流集散处。道路为一维元素,行人不必操心方向,只管放心前行。传统的节点是二维元素,行人在这些节点必须集中注意感知周围环境,而后做出行动选择,因此,节点处应该设置醒目并具有美感的标志,用以指引方向。中心对称或周围界面无明显区别的节点最易使人迷路,丑陋的节点最易损害城市的形象。

区域指的是具有共性的特定空间范围,如公园、旧城、金融区、少数族群聚居区等。在更大的尺度范围内,这共性又成为与众不同的个性,起到了识别作用,使人易于把这一区域视为一个整体。

边界是不同区域之间的分界线,包括河岸、路堑、城墙、高速路等难以穿越的障碍,也包括示意性的可穿越的界线。

三、认知地图的特点

(一)多维环境信息的综合再现

认知地图具有地理地图的特点,但它不只是一张简单的二维平面草图,而是所在城市居民长年累月往返活动、反复体验的积累,远比单纯的知觉与认知丰富。它是多维环境信息的综合再现,既包含具体信息,如街景、建筑造型等,也包含抽象信息,如构成整体意象的单独要素(林奇提出的五要素)和环境氛围等,它们共同形成"头脑中城市或环境"的结构。这种结构一旦形成,就带有一定的持久性和稳定性,因此,这类信息还带有认知图式(cognitive schema)的性质。

正常人的认知地图以视觉信息为主,同时还包含非视觉方面的意象。例如一说到苏州的寒山寺,出现在脑海中的不仅仅是一座古刹、夜色中灯火昏暗的渔船,似乎还听到远处传来的阵阵钟声,还感觉到深夜的凉意……

盲人主要靠触觉与听觉形成清晰的认知地图。如一位盲人对从汽车站到他家的一段路程的描述:"下公共汽车后,在中央大街走一小段路,房子在街右边;隔壁房子附近总有许多人,因为那里是有轨电车车站;房子后面是一块未被占用的空地,下雨天就成了泥水坑,必须沿着篱笆走,向右上几步台阶就到了通往我家的楼梯。"

(二)模糊性和片断性

认知地图来源于对环境的感知和体验,带有直觉性和形象性,然而它并非客观环境的照片或测绘图,更不是精确的复制模型,而是经头脑加工过的记忆的产物,因此,带有模糊性和片断性,即有的记住、有的淡忘,有的清晰、有的模糊,还包含许多错误,如方位的错误,把弯路和斜路记忆成直路,甚至增加本来没有的或者已拆除的要素等。不同部分清晰与模糊的程度、各种错误的性质反映出个人在认知成图(cognitive mapping)方面的具体差异。

(三)个人差异

对于同一物质环境,不同个人具有与众不同的认知地图,这主要取决于个人对环境的熟悉程度,这种熟悉程度又取决于多种复杂的因素。

1. 当地居民与外来者

当地居民对所在城市比较熟悉,在长期往返过程中信息逐步简化,因习以为常而变得熟视无睹。外来者对当前环境并不熟悉,要靠细心观察和探索去适应新的环境,因而比当地居民对环境现象更加敏感;由于常常把新的环境与原来所在的环境相比较,也更容易发现新环境的特征。此外,当地居民更注重环境的功能,记住的多半是与日常生活相关的场所;而外来观光客对现象更感兴趣,所以更加注意道路、节点和标志物。

2. 生活方式与活动范围

对上班族来说,居住和工作地点是影响个人活动范围的最重要因素。城市居民有不同的活动范围,又有共同的活动范围。如果某一城市的主要工作地点和商业区位于市中心,而居住区位于外围的话,居民的城市意象一般呈扇形。居民通常对扇形区域内比较熟悉,对扇形之外的区域比较生疏。有车族比一般市民有更多的旅行机会和更大的活动范围。一项研究表明,洛杉矶社会经济地位高的人乘小汽车外出旅行的机会更多,因此所熟悉的地区可能比地位低的人大 1000 倍。(洛杉矶城市规划局,1971)但也有例外,在有些发展中国家,上层人士常把自己局限在小圈子里,熟悉地区相对较小,而下层居民因生存需要而四处奔波,认知地图的实际范围反而较大。空间活动范围是影响认知地图的关键因素。性别、年龄、职业、健康状况等都影响个人活动范围的大小。

3. 性别差异

大多数研究认为,由于思维方式不同,不同性别的人群对环境的理解表现出不同的兴趣:女性擅长形象思维,更加关心区域和标志物;男性擅长逻辑思维,更加关心道路和方向。实验发现,雄性激素使人的方向感增强。(Evans,1980;Evans,Brennan,Skorpanich & Held,1984)

近年的研究也证实,在大尺度环境中,学习找路的能力的确存在性别差异。有人做过一项实验,实验要求被试采用三种方法,即直接法、折回法和选择法,通过一段不熟悉的路程,并回到原来的出发点。结果显示,在直接法中,女性有更多依靠标志物的倾向,使用标志物越多的,找路能力越强;而在男性中没有发现这一现象。(J. Choietal,2006)因此,较男性而言,在女性的认知地图上,标志物也相应较多。

日常生活经验似乎也告诉我们,男性天生比女性具有更强的方向感和认路能力。社会角色分工和生活方式也促使男性比女性对外部世界更感兴趣,并进行更广泛的探索。武汉市曾对居民出行次数做过一次调查,结果显示:男性比女性更爱往外跑,平均出行次数为男性2.09次/日,女性1.90次/日。这种差异或许也是人在生存适应中进化的结果。常言道:"好男儿志在四方。"在古代,从军、狩猎、外出谋生、远航等任务基本由男性承担,完成这些任务本身就需要对大环境具有较强的控制和识别能力。

4. 年龄差异

儿童认知地图常常以学校和家为中心,并包括连接这两处的道路及其两侧的环境要素;年轻人学习能力和活动能力都比较强,认知地图包含的范围较广,也能及时反映城市的变化;老年人由于出门不便,对新事物的学习能力也相对减弱,因而对城市的变化不能及时了解,反映在认知地图中,常出现已拆除的旧要素,缺乏新的要素,意象清晰的范围有缩小的倾向。

武汉市的调查显示,各年龄段人群的平均出行次数为:6~15岁的中小学生3.25次/日;50岁以下居民(学生和从业人员)1.19次/日;60岁以上居民1.15次/日。可见,年龄越小的出门越勤。

5. 人格化地图

由于个人价值观、兴趣互不相同,对城市中不同要素注意的程度也不相同。例如,家庭主妇更注意杂货店和食品店,儿童更注意玩具店、糖果店和游戏场。同样是休闲的成人,有的注意游乐场所,有的注意自然风光和文物古迹。

研究发现,思维方式也影响个人的认知地图。例如曾有人安排两组被试参观同一城市后画出认知地图:一组是文学家和艺术家,他们都认真地观察,根据记忆形象地画出与客观环境较相似的认知地图草图;另一组主要由科学技术工作者组成,他们所画的认知地图几乎都一样,方格道路网中点缀着一些要素,甚至在没有火车站的地方画上一个火车站,因为他们认为这里应该有火车站。

📖 拓展阅读 ⊶∙∙∙∙∙∙∙∙∙∙∙∙

声音的混合与掩蔽

　　空气振动传导的声波作用于人的耳朵产生了听觉。人们听到的声音有三个属性，称为感觉特性，即音强、音高和音色。音强指声音的大小，由声波的物理特性振幅决定。音高指声音的高低，由声波的频率决定。由单一频率的正弦波引起的声音是纯音，但大多数声音是许多频率与振幅的混合物。混合音的复合程序与组成形式构成声音的质量特征，称音色，音色是人能够区分发自不同声源的同一个音高声音的主要依据。

　　当两个声音同时到达耳朵，就会在耳中进行混合。由于两个声音的频率、振幅的差距不同，其混合的结果也不相同。如果两个声音强度大致相同，频率相差较大，就会产生混合音。若两个声音强度相差不大，频率也很接近，则会听到以两个声音频率的差数为频率的声音起伏，这种现象叫作拍音。如果两个声音强度相差较大，则只能感受到其中的一个较强的声音，这种现象叫作声音的掩蔽。声音的掩蔽受到频率和强度的影响。如果掩蔽音和被掩蔽音都是纯音，那么两个声音频率越接近，掩蔽作用越大，低频音对高频音的掩蔽作用比高频音对低频音的掩蔽作用大。掩蔽音强度提高，掩蔽作用增强，覆盖的频率范围也相应扩大；掩蔽音强度减小，掩蔽作用覆盖的频率范围也减小。来自两个不同方向或不同距离的相同声音，如果有时间的差异，当时间差小到一定程度，听觉神经所感受到的声源位置，由先到达的信号决定，这种现象被称为哈斯效应。

复习巩固

1. 认知地图的构成要素有哪些？
2. 认知地图有什么特点？

本章要点小结

1.感觉是客观属性在感觉器官产生的事物的个别属性上的反映。人生活在世界上,每天都要与周围环境发生感性的、直接的关系,如观看美景、倾听乐声、品尝美食和触摸外物,而由这种种渠道得到的感觉,就构成了人们进行理解、想象和情感活动的基础。

2.根据感觉刺激是来自有机体外部还是内部,可把各种感觉分为外部感觉和内部感觉。外部感觉接受机体外的刺激,觉知外界事物的个别属性,属于外部感觉的有视觉、听觉、嗅觉、味觉、肤觉;内部感觉接受机体内的刺激,觉知身体的位置、运动和内脏器官的不同状态,属于内部感觉的有动觉、平衡觉、内脏感觉等。

3.临床上把感觉分为四类:(1)特殊感觉,包括视觉、听觉、味觉、嗅觉和前庭觉;(2)体表感觉,包括触压觉、温觉、冷觉、痛觉;(3)深部感觉,包括来自肌肉、肌腱、关节的感觉及深部痛觉和深部压觉;(4)内脏感觉。

4.引起感觉的最小刺激量称为感觉阈下限,能产生正常感觉的最大刺激量称为感觉阈上限。从感觉阈下限到感觉阈上限之间的刺激强度,就是人能产生感觉的刺激范围。

5.格式塔作为心理学术语包含以下两种含义:一指事物的一般属性,即形式;二指事物的个别属性,即分离的整体,形式仅为其属性之一。从辩证的角度来讲,就是事物整体与部分的关系问题,也就是说,一个整体可能由多个部分组成,各部分结合构成整体,而这里面的每一部分之所以会发挥其特性,是因为它们并不是单独存在的,而是存在于整体当中。格式塔心理学不是从独立的角度去观察事物,而是从整体上去研究视知觉问题。

6.注意是个体心理活动对一定事物的指向与集中,其本质是意识的聚焦和集中,是心理过程的动力特征。

7.记忆是对过去经验的保留和恢复。我们过去感知过的事物、思考过的问题、体验过的情绪和情感以及完成过的动作,都能够不同程度地保存在记忆中,这就是个人的知识、技能、阅历、经验。

8.思维是对客观事物的间接和概括的反映。

关键术语

感觉 sensation

外部感觉 external sensation

内部感觉 internal sensation

感觉阈限 sensory threshold

感觉适应 sensory adaptation

感觉后效 sensory after-effect

感觉对比 sensory contrast

社会知觉 social perception

物体知觉 object perception

空间知觉 spatial perception

时间知觉 temporal perception

运动知觉 motion perception

认知地图 cognitive map

选择题

1. 根据感觉刺激是来自有机体外部还是内部,可把各种感觉分为（　　）。

A. 外部感觉和内部感觉　　　　B. 感觉和知觉

C. 视觉和听觉　　　　　　　　D. 嗅觉和触觉

2. 属于外部感觉的有视觉、听觉、（　　）、味觉和肤觉。

A. 嗅觉　　　　　　　　　　　B. 平衡觉

C. 动觉　　　　　　　　　　　D. 内脏感觉

3. 颜色有三个主要属性:色相、（　　）和明度。

A. 色度　　　　　　　　　　　B. 饱和度

C. 深度　　　　　　　　　　　D. 杂度

4. 根据知觉对象是否涉及人,可以把知觉区分为社会知觉和（　　）。

A. 运动知觉　　　　　　　　　B. 时间知觉

C. 物体知觉　　　　　　　　　D. 空间知觉

5. 根据事物都有空间、时间和运动的特性,可以把知觉区分为（　　）、时间知觉和运动知觉。

A. 视听知觉　　　　　　　　　B. 物体知觉

C. 社会知觉　　　　　　　　　D. 空间知觉

6. 知觉的整体性包括(　　)、(　　)、(　　)和连续律四个规律。

A. 就近律　　　　　　　　　　B. 断续律

C. 相似律　　　　　　　　　　D. 闭合律

7. 根据注意产生和保持时有无目的性以及意志努力程度的不同,可以把注意分为(　　)和(　　)两种。

A. 不随意注意　　　　　　　　B. 分散注意

C. 随意注意　　　　　　　　　D. 集中注意

第四章

景观与情绪、情感

人处于各种各样的环境中,经历各种各样的人和事,环境给人带来许多感受。人有时精神焕发,有时萎靡不振;有时冷静,有时冲动;有时觉得生活充满了幸福,有时感觉生活是那么无味。情绪的变化往往是因为受到环境和思想变化的影响。景观作为环境中的一部分,对人的情绪情感的影响及作用不容忽视。景观是人所向往的环境,是需要科学分析方能被理解的物质系统,反映了社会伦理、道德和价值观念等意识形态。因此,景观设计需要把握人的情感规律,激发人的某种心理感受,使人与环境、人与自然完美结合。近年来,人们对景观设计的注意力逐渐转移到探讨景观设计的本质和人的情感建设上,因此对于景观设计师而言,了解景观与情绪情感的关系尤其重要。本章将对景观特征与使用者的评价感受做规律性总结,阐述景观与情绪情感的关系。

第一节　情绪、情感概述

情绪、情感涉及我们生活的每个方面。我们清醒的每一时刻,都伴随着感觉的差异、变化和情绪的冲动,并且体验着不同的心境和情感。然而,如果要我们试着给出一个情绪的定义,我们就会发现,这个任务是相当困难的。尽管给出一个情绪的例子相当容易,但是用概括的方式给出情绪的定义却非常难。情绪、情感看起来似乎很直接明显,但又会令人迷惑不解。本节将探讨情绪与情感的概念以及分类。

一、情绪和情感的概念

由于情绪和情感的复杂性,哲学家及心理学家对情绪、情感的界定以及情绪、情感产生的机制都有着不同解释。当前比较流行的一种看法是:情绪和情感是人对客观事物的态度体验及相应的行为反应。这种看法说明,情绪、情感是以个体的愿望和需要为中介的心理活动。当客观事物或情境符合主体的需要和期望时,就能引起积极的情绪和情感;当客观事物或情境不符合主体的需要和愿望时,就会产生消极、否定的情绪和情感。

(一)情绪与情感的区别与联系

在日常生活中,人们时常把情绪与情感这两个概念混用或相互替代,或者把情绪看作与生物性需要相联系的、具有较大情境性和冲动性的心理反应,把情感看作与社

会性需要相联系的、具有稳固性和理智性的心理反应。但情绪与情感是既有区别又有联系的,主要表现在以下几个方面:

第一,情绪和情感既起源于种族进化,又是人类社会历史发展的产物。在使用情绪、情感这类术语去标示在漫长的历史演化过程中发生的、可处于不同水平上的心理现象时,人们心目中所指的内涵常常有所不同。一般都把与人的特定主观愿望或需要相联系的感情性反应统称为感情(affection)。感情一般包含情绪和情感的综合过程。情感是对感情性过程的感受和体验,情绪是这一感受和体验状态的过程。因此,无论情绪或情感,指的是同一过程和同一现象。在不同的场合使用情绪或情感,指的是同一过程、同一现象所侧重的不同方面。

第二,广义的情绪(emotion)包括情感,或视为情感的同义语,代表着感情性反应的过程。无论是动物还是人类,感情性反应的发生都是脑的活动过程,或个体需要的特定反应模式的发生过程,故情绪突出情动的过程,如高兴时手舞足蹈、愤怒时暴跳如雷。情绪具有较大的情境性、激动性和暂时性,如悲哀、愤怒、恐惧、狂喜等往往随着情境的改变和需要的满足而减弱或消失。情绪发生较早,代表了感情发展的原始方面,为人类和动物所共有,而情感体验发生较晚,为人类所特有。

第三,情感(feelings)一词包含"感"字,有感觉、感受之意,还包括"情"字,也不同于感觉之解。情感有感觉、感触、心情、同情、体谅等多种含义,说明情感这一概念既包括与感觉、感受相联系的"感",又包括与同情、体验相联系的"情"。因此,情感这一术语的基本内涵是感情性反应的"觉知"方面,集中表达感情的体验和感受。情感经常被用来描述具有稳定而深刻社会含义的高级感情。它所代表的感情内容,诸如对祖国的尊严感、对事业的酷爱、对美的欣赏不是指其语义内涵,而是指对这些事物的社会意义在感情上的体验,所以情感比情绪更具稳定性、深刻性和持久性。

情绪和情感虽然有各自的特点,但其区别是相对的,在具体的个人身上,它们彼此交融、不可分割。稳定的情感是情绪体验的概括,是在情绪的基础上形成的并通过情绪来表达。但同一种情感可以有不同的情绪表现,而同样的情绪也可以表现不同的情感。情绪也离不开情感,情绪是情感的具体形式和直接体验。情感是在情绪的基础上产生的,反过来情感对情绪又具有重要的影响。由于心理学主要是对感情性反应的研究,侧重于它们的发生、发展的过程和规律,因此心理学文献中较多使用情绪这一概念。

(二)情绪的定义

尽管情绪与认知在绝大部分心理活动中相互依存,密不可分,但它与认知还是有很大差异的。情绪与个体的切身需要、生理反应和主观态度相联系。从这种联系中可以引申出情绪的几种特殊存在形式，其一为内在状态或体验，其二为相应的生理活动和对应的不同的脑区域，其三是外显表情，这是与认知过程所不同的特征。因此，情绪与认知是带有因果性质和互相伴随而产生的。情绪可以发动、干涉、组织或破坏认知过程和行为；认知对事物的评价则可以发动、转移或改变情绪反应和体验。

关于情绪的定义一直存在着很多争议，研究者根据自己的理论取向，从不同角度对情绪进行界定，都具有各自的特点和局限性。功能主义认为情绪是个体与环境意义事件之间关系的心理现象。情绪认知评价理论的代表人物阿诺德（M. R. Arnold）认为，情绪是对趋向知觉为有益的、离开知觉为有害的东西的一种体验倾向，这种体验倾向为一种相应的接近或退避的生理变化模式所伴随。拉扎勒斯（Richard Stanley Lazarus）把情绪界定为："情绪是来自正在进行着的环境中好的或不好的信息的生理、心理反应的组织，它依赖于短时的或持续的评价。"生理取向的代表人物杨（M.F.D. Young）在20世纪70年代给情绪下的定义是："情绪起源于心理状态的感情过程的激烈扰乱，它同时显示出平滑肌、腺体和总体行为的身体变化。"他把情绪视为感情过程的扰乱，暗示了情绪同有机体的利害关系和联系，但他更强调情绪的"干扰"性质，这一理论对情绪病理学特别有用。情绪动机理论的代表利珀（Robert Ward Leeper）1970年提出："情绪是具有动机和知觉作用的积极力量，组织、维持并指导行为，而非瓦解、干扰行为。"这个理论认为情绪在大多数时间里处于温和的激活状态，从而在无意识的情况下控制着有机体的行为，起着动机的作用。同时，情绪也产生知觉作用，即情绪是认知的。因为它把信息传给有机体，这可能是由于对情境的长期知觉产生的。美国心理学家沙克特（Daniel L. Schacter）和辛格（J.E.Singer）1962年提出的"情绪认知生理理论"认为，个体的情绪经验起于情境刺激引起的生理变化以及个体对其生理变化的认知性解释。其中情境刺激激起的生理变化是情绪的次要因素，而个体对其身体生理变化的认知性解释是情绪的决定因素。情绪理论如此众多，有多少情绪理论就有多少与之对应的定义。

二、情绪与情感的分类

我国古代曾有"七情说"：喜、怒、哀、欲、爱、恶、惧。20世纪70年代初，美国心理学家伊扎德（C. E. lzard）通过因素分析和逻辑分析，提出基本情绪包括兴趣、愉快、惊骇、痛苦、厌恶、愤怒、悲伤、害羞、恐惧和自罪感等。这种分类主要涉及的是人类的基本情绪，而日常生活中人们常出现的是复合情绪，复合情绪是多种基本情绪的不同组合。如愤怒、厌恶、轻蔑的复合情绪可命名为敌意，恐惧、内疚、痛苦、愤怒的复合情绪可命名为焦虑等。由于人类对情绪、情感的体验丰富多彩，表现出的形式千姿百态，很难说清楚人类究竟有多少种不同的情绪和情感。下面我们按照情绪状态和情感的社会性对情绪和情感进行分类。

（一）情绪状态的分类

情绪的表现形式是多种多样的，依据情绪发生的强度、持续性和紧张度可以把情绪划分为心境、激情和应激。

1.心境

心境是一种微弱而持久的、影响人整个精神生活的情绪状态，如心情舒畅、闷闷不乐、恬静、烦躁等。当一个人产生某种心境后，往往以同样的情绪状态看待一切事物，使他的言语、行动、思想和接触的事物都染上了同样的情绪色彩。例如，当心境舒畅时，他说起话来和颜悦色，做起事来轻快利落，遇到什么事情都感到满意；当闷闷不乐时，则觉得什么东西都笼罩着一层"灰色"情调，看不顺眼。"忧者见之而忧，喜者见之而喜"，"感时花溅泪，恨别鸟惊心"，这些都是心境的表现和写照。心境由特定的对象所引发，带有弥散性和持久性的特点。引起某种心境的原因是多方面的，包括人的身体健康状况、自然环境、社会环境和个人的精神面貌等。至于一个人产生的某种心境为什么总是微弱而持久的，这与动力定型的变化不大和持续进行有关。另外，引起心境的客观刺激一般是中等强度的，因为中等强度的刺激既容易扩散又容易集中，集中之后的痕迹作用能持续一段时间。从刺激的心理学意义上说，中等强度的刺激是一种对人的生活、工作或事业有着较大持续影响的刺激。

2.激情

激情是一种强烈而短促的情绪状态，如狂喜、暴怒。激发激情的直接原因往往是对个人意义重大或突发的事件，如惨遭意外失败后的绝望、突如其来的危险带来的异常恐惧等。激情的特点是具有激动性和冲动性。激动性指激情状态常常伴随着强烈的情绪体验和剧烈的生理变化；冲动性指激情往往导致明显的外部行为，而且这种状态下的行为常具有盲动且缺乏理智的性质。因为人在激情状态下往往出现"意识狭窄"现象，即认识活动的范围缩小，理智分析能力受到抑制，自我控制能力减弱，进而使人的行为失去控制，甚至做出鲁莽的行为或动作。任何人对激情状态下的失控行为所造成的不良后果都是要负责任的，因此，应控制自己的激情，善于三思而行。当然，激情并不总是消极的，如运动员在国际比赛中取得金牌时欣喜若狂，科学家在科研中有突破时喜极而泣，这些激情包含着强烈的爱国主义情感，包含着对知识、真理孜孜不倦追求的高尚品质，是激励人上进的强大动力。

3.应激

应激是指人对意外的环境刺激所做出的适应性反应。当人遇到困难,特别是遇到出乎意料的紧急情况时就会进入应激状态,把各种潜力调动起来,以应付当前紧张的局面。例如,突然遇到困难时的行动,在危险情况下刹那间的反应,环境突然变化下的行为,都属于应激状态。人在应激状态下,可能有两种表现:一种是使活动抑制或完全紊乱,甚至可能发生感知、记忆的错误,突如其来的刺激可能使人做出不完全适应的反应;另一种是多数人在一般的应激状态时所表现出的情绪状态,即聚集各种力量,积极行动起来,以应付这种紧张的情况,这时思维特别清晰、灵活。应激的激活程度是有个体差异的,因为人的机体生理反应,已有的经验、态度与个性等互不相同。一般说来,中等强度的应激能更好地激发积极性,增强判断力,激活情绪兴奋性,提高反应能力。但若一个人经常或长期处在应激状态下,将会严重影响身心健康。

(二)社会情感的分类

情感是同人的社会性需要相联系的主观体验,是人类所特有的心理现象之一。人类的社会性情感主要有道德感、理智感和美感。

1.道德感

道德感是根据社会道德准则对自己或他人的思想和行为进行评价时所产生的主观体验。道德属于社会历史范畴,道德准则是在生活实践中形成的。不同时代、不同民族、不同阶层有着不同的道德行为准则,因而人的道德感受社会的制约。在我国,高尚的道德感主要表现为责任感、同志间的友谊感、集体感等。道德感对人的实践活动有着重要的作用,它可以帮助人们按照道德准则的要求正确地去衡量周围人的思想与行为,同时,也使自己思想与行为自觉地符合社会道德准则,做一个道德高尚的人。

2.理智感

理智感是在智力活动中认知和评价事物时所产生的情感体验,它与人的好奇心、求知欲、热爱真理等社会性需要相联系。例如,当人们对事物产生新的认识或受到新的启发时,就会产生好奇心和新异感;当人们在认识过程中发现了事物的矛盾时,就会产生怀疑;当人们认识到自己所作的判断证据不足时,就会产生不安;当人们确认自己有能力解决问题时,就会产生自信。总之,随着认识过程中求知需要满足与否而产生的不同形态的体验就是理智感。理智感随着人的认识和实践的逐步深入而得到发展。人的认识活动越深刻,追求真理的兴趣越浓厚,则理智感也越深厚。理智感对人的认识活动的深化、思维任务的完成起着重要的推动作用，例如，热爱真理、抛弃偏见、破除迷信等都是顺利完成学习和工作任务的重要条件。

3.美感

美感是根据一定的审美标准评价事物时所产生的情感体验。人们判断一个事物是不是美，其美的标准是不能凭空捏造的，它要受社会历史条件的制约。因此，在不同的历史时期、不同的民族或不同的社会阶层，人们对事物的审美评价既有共同的方面，也有不同的方面。美感作为情感的一种形式，也是由客观事物引起的，既受客观事物属性的影响，又受个人的思想观点和知识经验的影响。一般而言，简单的美感由美的形式决定，与人的知觉相联系，如鲜艳的花朵、秀丽的风景；复杂的美感不仅与人对事物美的形式的感受有关，而且还取决于人对美的内容的领会，如人的社会道德品质和行为特征所引起的美的体验；同时，美感还受个人的鉴赏能力和相关的知识经验的影响。爱美之心，人皆有之。在生活中，人们对美的感受和追求起着巨大作用，它使人的精神生活更加丰富多彩，使人的道德品质更加高尚，使人有美好的理想和远大的奋斗目标。

普通心理学认为情绪是指伴随着认知和意识过程产生的对外界事物的态度，是对客观事物和主体需求之间关系的反应，是以个体的愿望和需要为中介的一种心理活动。情绪包含情绪体验、情绪行为、情绪唤醒和对刺激物的认知等复杂成分。同时情绪和情感都是"人对客观事物所持的态度体验"。只是情绪更倾向于个体基本需求欲望上的态度体验，而情感则更倾向于社会需求欲望上的态度体验。但实际上，这一结论一方面将幸福、美感、仇恨、喜爱等感受排斥在情感之外，而另一方面又显然忽视了情绪感受上的喜、怒、忧、思、悲、恐、惊，和社会性情感中的爱情、友谊、爱国主义情感在行为过程中具有交叉现象。例如一个人在追求爱情这一社会性情感的过程中，随着行为过程的变化同样也会有各种各样的情绪感受，而爱情感受的稳定性和情绪感受的不稳定性又显然表明了爱情和相关情绪的区别。

复习巩固

1. 简述情绪与情感的区别与联系。
2. 简述情绪状态的分类。

第二节　景观的喜爱与习性

使用者对景观特征的喜爱规律及在景观环境中的习性规律直接关系到其对于景观环境的体验及满意度。对设计师而言,对此内容的掌握不仅对场地问题的剖析具有启示作用,对景观的改造方案也具有重要的指导价值。本节将从影响喜爱的因素、对环境各要素的偏爱及人类在环境中的习性三个方面进行阐述。

一、影响喜爱的因素

(一)空间特征

认知心理学家Kaplan(1979)建议根据人们喜爱程度的评定把环境分成四个类别。其一,宽敞有组织型空间(spacious-structured),这种空间中通常包含植物、边界和地标等元素,这些元素在空间中被合理地安排,使人们能在深度上认知这些元素。其二,开放无限定型空间(open-undefined),其通常是无景深的、开放的和缺乏空间限定的。其三,闭合型空间(enclosed),其常常是一个掩蔽的(screened)或是人们可以躲藏的保护区域。其四,视线阻隔型空间(blocked-views),指的是在观察者附近有阻隔视线的东西而使视线不能穿越。在这个环境分类中,两个关键的空间变量是开放和限定,它们不仅区分了空间也影响了人们的喜爱度。人们最喜欢宽敞有组织型空间,不喜欢开放无限定定型空间和视线阻隔型空间。某些闭合型空间人们是喜欢的,有些太局促的闭合型空间人们就不喜欢。

其他影响喜爱度的实质环境特征要抽象一些,在这些不太明显的特征中,秩序和复杂性是较受关注的。秩序指的是环境中元素的协调组织程度,秩序感可以提高辨识性、清晰感和一致性,特别是在对城市道路景观和居住区景观的评价中,人们往往喜欢秩序性强的景观。而复杂性指的是环境各元素之间的对比。复杂性与喜爱度之间的关系随环境的不同而不同。有的研究认为复杂性和喜爱度之间是一个线性关系。但在这些研究中难以控制复杂性场景中的无关因素,其他一些控制变量由于没有控制也会使结果产生偏差。还有人认为,复杂性和喜爱度两者之间可能还是一个反向的U形关系,即随着复杂性的增加喜爱度将提高,但复杂性增加到某个阶段,喜爱度则会达到一个最高水平,然后喜爱度随着复杂性的增加而减弱。

各种城市景观中商业景观是最复杂的,城市商业景观常产生视觉超载现象,引起超载的主要因素是标识图像的多重复杂性。尽管标识能引起路人的高度注意,但观察者只能以简单的方式来理解。

纳萨曾利用一个商业区的模型研究了标识的复杂性和一致性以及它们与喜爱度之间的关系。他拍了9张不同标识景观的彩色照片,并区分了三种复杂水平(不复杂、中等复杂和非常复杂)和三种对比水平(无对比、中等对比和最大对比)。模型模拟了建筑、人行道、铺地、汽车、动物、人和街道轮廓线等。这些与景观和标识的其他特点保持恒定,因此每张照片中的场景仅仅是标识景观的复杂性和对比有所不同。他访问了92个人,让他们看这9个场景,请他们根据自己的感觉选择最想访问、购物和逗留的地方并对场景排序,结果大多数人选择了中等复杂程度的标识景观和最一致的标识景观。(Nasar,1984)

总的来说,环境复杂性和秩序与喜爱度之间的关系非常微妙,复杂性增加提高了人们的唤醒程度,因而提高了人们对环境的兴趣,秩序感的提高减弱了人们对环境的兴趣却提高了喜爱度,所以只有中等程度的复杂性和较高的秩序感才能获得较高的喜爱度。

(二)城市景观的内容

在城市环境中,建筑房龄的长短会对喜爱度有强烈的影响。很多人都喜欢老房子,老房子所具有的独特感、神秘感和历史感深深地俘获了人们的心。老房子所具有的丰富的视觉特征也是大多数现代建筑所没有的,复杂的线条、丰富的图案、浓重的颜色和错综的空间,或秀美壮丽,或素朴典雅,但是有的调查结果显示人们并不喜欢老房子,认为房龄和喜爱度之间是负面的相关关系,这是怎么回事呢?

弗雷沃尔德在她的博士论文里回顾了八个研究案例,其中六个案例里的人喜欢较古老的环境,余下的两个里,一个说老房子是他最不喜欢的环境类型,另一个则说对老房子的喜爱度是中等,既不是特别喜欢也不是特别讨厌。弗雷沃尔德认为有的研究发现人们喜欢现代建筑而不喜欢老房子,是因为被调查的老房子的物质状况比较糟糕,因而如果老房子能得到保养的话人们就会喜欢它。她仔细挑选了保养情况差不多的52幢新、旧房子来评价人们对它们的喜爱度,她发现尽管这些房子的建筑特征有很大差异,但在此情形下人们确实喜欢老房子而不是现代建筑。实际上一些居住环境评价的调查也说明房屋的维护与喜爱度有很大关系。(Frewald,1989)

赫尔佐克的调查说明房龄的长短会影响喜爱度,但它的影响是负面的,其原因可能就是没有考虑到建筑维护。赫尔佐克请了453名大学生作为被试重新检测了二者的关系。实验刺激是60张城市建筑的幻灯片。实验变量除了房龄、维护和喜爱度以外,还增加了自然元素。早先的一些理论家以及后来的调查都说明城市环境中的自然元素,如草地、树木、鲜花等,能使环境生辉,会提高人们对环境的喜爱程度。这说明,如果不考虑建筑维护的话,人们更喜欢新房子,但如果把维护变量控制起来的话,人们就喜欢老房子,换句话说在相同的保养情况下人们还是喜欢老房子。这强调了维修和保护老房子的现实意义,老房子能提高视觉环境的品质,它丰富的视觉特征很难被替代。(Herzog,1996)

研究表明,对建筑的偏爱也涉及周围环境。影响"建筑偏爱"的周围环境因素很多,但在形成建筑景观时运用得最多的则是自然环境元素。许多研究都支持下列观点(R.Kaplan,1983;Schroeder,1989):

(1)在城市场景中,增添自然景观元素与环境偏爱的增加有关;

(2)人们更偏爱维护良好的自然景观元素;

(3)在城市自然景观元素中,树木具有很高的价值。

后续的研究也基本支持上述观点,认为增加自然景观元素后,使用者会产生"情绪上的愉悦感"(Sheets,et al.,1991),似乎像一幅优秀的建筑画一样,树木花草等衬景肯定会对建筑主体起到衬托作用。但进一步的考察表明,情况并不这样简单。

有研究认为,尽管行道树对"建筑偏爱"具有积极的影响,但当建筑庭院中种植有许多树木时,行道树对建筑偏爱的影响会减小。同时,不同的行道树品种具有不同的审美价值,对"建筑偏爱"的影响也不同。另一项研究(Orland, et al.,1996)利用摄像、电脑软件处理(增加自然景观元素)、幻灯片演示、问卷等手段,考察行道树或其他树木对住宅房地产价值和住宅吸引力的影响。研究发现,与被试的社会人口学特征无关,对于较贵的住宅,增加较小的树木,会使房地产价值和住宅吸引力提高;但增加大的树木,却会使上述两者降低。据分析,大树之所以对"建筑偏爱"产生负面效应,原因可能在于大树的养护费用较高,并且通常生长在植物过度茂盛的乱蓬蓬的环境之中。而且,在认知上,大树往往与维护较差的老建筑联系在一起。所以尽管自然元素能提高环境的品质,但无人护理的树木和花草不会让人愉悦,与其提供一个杂草丛生的环境,还不如没有它们。

维护无论是对建筑还是树木花草都是重要的。一些调查显示,高山、树木、花草和水面被认为是人们喜欢的自然元素,多姿多彩的水是其中最具感染力的,大面积的水面、水面的倒影、流水和被树木植被包围的水面可以大大提高环境品质。而岩石、沙漠等硬质自然是人们不太喜欢的。城市街道上如果能种上大树的话,视觉品质也会大大提升。在上海淮海路改建时,把有几十年树龄、作为淮海路街道景观象征的法国梧桐连根拔掉,美其名曰"为商业空间让路",殊不知在城市的"文化、现代、商业、娱乐和校园"五类景观中(Herzog&Kaplan,1976),人们最不喜欢的就是商业景观了。

(三)理解和参与

人们在场所中的目标与环境需要密切相关,人们总是喜欢那些能满足需要并有助于完成基本目标的场所,譬如安全的、容易寻求保护的或食物充裕、气温宜人的场所。列维-列伯耶的研究是希望找出一个一般的需要体系,这些需要对每个人来说都是强烈的,不论他的年龄、性别、职业、社会经济地位或所负的责任如何。S.卡普兰和R.卡普兰(1982)的研究则超出了基本需要的范畴,他们相信人们与环境的相互作用要比环境的内容更重要,并提出了一个著名的喜爱度模型。

S.卡普兰和R.卡普兰认为人们在环境中有着强烈的理解(make sense)和参与(involving)的愿望,人们理解场所的一个结果就是建立和使用认知地图,人们喜欢某些风景和建筑景观是因为"这些地方提供了参与和存在意义的保证",所以这个理论带有很明显的吉布森供给论(1979)的影响。

S.卡普兰和R.卡普兰说,环境喜爱度是由两个认知过程调和的:理解和探索。理解指的是在环境中寻求和领悟意义,探索指的是环境使人兴奋,人们被额外的信息源吸引,这两个过程都作用于喜爱度。这个模型可以解释一些学者所提出的环境变量,如林奇的一致、神秘和清晰以及纳萨的复杂,见表4-1。

表4-1 环境喜爱度框架

信息的有效性(availability)	理解	参与
现时的或立即的	一致	复杂
将来的或有保证的	清晰	神秘

一致性的景观使观察者能立即组织景观中的各个元素,是直接能理解的景观。复杂的景观提供了大量的信息来维持观察者对环境的兴趣,这种直接环境的丰富与变化导致观察者的直接参与。清晰的景观可以使观察者在环境中不会迷失或迷向,它保证观察者在一段时间内会理解环境。神秘的景观告诉观察者如果能进一步深入环境就能得到更多的东西,它保证了这种参与在将来可能会使观察者得到惊喜。

二、对环境各要素的偏爱

(一)颜色偏爱

许多心理学家曾研究过人们对颜色的喜好或偏爱。颜色偏爱的研究可以分成两类:抽象颜色的研究和具体物色的研究,一般颜色偏爱的研究多为抽象颜色的研究。人类对颜色的偏爱具有年龄、性别、民族、文化背景、历史时期等的差异性。

1.年龄影响颜色偏爱

研究发现,成人的颜色偏爱更稳定,但在个人成长发展过程中,颜色偏爱会不断变化。婴儿三四个月时就有了感知色彩的能力,许多婴儿喜欢红色。十四五岁的男孩和女孩身体发育接近成人,对于颜色的喜好出现了明显的性别差异,尤其体现在对衣服颜色的选择上:男孩比较喜欢蓝色,而同龄的女孩更喜欢红色。二十来岁的年轻人比较喜欢黑色、灰色、白色及暗色系,即使你说"穿颜色鲜艳的衣服才像年轻人",他们也会坚持选择自己喜欢的颜色,因为年轻人浑身上下充满了青春的活力,需要用沉稳的颜色自我平衡。中老年人大多喜欢沉稳庄重的颜色,比如黑色、灰色、深棕色、绛红色等,他们认为这些颜色更适合他们。

2.地区及民族影响颜色偏爱

拉丁人喜欢暖色系,特别是红色、橙色和黄色。

在日照强的地方,人们通常喜欢鲜艳的颜色;在阳光少的地方,人们通常喜欢浅淡的颜色。比如,东京的日照率大约为45%,在东京这样的大城市,人们偏爱暗蓝色、深灰色、米色等柔和的颜色;而在日本光照好的地区,人们多喜欢红、橙、黄等暖色调以及纯度较高的颜色。

受极昼影响,高纬度地区的人们对紫色、蓝色和绿色等短波长的光线比较敏感,因而也影响了该区域人们对颜色的偏好。北欧地区的人的生活中缺乏阳光,相比纯色,更偏好柔和的颜色,例如,他们喜欢粉色胜过红色。

(二)声音偏爱

根据人对声音的感受效果,声音可以分为乐音和噪声。比较和谐悦耳的声音,称为乐音。物体有规律的振动会产生乐音,如钢琴、胡琴、笛子等乐器以及乐器组合演奏的音乐便属于乐音,语音中的元音也是乐音。不同频率和不同强度的声音无规律地组合在一起,则变成噪声,常指一切对人们生活和工作有妨碍的声音。从心理学的角度讲,噪声就是人们不需要和不喜欢的声音。如当人们相互交流,希望有一个安静的交流环境时,悦耳的乐音也不一定受欢迎,会被当成噪声来对待。所以,噪声不单纯由声音的物理性质决定,也与人们的生理和心理状态有关。如果从心理学角度来给噪声下定义,那么人们不想要的声音就是噪声。

(三)气味偏爱

引起嗅觉的气味刺激主要是具有挥发性、可溶性的有机物质。有六类基本的气味,依次为花香、果香、香料香、松脂香、焦臭、恶臭。香与臭是一种主观评价,不同的人对同一种气味有不同的感受,因而就有不同的评价,甚至同一个人在不同的环境、不同的情绪下对同种气味也有不同的感受和评价。

香与臭并无明显的界限，臭味的感知过程与香味相似，但人类对某些臭味更为敏感，这可能与演化进程中某些散发臭气的食物可能会威胁我们的生命有关。在多数情况下令人舒适的气味是少量的。

气味给人类带来的刺激与其浓度有关。一般来说，一旦气味的浓度增加，气味的质就要发生变化。随着气味浓度的变化，人们的感觉也会发生舒适或不舒适的变化。不论多么难闻的气味，如果变得很淡，也不会产生不舒适感；反之，如果给人带来舒适感的气味的浓度增加到一定程度，也会令人产生不舒适的感觉。因此可以说，给人带来不舒适感的气味是指达到某种刺激浓度以上的气味。

三、人类在环境中的习性

（一）人群的分布习性

人们在特定的环境里有一定的分布模式，即人们根据情境采取一定的空间定位，并具有保持这种空间位置的倾向性。例如，两三个人在一起谈话时，总喜欢面对面地坐下，以看到彼此的脸部表情为宜。因为除了语言，面部表情、眼神等是传递信息的重要方式。所谓"眼睛会说话，脸上看阴晴"便是对此的描述。在公园里，一群人往往围成一圈相互交谈，若挡住别人的视线，破坏圆圈的完整性，或者陌生人从圈中穿过，都被视为不礼貌的行为。

人们总是喜欢停留在树、柱子、旗杆、墙壁、门廊等物体的周围，环境心理学称它们为依靠物，人的特定行为如等候、休息就常发生在依靠物的吸引半径之内。研究表明：依靠物对人的吸引半径为1.5米左右，这样的空间范围令人感到舒适。当一个人在户外寻找一个地方就座时，很少选择坐在四周无依靠物的空间中，通常是寻找一棵树或小型建筑物作为依靠。例如在无座位的候车大厅里，人们总是首先选择角落和靠墙的区域。特别是在黑暗中，人们总希望靠墙站立，认为这样有一种安全感，也便于判断自己的位置、方向，决策后继的行动。环境心理学把这种习性称为环境的依靠性。环境的依靠性指人喜欢有所依靠地从一个小空间去观察更大的空间。环境的依靠性对空间的舒适感有着重要的意义。凡是让人感到舒适的空间基本上都有两个特点：它是一个较小的部分封闭的空间，可以作为人们的依靠；人们可以通过它开放的部分看到另一个较大的空间。

人和动物一样具有领域性，当然，在不同场合、不同情境，领域范围有所差异。在公共场合，人们也有一定的行为规范和道德准则，彼此保持必要的距离；人们向哪里集中，朝哪里散去，占据什么位置，在空间的分布上呈现什么样的图形，也都是有规律可循的。比如说,你不能与某一陌生人总是保持着相同的距离不变,也不可能随意地出现在某一大会的主席台上。

人们在比较狭窄的空间里通常呈现出线性分布的特点,例如,在乡间的小路上、住宅区的走廊上、大桥旁的人行道上。而在比较宽阔的环境里,则呈现出面状分布的特点,例如在机场的候机楼里,在火车站的广场上,在公共建筑的中庭里。

研究小群人与环境行为的关系,实际上就是研究小群生态(small group ecology)。影响小群生态特征的因素有群体规模、个性特征、情境目的及外部环境条件等。小群生态的研究方法主要是自然观察法与行为地图法。某些特定环境中人群的分布图形与人群的行为特征之间的关系如表4-2所示。

表4-2 特定环境中人群分布与行为特征的关系

分布特点	典型图例	行为特征
聚类		小型聚会、儿童游玩、接送旅客
随机		散步、郊游、休闲
均匀		开会、上课、欢迎仪式
规则		排队、电影散场、动物园参观

例如,一位同学设计的股票交易大厅没有很好地考虑人们的分布特点,对于排队购买、咨询与观察股市行情的人群活动空间以及整理钱物的区域预留不足,距离柜台不足2米就是两步的台阶,台阶下不远就是交易厅的大门。这样的设计方案理所当然会遭到拒绝。另一位同学考虑到学校容纳7000名学生的食堂的拥挤和混乱问题,合理设计食堂大厅,增加售饭菜的柜台和窗口,灵活布置座椅饭桌,并提出错开下课时间、延长开饭时间等多种方法,从而综合解决了问题。另外,西餐厅内采用大空间内再划分若干小空间的做法也是考虑到不同顾客就餐的需要,如图4-1所示。

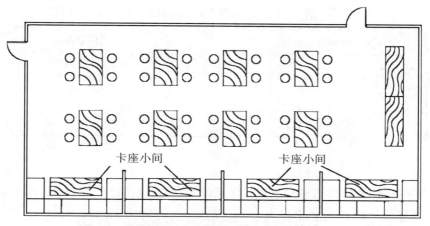

卡座小间　　　　　　　　　卡座小间

图4-1　西餐厅在大空间内划分若干小空间

人们还发现这样的情况,四通八达的空间往往只能作为交通要道或过渡空间,人们不愿意在其中滞留,因为他们的个人空间总是被其他人以视线、声音或行动干扰。而凹形空间等特殊空间却提供了一种避风港,在公共空间里可以暂时保持一定的私密性,使人们乐于停留,感到安全与自在。公共场合的端头、角落或凹形空间被称为活动口袋(activity pockets),是人们常常乐于停留和感到有所依靠的地方。

(二)人群的流动习性

人群流动一般具有这样一些特点,如靠右行、识途性(原路返回)、走捷径、不走回头路、乘兴而行(追求新奇体验)、人流的暂时停滞等。

1.靠右行

许多国家都规定了人们行走的秩序性,靠右行已经成为人们行为规范的一部分。如在体育比赛中,无论是400米、1500米,还是10000米的比赛,在跑道上的回转方向都是左回转,超人须从外侧即右侧超行,否则为犯规。

由于人们形成了靠右行、左回转的习惯,因此,安全疏散楼梯的下行方向,最好也形成靠右行、左回转的形式,使人们在紧急避难时感到方便、舒畅、快捷与安全。

然而,在有些比较散漫、随意的场合,这些规律也有被打破的可能。例如游园时路比较宽,左行、右行的人都有,但是靠右行的人为大多数。因此,诸如美术馆、博物馆的参观路线的安排,都采取靠右行、左回转的方式。表4-3是游园时人流靠右行与靠左行的情况。

表4-3　游园人靠右行、左回转的情况（共69例）

进园后靠右行				进园后靠左行			
18.8%	46.4%	5.6%	2.9%	11.6%	7.2%	2.9%	4.3%

2.识途性（原路返回）

当动物遭受突然的威胁时,它首先的选择是向自己的窝里跑,这可以称为归巢性;它选择的逃跑路线通常是自己熟悉的路线,可称为识途性。因为熟悉的路线通常意味着更安全,而陌生的路线则说不定会有什么危险。

人也有这种习性。比如,人到一个陌生地方再返回时,大多数人仍按原路返回。有人统计,游园时,沿原路返回的人约占总人数的62%,这也可以作为例证之一。

3.走捷径

目的性较强的人流,对于比较熟悉的道路,通常采取走捷径的流动方式,以求在最短的时间内到达目的地。例如,上下班的人群,上学放学的学生等。在交通秩序较差的地区,人们"抄近路"的心理表现得更明显。许多人过马路时不愿意过天桥或走地下通道,尤其是提着大包小包行李的旅客,尽管过街天桥与地下通道使人们与汽车分流,比较安全,但它们违背了人们走捷径的思维定式和减少能量消耗、节约时间的习性。

4.不走回头路

方位感较强、地理位置较熟、有多个目的地的人不愿意走回头路。这一点,男性比女性多,旅游观光、游园参观、购物的人比上下班的多。人们通常选择相互关联的空间行进,争取在较短的时间内接触较多的内容。例如,有些人调查发现,位于生活小区中心的服务中心比起小区大门处的服务点的营业额要差得远,因为人们去了服务中心,就必须原路返回,而大门口的服务点则"顺道"。

5.乘兴而行（追求新奇体验）

《晋书·王徽之传》中说,王徽之"尝居山阴,夜雪初霁……忽忆戴逵,逵时在剡,便夜乘小舟诣之,经宿方至,造门,不前而返。人问其故,徽之曰:'本乘兴而行,兴尽而返,何必见安道邪?'"这通常是人们郊游、散步、旅游时常见的情况。对于出行者来说,无论是踏青还是消夏,是拜访人还是览胜,其行动本身就是目的,他们刻意追求的是路途中的某种体验。其出行线路可以是事先规划好的,也可是随兴为之,这与途中的舒适性、新奇性、景观的可读性、身心的疲劳程度及同伴间情感的融洽程度都有关系。

6. 人流的暂时停滞

在交通堵塞、排队购货、车站候车时，都会出现人流的暂时停滞和等候现象。这时，就有必要调节和疏导人流，根据人群分布的密度和流向的目的性，以及人们当时的心理行为特点，做出相应的规划和处置。

（三）人类的体验性行为习性

体验性行为习性涉及感觉与知觉、认知与情感、社会交往与社会认同以及其他内省的心理状态。这些习性虽然最后也表现为某种活动模式或倾向，但一般通过简单的观察只能了解其表面现象，必须通过体验者的自我报告（包括各种文章的评说）才能对习性有较深入的理解。

1. 看人也为人所看

20世纪70年代末，国内建筑界在介绍波特曼设计的旅馆中庭时，首次提到了共享空间中"人看人"的需要。其实，这一习性广泛存在于不同文化和时代的人群之中。我国江南流行的民间小调就唱道："三月初三玄妙观，侬来看看我，我来看看侬……"人挤人，人看人，是游春、庙会、赏月、观灯等群集活动的潜在主题和吸引力所在。"看人也为人所看"在一定程度上反映了人对于信息交流、社会交往和社会认同的需要。

2. 围观

围观是古往今来广泛存在并造成诸多误解的行为习性。现代城市中，在车水马龙的大街或店肆林立的商业区，经常可看到许多人骤然扎堆，"颈项都伸得很长"地争看什么。不管"有识之士"怎样批评，人们依旧顽固地重复并持续这一习性。围观有无组织、有组织的区别。无组织的随意和自由地围观，其围观对象常出人意料，一切反常事物（如不寻常的动物、遗失物、特殊广告、危险物品等）、动作（如长时间抬头观望固定目标、蹲地低头寻找等）和活动（施工、比试、高空作业、意外事故等）都可能会像触媒一样引发反应，导致人群自发扎堆。大多数外部空间中由表演、推销等引发的围观行为具有不同程度的组织性，至少表演者在有目的地引人围观。

在外部空间中，围观之所以特别吸引行人，还在于这类行为具有"退出"和"加入"的充分自由，基本不带有强制性。即使很蹩脚的表演，在外部空间中也具有很大的吸引力，而同样的演出放在购票入内的剧场中就会使人大喝倒彩，自由和随意造成了与"有组织集中"完全不同的效果。

但是,事物有正面也有反面,不少围观会加剧交通拥挤,还可能发生各种意外。因此,在外部空间设计中应合理和妥善地满足这一行为需求。

3.安静与凝思

在城市中生活,必然会受到各种应激物的消极影响。因此,体验丰富生活的同时,也非常需要在安静状态中休息和养神。可以说,寻求安静是对繁忙生活的必要补充,也是人的基本行为习性之一。城市中存在着许多安静的区域,供人休息、散步、交谈或凝思(being lost in thought),巴黎塞纳河畔、北京什刹海湖边、青岛八大关街巷等都是安静区域的典型,它们不是公园胜似公园,为城市居民提供了一块养心安神的宝地。许多城市的城区缺少这类区域,但仍可以在社区、街巷等不同层次的区域里有意识地打造有助于"静心"的地段、小巷或院落。

(四)人类在非常状态下的习性

当人们面对突发性灾害,如地震、火灾、空袭、战争、抢劫等,事先无任何思想准备,立刻进入非常状态时,人们具有躲避本能、向光本能、追随本能。

当发觉灾害等异常现象时,由于本能,人们会不顾一切地向远离现场的方向逃逸,这就是躲避本能。

灾难发生时,如火灾中黑烟弥漫,照明中断,眼前什么也看不清的时候,或者处于黑夜,人们急切希望看到光亮的时候,哪怕是微弱的光亮也会导引人们向光亮的方向移动,这就是向光本能。

在非常状态下,大多数人容易惊慌失措,缺乏镇定和冷静判断的能力,多出现盲目追随的倾向,甚至争先恐后、不计后果地逃生。这种追随带头人的倾向,随大流的倾向,就是追随本能。在追随的过程中,他们并不去考虑是否值得去追随,行为具有盲目性。在这种情况下,带头人具有冷静的判断力是十分重要的。

复习巩固

1.简述景观的喜爱度与复杂性及秩序感的关系。

2.从地区影响色彩偏爱的角度简述造成拉丁美洲地区与北欧地区的人们色彩偏爱差异的原因。

3.举例说明人群的流动习性。

第三节　景观的情绪调控功能

一、情绪的产生及影响

　　情绪的产生受客观环境的影响。虽然情绪的本质是一种主观体验,但这种主观体验不是自发的,而是由客观环境的影响和刺激所触发的。例如,当你进入一个安静的花园,在这个美丽的环境中欣赏盛开的花朵时,你会感到轻松和快乐;相反,噪声、难闻的气味、拥挤的道路会让人感到烦躁和郁闷。

　　情绪是在人类需要的前提下产生的。虽然情绪受环境的影响,但是否能引起情绪体验,以及产生何种情绪体验与人们的需求密切相关。环境影响与主观需求的关系是情绪生成的前提。当一个人面对好的结果时感到高兴的原因是他对成就的需要得以满足;当一个人被嘲笑时感到愤怒的原因是他对自尊的需要没有得到满足。当客观事物满足人的需要时,会使人产生积极的情绪体验;当客观事物不能满足人的需要时,会使人产生消极的情绪体验。

二、环境因素对情绪的影响

（一）环境空间形式与情绪

　　空间有横向纵向、上下、左右、前后,三维的空间里每一个轴向都需要节奏。节奏的缓急产生层次,层次的疏密产生了对比,这些关系以不同的形式组合就构成了不同的空间形式,进而影响空间中的人的情绪。

　　在简洁的建筑平面上可以通过设计创造出丰富的空间,密斯设计的巴塞罗那博览会德国馆就是典型的例子。

　　巴塞罗那博览会德国馆占地长约50米,宽约25米,由三个展示空间、两部分水域组成。主厅平面呈矩形,厅内设有玻璃和大理石隔断,纵横交错,隔而不断,有的延伸出去成为围墙,形成既分隔又联系、半封闭半开敞的空间,使环境各部分之间、环境内外之间的空间相互关联。墙以一种非常自由的方式垂直布局,墙与墙之间相互独立,看似缺乏一定的联系,实际墙之间相互穿插,形成了空间的流动性。流动空间分隔了空间,同时也制造了对景,有点像中国古典园林里的对景手法,不是开门见山地让你看到景物,而是要隔,要转,要让空间中的人自己去发现,小小的一方天地,却蕴含着这么多的玄机。这种手法使得游人的浏览内容更丰富,增加了小空间的复杂程度,提

升了使用者的新奇感。

另外,在环境设计中,相比于垂直线与水平线所带来的稳定、呆板印象,多种不同折线的运用能创造更为丰富与活泼的视觉效果,而造型丰富多变的环境空间极易引起人们的好奇心。比如,某服饰专卖店采用了几组具有相同角度斜角的空间组合,设计了一个极具创造性与韵律感的展示环境,设计师充分利用店面内部空间开间较小而进深较大的特点,按照进深的尺寸在环境立面与天花板上对环境进行分割,每隔段距离就对墙面做5°~10°的倾斜处理,形成一个流动的波浪空间效果,从而在视觉上带给来此购物的人以活跃的律动感并调动其情绪,由此吸引购物者在环境空间中进行更深入的探索。

同时,曲线在环境中也经常被运用于营造奢华、流动、变化的视觉效果。巴洛克样式与洛可可样式都是注重表现瑰丽、纤巧、繁杂的装饰艺术风格,追求不规则的形式、起伏不定的线条、奢华的装饰与雕刻、艳丽的色彩,展现环境丰富多变的视觉效果。

(二)材质设计与情绪

材质自身也是有情绪特点的,其来源于它的质感和视觉效果等多方面因素。

石材是环境设计中的常用材料,具有天然形成的各种自然纹理,有的纹理粗犷原始,有的温柔细腻,丰富的纹理带来丰富的视觉感受,这正是石材所具有的魅力。1935年所建成的纽约洛克菲勒中心宏伟的大厅中,采用多种石材进行搭配。大厅沿中轴线对称布置,被石材包裹的高耸立柱和笔直的墙面构成垂直而彰显力度的线条,由地面沿至顶面的绿色大理石墙面和地面的红、黑色石材组成的拼花,使大厅显得豪华宏伟。

在各种材质中,木材的纹理和色调则体现了多样性与一致性的完美结合:任何两片木材都不会完全相同,然而其木材纹理又具有相对一致性,使每片木材之间既有区别又相互关联。曾经具有生命的木材会带给人们以生命的韵律感,成为环境设计中被广泛应用的材质之一,为人们所喜爱,木地板几乎成了家庭环境铺装的首选。相比石质地砖,木质地板为使用者带来了一种"结庐在人境,而无车马喧"的情境体验,而此种环境往往能带给使用者宁静、平和的心态。

(三)环境色彩与情绪

人类可以很直观地分辨色彩所代表的情绪,色彩能在很大程度上影响人的情绪。暖色调让人感觉喜悦,冷色调则让人心生哀伤。高饱和度的互补色对比能产生热烈的情绪。人类从外部环境获取的绝大部分信息是通过眼睛获得的,而色彩无疑是环境中极其重要的视觉元素。

单一色彩作为环境中的主色往往能带给使用者较为强烈直接的情感感受。如快餐店环境通常采用橙色、红色等，在视觉上刺激食客食欲，能让顾客快速用餐。

在众多的颜色之中，红色是最能使人获得情感刺激的色彩，它既可以使人感到温暖，同时又具有大胆与威严的性质。红色是热情洋溢、强烈的颜色，它极易吸引人们的视线。在某广告公司的休息厅内，设计师将色彩明亮的红色运用其中，不仅凸显了企业形象，同时带给前来拜访的客人热情、丰盈的情感暗示。

先为景观环境确定一个主色，对主色明度进行调整，从而进行环境色彩搭配，可以令景观环境的视觉效果更加丰富。北京某餐厅选取绿色作为餐厅主色，再将绿色在明度上进行变化，搭配出餐厅色彩，使其拥有了一种平和自然的空间情感，让在这里就餐的人们感到身心轻松与舒畅。而对绿色在纯度与组合方式上进行变化，又为空间注入了清新活泼的性格，避免了单一绿色所带来的乏味与视觉疲劳感。

（四）光与情绪

在环境中利用光线来表现环境氛围，突出环境的情感、性格特点是现代设计师常用的手法之一。光线可以配合情绪从而激发受众对空间的更多感触。

在"光之教堂"的设计中，建筑师安藤忠雄在完全封闭的建筑外墙上，开设了十字形采光孔，光线穿过玻璃折射到了周边的混凝土墙面上，与周围的黑暗形成强烈的对比，使原本无形的光线在这里获得了自身的"形"，当人们感受到光线透过窗时，一份神秘感与敬畏感也随之油然而生。

安藤忠雄在他的文章《光》中谈到"光之教堂"的时候说："在这里，我准备用一个厚实混凝土墙所围合的盒子形成'黑暗的构筑'。然后在严格的限定中，我在一面墙上划开了一道缝隙，让光穿射进来，这时候强烈的光束冲破黑暗，墙壁、地板和天花板截取了光线，它们自身的存在也显现出来，光线在它们之间来回冲撞、反射，创造着复杂的融合。"

黑暗能够引起人类最本能的恐惧，光之教堂特意创造了一个处于黑暗中的环境，唤起人内心本能的不安感。而教堂内唯一能消除恐惧感的，便是墙面上巨大的光十字，在环境空间给予人强烈的不安感之下，光十字代表了光明与希望。在这种强烈的对比之下，那光十字对人们来说就有着强大的吸引力与神圣感。

（五）声音与情绪

1.噪声影响情绪

噪声对人心理活动的影响突出表现在情绪反应上，它会令人产生兴奋不安、焦虑、厌烦等各种不愉快的情绪和情感,给人造成烦恼。噪声所引起的烦恼既取决于噪声的物理特征,又取决于人们的心理状态。烦恼是由客观现实引起的。噪声所引起的烦恼现象,首先与噪声强度有关,一般来说,噪声越强,就越有可能引起烦恼,所造成的烦恼程度(噪声烦恼度)相对也高。飞机噪声所引起的烦恼程度的差异就说明了这一点,随着飞机噪声强度的增大,居民的烦恼程度升高了。不同地区的环境噪声所引起居民的烦恼程度不同,据日本的调查,当商业地区的噪声达到55~59分贝,学校达到50~54分贝,医院达到45~49分贝时,就会有50%的居民诉说受到了噪声的危害。这一噪声强度值即居民诉说受害的噪声级。白天和晚上也有所不同,据英国噪声委员会的报告,室外噪声白天为50分贝,夜间只要30~40分贝,就会有大约30%的居民诉说受到了噪声的影响而产生不愉快的情绪。在住宅区,强度为60分贝的噪声会招致相当多的投诉,而在工业区则要高一些。同样是90分贝的噪声,在办公室里所引起的烦恼程度要比在生产车间里严重,而那些对噪声特别容易恼火的人,可能在噪声达到80~90分贝时就无法安心工作。上海华东师范大学心理系何存道等曾对不同强度的环境噪声引起的噪声烦恼效应的关系进行过调查研究,得到的结果见图4-2。

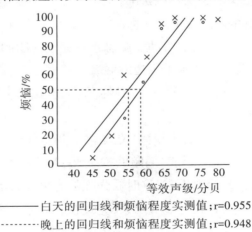

——— 白天的回归线和烦恼程度实测值;r=0.955
--------- 晚上的回归线和烦恼程度实测值;r=0.948

图4-2 噪声级与烦恼程度的关系(作者改绘)

从图中可以看出,噪声强度越高,就越容易引起烦恼。噪声引起的烦恼与其频率特性和时间变化有关。高频率噪声比低频率噪声引起的烦恼程度高;脉冲噪声比稳态噪声引起的不愉快程度高;断续的噪声刺激更容易使人烦恼。噪声频率结构不断变化的场合,尤其是噪声强度不断变化的场合,同正常情况相比,引起的不愉快情绪更为强烈。

2.乐音调节情绪

受众在很多商场里都能听到音乐声,但大多数商场却不知道音乐到底该怎样播放才好。音乐对人的情绪的影响是很大的,乐曲的节奏、音量的大小都会影响顾客和营业员的心情。心情好,顾客和销售人员之间就会避免很多不必要的矛盾和冲突,就会出现很多商机,进而使商场获得更大的经济效益。如果在顾客数量较少时播放一些音量适中、节奏较舒缓的音乐,不仅能使顾客和销售人员心情更加舒畅,而且还能使顾客行动的节奏放慢,延长在商场的停留时间,增加更多的随机购买行为。如果在顾客人数较多时播放一些音量较大、节奏较快的音乐,就会使顾客和销售人员的行动节奏随着音乐的节奏而加快,从而提高体验和服务的效率,避免由于人多效率低而引起心情不好、矛盾冲突增多的情况出现。

(六)气味与情绪

气味能影响情绪。美国耶鲁大学心理生理学研究中心的科学家发现,嗅一嗅或者只要简单地想象一下食物的香味就能引起脑电波的改变。英国的科学家发现,在模拟海滨的实验室里加入海洋特有的气味时,病人的精神更为松弛。相反,难闻的气味会引起人们不愉快的情感反应,在条件反射或联想的作用上,人们对在这种气味伴随下看到的任何对象都有可能产生不愉快的情感反应。

人类天然的体味会携带社会情绪信息。有研究发现,人们能够区分他人高兴时和恐惧时分泌的汗液(Chen & Haviland-Jones,2000),闻到恐惧汗液时,个体与恐惧有关的脑区(杏仁核)会被激活(Mujica-Parodi, et al.,2009),这说明人们在感到恐惧时分泌出的特殊化学物质会感染周围的其他人。小鼠的研究也证实,哺乳动物的鼻子可以捕捉到由相同种系的其他成员在处于危难时所产生的警示性的信息素。(Brechbuhl,Klaey & Broillet,2008)

复习巩固

1.简述巴塞罗那博览会德国馆厅内的流动空间与中国古典园林空间处理手法的相似之处,以及这种手法如何影响使用者的情绪。

2.简述在不同人流量的商业场所如何选择不同的音乐。

3.说明不同特点的噪声与烦恼程度的关系。

本章要点小结

1.情感是对感情性过程的感受和体验,情绪是这一感受和体验状态的过程。因此,无论情绪或情感,指的乃是同一过程和同一现象。在不同的场合使用情绪或情感,指的是同一过程、同一现象所侧重的不同方面。

2.情绪和情感是人对客观事物的态度体验及相应的行为反应。情绪和情感是以个体的愿望和需要为中介的心理活动。当客观事物或情境符合主体的需要和期望时,就能引起积极的情绪和情感。当客观事物或情境不符合主体的需要和愿望时,就会产生消极、否定的情绪和情感。

3.环境复杂性和秩序与喜爱度之间的关系非常微妙,复杂性增加提高了人们的唤醒程度,因而提高了人们对环境的兴趣,秩序感的提高减弱了人们对环境的兴趣却提高了喜爱度,所以只有中等程度的复杂性和较高的秩序感才能获得较高的喜爱度。

4.一致性的景观使观察者能立即组织景观中的各个元素,是直接能理解的景观。复杂的景观提供了大量的信息来维持观察者对环境的兴趣,这种直接环境的丰富与变化导致观察者的直接参与。清晰的景观可以使观察者在环境中不会迷失或迷向,它保证观察者在一段时间内会理解环境。神秘的景观告诉观察者如果能进一步深入环境就能得到更多的东西,它保证了这种参与在将来可能会使观察者得到惊喜。

5.在城市场景中,增添自然景观元素与环境偏爱的增加有关,并且在城市自然景观元素中,树木具有很高的价值。另外人们更偏爱维护良好的自然景观元素。

6.人们在比较狭窄的空间里通常呈现出线性分布的特点,在比较宽阔的环境里,则呈现出面状分布的特点。公共场合的端头、角落或凹形空间被称为活动口袋,是人们常常乐于停留和感到有所依靠的地方。

7.人群的流动习性有:靠右行、识途性(原路返回)、走捷径、不走回头路、乘兴而行(追求新奇体验)、人流的暂时停滞。

8.相比于垂直线与水平线所带来的稳定、呆板印象,多种不同折线的运用,能创造更为丰富与活泼的视觉效果,而造型丰富多变的环境空间极易引起人们的好奇心。曲线在环境中也经常被运用于营造奢华、流动、变化的视觉效果。巴洛克样式与洛可可样式都是注重表现瑰丽、纤巧、繁杂的装饰艺术风格,追求不规则的形式、起伏不定的线条、奢华的装饰与雕刻、艳丽的色彩,展现环境丰富多变的视觉效果。

9.色彩能在很大程度上影响人的情绪,景观环境的色彩设计时,先为景观确定一个主色,对主色进行明度上的调整,从而进行环境色彩搭配,可以令景观环境的视觉效果更加丰富。

10.噪声强度越高,就越容易引起烦恼。噪声引起的烦恼与其频率特性和时间变化有关,高频率噪声比低频率噪声引起的烦恼程度高;脉冲噪声比稳态噪声引起的不愉快程度高;断续的噪声刺激更容易使人烦恼。噪声频率结构不断变化的场合,尤其是噪声强度不断变化的场合,同正常情况相比,引起的不愉快情绪更为强烈。

关键术语

感情 affection

情绪 emotion

情感 feelings

宽敞有组织型空间 spacious-structured

开放无限定型空间 open-undefined

闭合型空间 enclosed

视线阻隔型空间 blocked-views

小群生态 small group ecology

活动口袋 activity pockets

凝思 being lost in thought

选择题

1. 情绪的表现形式是多种多样的,依据情绪发生的强度、持续性和紧张度可以把情绪划分为(　　)、(　　)和(　　)。

A. 心境　　　　　　　　　　B. 激情

C. 应激　　　　　　　　　　D. 稳态

2. 情感是同人的社会性需要相联系的主观体验,是人类所特有的心理现象之一。人类的社会性情感不包括(　　)。

A. 道德感　　　　　　　　　B. 幸福感

C. 美感　　　　　　　　　　D. 理智感

3. S. 卡普兰和 R. 卡普兰认为环境喜爱度是由(　　)和(　　)过程调和的。

A. 想象　　　　　　　　　　B. 记忆

C. 理解　　　　　　　　　　D. 探索

4. 个体对颜色的偏爱受什么因素影响?(　　)

A. 年龄　　　　　　　　　　B. 地区

C. 民族　　　　　　　　　　D. 性别

5. 人群的流动习性不包括(　　)。

A. 走回头路　　　　　　　　B. 识途性

C. 走捷径　　　　　　　　　D. 靠右行

6. 人类的体验性行为习性包括(　　)。

A. 安静与凝思　　　　　　　B. 围观

C. 依靠性　　　　　　　　　D. 看人也为人所看

7. 在众多的颜色之中,(　　　　)是最能使人获得情感刺激的色彩。

A. 黄色　　　　　　　　　　B. 绿色

C. 红色　　　　　　　　　　D. 黑色

8. 噪声的哪些特点会影响其对人烦恼的程度?(　　　　)

A. 响度　　　　　　　　　　B. 音色

C. 频率　　　　　　　　　　D. 频率变化

第五章

景观与健康

心理健康是指心理的各个方面及活动过程处于一种良好或正常的状态。心理健康的理想状态是保持性格良好、智力正常、认知正确、情感适当、意志合理、态度积极、行为恰当、适应良好的状态。生理健康是人体生理功能上健康状态的总和。"生理健康"是"新健康教育"的一个重要组成部分。而景观对所处其中的人们的健康影响相当之大：一方面是景观对人们的心理影响，如噪声引起焦躁感、室内过于拥挤引起的消极情绪；另一方面则是景观对人们的生理影响，如由于噪声等引起感知觉方面的衰退、空气污染对身体健康的各方面影响等。本章将探讨景观对人们健康的各方面影响。

第一节　景观与工作疲劳

一、疲劳的含义

人们的疲劳包括生理的和心理的两个方面。生理疲劳又分为体力疲劳和脑力疲劳，心理疲劳的机制则要复杂得多。例如，球赛中，胜负双方体力消耗相差无几，可疲劳的感觉相差甚远：胜方因获胜而心满意足且心花怒放，几乎不产生心理疲劳，连体力疲劳也感觉减轻大半；负方则心灰意懒、精疲力尽，连抬脚都觉得格外沉重。

(一)心理疲劳的含义及表现

心理疲劳也称精神疲劳(mental fatigue)，是指由于人主观的精神和心理因素，面对学习或工作产生的心烦意乱、精疲力竭和不愉快的感觉。心理疲劳主要表现为对工作感到单调乏味和厌倦。当出现心理疲劳时，人会有精神紧张、烦躁不安、注意力难以集中、思维混乱等感觉。由于心理疲劳与厌倦情绪密切相关，当个体对所从事的工作感到厌倦和乏味后，工作起来就会毫无兴趣，甚至会出现度日如年的感觉，致使工作不专心，马马虎虎，得过且过，极容易导致工作质量下降。如酒店的客房服务人员，日复一日，始终是一套固定的工作程序，容易感到单调乏味，从而引起心理疲劳。

医学心理学研究表明，心理疲劳是由长期的精神紧张、压力、反复的心理刺激及恶劣的情绪引起的。它超越了个人心理的警戒线，这道防线一旦崩溃，各种疾病就会乘虚而入。在心理上会造成心理障碍、心理失控，甚至出现心理危机；在生理上则会引发多种身体疾患。

(二)心理疲劳产生的原因

心理疲劳的产生,主要与消极情绪、单调感及厌烦感等因素有关。

1. 消极情绪

消极情绪是引发心理疲劳的重要原因。工作、学习、生活不顺心,受到他人打击和遭遇某种不幸,或者合理的需求得不到满足,这些情况都容易引起消极情绪。消极情绪对人的行动会产生负面作用,比如在工作方面,它使人对工作缺乏动力,对工作表现冷漠甚至厌烦,遇到困难也不能自觉地以坚强的意志来克服,能力和技能得不到充分地发挥,工作效率下降,严重时甚至出现抗拒工作的做法。生理疲劳经过休息易于消除,而要消除心理疲劳就不那么简单。可见心理疲劳对人的影响比生理疲劳更大。

2. 单调感和厌烦感

现代企业分工过细,会使员工感到单调、乏味、厌倦。持续从事单调操作的员工,大多数在上午上班一小时后和下午上班半小时后就开始进入心理疲劳状态,工作效率开始下降。而这两个时间通常是员工一天工作中体力最佳的时间。这说明,持续单调操作给员工心理上造成的疲劳和对工作效率的影响,远远先于和大于生理疲劳所带来的影响。

二、环境因素影响疲劳感

(一)声音与疲劳感

1. 噪声增加疲劳感

一项研究考察了在长时间的讲座过程中,作为背景音的排风扇的声音的变化是如何影响学生的疲惫感的。在四场冗长的讲座过程中,研究者每隔一小时收集反映学生疲劳程度与集中注意力的能力的信息。讲座进行的前一半时间内,讲座厅里天花板上的排风扇被打开,产生了音量为60~65分贝的持续的声音。在余下的一半时间内,排风扇被关上。排风扇声音的影响非常明显:学生们报告说,排风扇的声音让他们感到更加疲惫,而且可能干扰了他们的注意力。(Persinger, Tiller & Koren, 1999)

有研究发现,无关的说话声会影响认知任务的完成,增加开放式办公室员工的心理负荷。(Smith-Jackson & Klein, 2009)与低噪声条件相比,被试在高噪声的开放式办公室中回忆出的词语更少,感觉更疲惫,工作效率更低。(Jahncke, Hygge, Halin, Green

& Dimberg, 2011)还有研究发现,与较高的工作噪声相比,较低的噪声可以降低应激对工作满意度、幸福感和组织承诺的消极影响。(Leather, Beale & Sullivan, 2003)而且噪声引起疲劳的可能性因人而异,比如,年轻人与老年人对于同一强度的噪声的感受度具有差异性,因而由此噪声引发的心理疲劳也是有差异的。

2. 乐声减少疲劳感

苏联彼尔姆电话机厂装配车间曾对18~45岁的百名工人做过一项调查,调查表明,播放音乐时与无音乐时比较,工人记忆改善,忙乱减少,注意力集中,疲劳感减轻。基辅皮鞋厂采用隔天播放音乐的方式进行实验,发现播放音乐和不播放音乐的工作时间,工人的疲劳程度不同。如图5-1所示,播放音乐时,工人的疲劳程度显然更低。

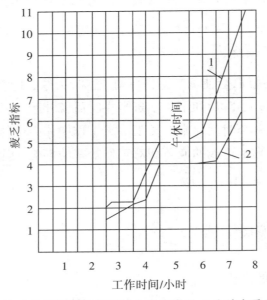

图5-1 是否播放音乐与工人疲劳程度的关系(1为无音乐日,2为放音乐日;图为笔者改绘)

当然,上述调查中所减轻的主要是工人的心理疲劳。

苏联彼尔姆电话机厂的实验还证明:隔天播放音乐时次品返修率下降9%~13%;放音乐那一天又比前一天下降5%~7%;停播音乐一周后,次品返修率又上升了6%~13%。

音乐减轻疲劳感的作用很早就被人们发现,并被运用于多种场合。例如,在1910年纽约自行车赛上,乐队周期性演奏,这对运动员形成了一种激励和感染的力量。有音乐伴奏时,车手平均速度为8.76米/秒;无音乐伴奏时,车手平均速度约为8米/秒。在高速公路上,司机往往会听节奏极快的爵士乐和流行音乐,以减轻疲劳,提高反应速度。

多项研究证明音乐不仅能陶冶情操,而且能愉悦人的心情,有着良好的保健作用。音乐对人的机体有积极作用,可有效地防治疲劳综合征。音乐能使人在感情上产生强烈的共鸣,同时反映为生理上的明显变化,如血液循环、呼吸等方面的变化。这是音乐与健康关系最主要的一方面。音乐用其特殊的语言形式,满足了人们宣泄情绪,表达愿望的需求,而情感的适当抒发对人的健康十分有利。音乐不仅可以表达情感,还能通过其旋律的起伏和节奏的强弱调节人的情绪。音乐使人的感情得以宣泄,情绪得以抒发,因而为人消愁解闷,祛除疲劳,利用闲暇时间听听音乐可疏导调节情绪、消除紧张,使身心得到彻底放松。

(二)光照条件与疲劳感

有研究对日常环境中每天的光照情况与活力关系进行了为期一年的考察,并以小时为单位进行了详细的分析,结果发现,个体接受光照越多,其精力就越旺盛。(Smolders, de Kort & van den Berg, 2013)在一个实验中,实验者对工人的血液和肾上腺功能做了检测,结果发现,当肾上腺功能不良时,人就会变得缺乏力量。肾上腺功能受光特别是紫外线的影响很大,在紫外线较弱的冬天,肾上腺受到的刺激较小,人的力量就会变小,所以工人在冬天往往缺少活力,经常抱怨。为了做进一步测试,实验者在严格的医疗条件下,在车间安装了紫外线装置,结果,工厂的产量开始增加,无论哪个季节,工人的血糖值都能维持在正常水平。由此可见,冬天微弱的阳光降低了工人的活力,使生产效率低下,而充足的阳光则对于维持活力很有必要。

现代技术可以帮助我们制造不同色光(冷、暖、中性)的电光源,以适应各种环境的需要,如把热辐射光源白炽灯和荧光灯相比较,前者主要包含绿、黄波长的光谱,而后者是全光谱日光灯对自然光的模拟,可以使在这种条件下工作的人更不易疲劳。有研究发现,教室照明不当(如荧光灯的闪烁、白板对光的反射)会增加学生视觉上的不适感,从而干扰学业成绩。(Winterbottom & Wilkins, 2009)教室里的照明适当地变化(亮度和色温)有利于降低学生的学习疲劳程度,提高学生的学校适应行为能力。(Wessolowski, et al., 2014)随着社会的发展和人们对环境要求的不断提高,光环境的设计不应只局限于满足光照度标准这种单一水平。光环境设计应具有明亮、舒适和艺术感染力三个层次。

(三)色彩与疲劳感

色彩带给人的舒适感与疲劳感实际上是色彩刺激视觉而产生的生理和心理的综合反应。红色对视觉的刺激性最大,容易使人产生兴奋感,也容易使人产生疲劳。通常视觉刺激强烈的颜色都容易使人疲劳,反之则容易使人感到舒适。相比红色、黄色,绿色能吸收更多的光,对视觉的刺激相对更小,也更让人感觉舒服。人在绿色环境中,皮肤温度可以降低1~2℃,心跳每分钟减少1~2次,呼吸变缓,心脏负担减轻,精神放松。绿色具有稳定情绪、镇静神经、减轻劳动疲劳、增加生产效率等作用。国外曾有人做了一个有趣的实验。实验是在一所中学上几何课时进行的。同样的习题印在不同颜色的纸上,分发给学生:第一部分学生拿到印在红纸上的习题,第二部分学生拿到白纸习题,第三部分学生拿到绿纸习题。经改试卷后统计,拿到红纸的那部分学生习题做错的最多,其次是拿到白纸的学生,而拿到绿纸习题的学生答错的最少。此外,蓝色也具有镇静的效果,人在蓝色的环境中,能解除紧张的心理状态。

一般来讲,纯度过高、色相过多、明度反差过大的对比色组容易使人感到视觉疲劳,但是过分暧昧的配色,由于难以分辨而造成视觉困难,也容易使人产生视觉疲劳。

由于不同的色彩能带给人不同的感受,使人有不同的疲劳表现,可在不同的场合采用不同的色彩调节人的情绪。比如,对于工作和学习的压力较重,长期处于紧张状态的人,应避免接触强刺激性的色彩,如红色、黄色等,选择接触那些柔和并且有镇静作用的色彩,如浅蓝色、粉红色等;居室的墙壁、窗帘宜选择米黄色、淡绿色、乳白色及粉红色。对于脑力劳动者,由于经常思考问题,用脑用目较多,活动量小,为此,环境色彩以养目、放松及舒缓情绪为主。办公室的主色调宜柔和明亮,如淡绿色、米黄色、浅蓝色,以烘托文雅、宁静、稳重、有秩序的气氛,以利于脑力劳动者平心静气地工作。居室色调宜以暖色为主,以利于诱发愉快欢畅的情绪。

复习巩固

简述心理疲劳的含义及其产生的原因。

第二节 景观与不良心理防治

一、声音对人的心理健康的影响

(一)噪声的不利影响

噪声会引起头痛、恶心、易怒、焦虑、阳痿和情绪变化无常等(Cohen & Lezak,

1977；Miller，1974），还会与其他压力源一起对个体主观的健康感受产生影响（Walle-nius，2004），或者通过一些中介变量对心理健康产生影响，如控制感。研究表明，长期处在噪声环境下的人们相比处于安静状态下的人们患心理疾病的概率要高很多。长期处于噪声环境中不利于个体人格的健康发展，通常会使人变得抑郁孤僻，或是神经过敏。噪声会对儿童的心理健康产生一定影响。有研究发现，长期处于音量较大的噪声环境（尤其是飞机噪声）中，尿液中的应激激素（肾上腺素和去甲肾上腺素）的含量会上升，血压和心脏舒张水平也更高，同时操作动机降低，容易感到受挫，在完成任务时表现出较多的厌烦情绪。（Evans，2006）还有研究探讨了飞机噪声和道路交通噪声与儿童心理健康的关系，这项研究考察了不同国家、不同地区的89所位于机场附近的学校，共选取了2844名9~10岁的小学生，评估其心理健康水平，包括情绪问题、行为失调、多动、同伴问题和亲社会行为等内容，结果表明，随着飞机噪声的增加，儿童的多动测试得分会提高。（Stansfeld, et al.，2009）

（二）乐声的有利影响

乐声不同于噪声，它使人愉快，可以陶冶情操、净化心灵。古希腊数学家毕达哥拉斯说过："我把各种音调融合在一起能使各种莫名其妙的妒忌、冲动等缺点转化为美德。"柏拉图也说过："大家知道，当我们用耳朵感受音乐旋律的时候，我们的精神世界会起变化。"

《荀子·乐论》中说："故听其《雅》《颂》之声，而志意得广焉；执其干戚，习其俯仰屈伸，而容貌得庄焉；行其缀兆，要其节奏，而行列得正焉，进退得齐焉。""君子以钟鼓道志，以琴瑟乐心。动以干戚，饰以羽旄，从以磬管。故其清明象天，其广大象地，其俯仰周旋有似于四时。故乐行而志清，礼修而行成，耳目聪明，血气和平，移风易俗，天下皆宁，美善相乐。"

希波克拉底曾说：医生能用两种东西治病，一是药物，一是语言。音乐则相当于另一种语言。法国医生帕特里克·埃塞义在《音乐与医学》中就叙述了六千年前人类用音乐治病的事例。现代实验证明，听小提琴协奏曲后，高血压患者的血压会降低；精神病院里，音乐有助于治疗假性痴呆、忧郁寡欢和烦躁不安的病人；一张巴赫的唱片，每日欣赏三次，使患有神经性胃病的人胃口大开。

音乐疗法实际上是一种行为疗法（behavior therapy）或行为矫正（behavior modifi-cation），它是从斯金纳的操作性条件反射衍生出来的疗法。

音乐疗法有5种：（1）背景音乐疗法，即在医疗环境中播放合适的音乐；（2）聆听音乐疗法，根据病情和个人特点让患者欣赏音乐；（3）联合音乐疗法，即和其他疗法配合治疗；（4）表演性音乐疗法，即学习并演奏、演唱音乐；（5）创作性音乐疗法，即有一

定音乐基础的病人通过创造乐曲治疗疾病。

音乐有助于治疗,大概有以下几个原因:(1)调节情绪,是一种心理治疗;(2)音乐激起身体内有关器官的共振;(3)音乐作用于大脑,激活一些区域的活动和联系;(4)转移注意力,改变不良生活习惯,培养高尚情操和气质;(5)音乐使手、眼、口、脑、身相互配合,锻炼人的整体协调性;(6)音乐本身的复杂结构、节奏、旋律、和声等的作用;(7)音乐能刺激肾上腺素的分泌,引起大脑兴奋。

二、色彩的心理调控作用

(一)不同色彩的心理调控作用

蓝色和绿色是大自然中最常见的颜色,也是自然赋予人类的最佳心理镇静剂。这类颜色能缓和紧张,使人安静,从而使人更冷静。例如,伦敦泰晤士河上有一座桥,最初漆成黑色,由于在这座桥上自杀的人数高于在其他桥上自杀人数的平均水平,人们决定把桥的颜色改成绿色,结果自杀人数果然下降了。还有研究发现,绿色会让人想起大自然,从而引发大学生积极的情绪体验,如放松和舒适等。(Kaya,2004)蓝色的镇静作用还能减少噩梦,缓解癔症。总之,大自然环境中植物的绿色和天空、海洋的蓝色是大脑皮层最适宜的颜色刺激,它们能使疲劳的大脑得到调整,并使紧张的精神得到缓解。

粉红色给人以温柔舒适的感觉。美国的《脑与神经研究》报道说,粉红色具有息怒、放松及镇定的功效。因此,在美国加州的拘留所有一项不成文的规定,犯人闹事以后就将其关进粉红色的禁闭室中,10多分钟后,犯人就会瞌睡。

(二)和式房间色彩的调控作用

和式房间通常以米色为主色调。如用肌肉对光紧张度来衡量,经过测定,米色的肌肉对光紧张度接近肌肉最放松时的数值23。米色是被弱化的中间色,其他中间色的肌肉对光紧张度也大致与无刺激下的数值相同。蓝色的肌肉对光紧张度为24,绿色为28,这些色彩都能缓解我们的紧张情绪。而黄色为30、橙色为35、红色为42,已经达到令人兴奋紧张的程度。在室内装饰中,黄色、橙色或红色中无论哪种颜色占了较大面积,都会使居住者感到紧张。米色占了和式房间约70%的视觉空间,这种颜色能使人心情平静、放松,是非常适宜的景观装饰色彩。

三、光照与季节性情感障碍

人类是昼行动物,光照能提升人类的唤醒水平,阳光有助于减少瞌睡和抑郁感。例如秋冬日照时间缩短,一些人就会抱怨、瞌睡、疲劳、嗜食碳水化合物,从而导致体重增加、情绪不高等。罗森塔尔称这种人为光饥饿者(light hungry)。(Rosenthal,1984)在北欧或靠近极地的地区,极夜出现的几个月里,人们情绪易低落;在四季分明的地区,人们在冬季容易感到情绪低落,而到了春天就会好转,这种问题女性多于男性。由于这些问题与季节有关,所以也称它们为季节性情感障碍。这可能与褪黑素有关,光照通过减低褪黑素的量来调节睡眠和清醒之间的交替,寒冷季节缺少光照,对褪黑素的抑制作用降低,人们在早晨依旧会感到困倦和情绪低落。也有研究认为,可能是由于在光照不足的季节,5-羟色胺转运体比较活跃,导致5-羟色胺水平较低,导致了人们在秋冬季情绪容易抑郁。(Praschak-Rieder, Willeit, Wilson, Houle & Meyer,2008)

由于季节性情感障碍可能是光照不足造成的,有学者提出,如果对个体进行有效的光照补偿,应该能减轻甚至消除上述症状。有研究者对6名6~14岁(4男2女)报告有光饥饿的儿童进行光照治疗,即清晨和傍晚给予其光照,结果其中5个孩子的多数光饥饿症状消失。(Heerwagen,1990)受此启发,美国费城的一名医生发明了戴在头上的日光帽,患者每天戴3小时,可有效地缓解季节性情感障碍。另外,欧洲也有一些诊所在秋冬季节设置了照明充分的房间,供有需要的人通过接受光照来缓解光饥饿症状。

四、地方依恋的心理恢复功能

心理学家提出了"心理进化理论"(也被称为"压力减少理论")来强调环境的恢复作用。该理论认为,当个体面临压力时可能出现消极情绪、短期生理变化或行为失常。而在某些环境中,如中等复杂、存在视觉焦点、包含植物和水的自然环境中,个体的注意力容易被吸引,从而阻断消极想法,抑制消极情绪,激发积极情绪,并且个体因受到干扰而失调的生理运行能得以恢复平衡。当积极情绪被充分激发后,原本低落的认知或行为能力就随之恢复了。中国的实证研究也发现,青少年通常会在受到伤害或者情绪消极时选择进入他们喜欢的地方,在那里得到放松、镇静,整理思绪,因此,青少年依恋的环境有可能具有恢复功能。

对成人的研究也显示,个体在其依恋水平较高的环境中有两种感受:平静和反思。其中前者是抑制消极情绪,产生积极情绪的反应;后者则是认知反应恢复的表现。2012年,研究者分别用情绪启动实验和集中注意实验检验地方依恋对环境的情绪和注意恢复作用是否产生影响。研究结果发现,只有那些个体依恋水平高的自然环境才有利于心理功能的恢复。除了对情绪和注意的恢复功能外,地方依恋还能减少个体内心的杂念,平静思绪,使个体关注以前没有认识到的想法或问题。当达到心理功能恢复的最高阶段时,个体会反思自己的一生,事情的轻重缓急与可能性,以及个人的行为和目标。

在一项对女性青少年地方依恋的性质研究中,出现了对卡普兰(Kaplan)归纳的4个环境恢复性特征的具体描述。这些特征让处于高考压力的学生们感到放松,思维得到恢复。

第一,环境是否能引起和通常情境不同的心理内容。被试提到了种类繁多的环境,也提到了这些环境中让他们感受深刻的环境要素,如寺庙里的木鱼声和淡雅的香火味、生活在船上的脏脏的小孩、静谧的山、缓缓驶过的小船、湿地里生活的鱼和鸟、蓝天上的白云等。在这些地方,节奏都很慢,与高中生所处的学习压力较大、高考气氛浓郁的环境不同。被试们称这些地方为"桃花源""精神家园"。可能正是因为这些环境呈现的生活节奏和引发的心理活动与高中生日常的心理活动和过程不同,所以能在很大程度上避免被试产生心理疲劳。

第二,环境是否迷人,引人关注。被试所描绘的环境多是优美而迷人的。例如"离家不远的小河边有宽阔的草地,河堤上杨柳依依,一年四季景色都很美","公园里有清澈的湖,湖边自由生长着许多树木和花草……每天下午五点钟,特有的纯净黄昏,天空自上而下地被各种暖色晕染开来,几朵云若有若无,小鸟鸣叫着飞过,静下心来也能听到昆虫和植物的细微声响"。这样的环境一般都能引起人们的无意注意,帮助人们恢复某些被损耗的心理功能。心理进化理论的研究也表明,这样的环境可以阻断消极的想法,以积极情绪代替消极情绪,并且使受到干扰失调的生理运行恢复平衡。

第三,环境是否有足够的内容和结构能长时间占据人的头脑。被试所报告的环境大都由多种事物组成,具有一定结构。例如,"学校后面的那座山海拔500米,山脚下长着杏树,山腰是杨树,山顶是松树,顶上有一座亭子。山的阴面长了一些山药。春天被绿色环绕,杏花香弥漫;冬天很荒凉"。这个自然环境容纳了植被结构、季节更替及其引发的心理表征等多种内容。有些环境即使客观上组成简单,但在被试的头脑中也是内容丰富、引人注意的。例如,有被试依恋校园角落的一块空地,从被试的描述中可以发现环境在被试的主观感知中并不"空":"沧桑的水泥地,周围有绿树相伴,有鸟儿嬉戏,每当夕阳西下时,日光静静地倾泻在每一片树叶和每一个水泥缝隙里,实在让人陶醉。"

第四，环境提供、鼓励或者要求的活动是否与个人的倾向能很好匹配，让个体感到舒适。被试依恋的环境大都为学生提供了休闲、娱乐的场所，她们在其中的活动大多是放松性的，个体很享受这些活动。例如，多数被试在这些环境中散步、爬山、运动、"聊八卦"、"倾诉自己情感上的困惑"等。这些环境相对于学校、教室具有私密性、放松性，正好与被试的个人活动倾向一致，因此，这样的环境天然地具有放松心情、恢复心理能量的功能。

五、自然环境的减压功能

由于人类活动的干扰和人类对资源的开发利用，原始的未受人类干扰的自然环境已经不复存在，所以我们在此讨论的自然环境是指与人工环境对立的，包含了非生物（土壤、水、矿物等）和生物（植物、动物、微生物等）两大要素，通常以植被、水体和山体为主体，少有人工建筑物，且其外形轮廓以曲线状或不规则状为主的环境。（Han，2003）这种环境的设计在现今都市生活里很容易实现，如在城建过程中预留出自然状态的土地建设公园；或者可以在社区中规划、建设一定面积的绿地，使人们透过窗户可以看到自然景色（Triguero-Mas, et al.，2015）；也可以在家中或办公环境中建立微小的环境生态系统，因为相比空旷的房间，有绿色植物、水和动物的房间更能让人心情愉悦，压力能得到更好的缓解（Harig, et al.，2014）。

据国外媒体报道，如果个体感到有精神压力，不要以为打开电视，欣赏一下轻松的节目就可以缓解。离开电视，站到窗前，看看窗外的景色才是最佳选择。

一项美国研究显示，自然景色可有效缓解压力。华盛顿大学人与自然互动与科技系统实验室的研究人员分析了自然景色、科技产品或实物对压力的影响程度。他们让90位大学生志愿者分别通过窗户看自然景色、看高清晰度等离子屏幕或一面空白的墙壁，同时检测他们的心率。他们在一份声明中说："通过窗户看自然景色的志愿者的心率下降速度快于其他人。事实上，在缓解压力方面，看高清晰度等离子屏幕甚至不如看一面空白墙。"研究人员发现，志愿者看自然景色的时间越久，他们的心率就越低，看等离子屏幕的志愿者并没有出现这种情况。该研究负责人彼得·卡恩说："科技是有益的，能改善我们的生活，但是我们不要愚蠢地认为，离开自然界，我们能照样生存。现在的人过于迷恋电视和其他媒体，所以减少了身处自然界的机会。与此同时，孩子们也在探索频道和动物星球频道的陪伴下长大。但是，作为自然界的一个物种，为了我们的身心健康，我们需要接触真实的自然界，并同它互动。"（Kahn, et al.，2008）

六、空气、气味对健康的影响

长时间处于受污染的空气或难闻的气味环境中的人容易产生抑郁、易怒、焦虑等症状。查托帕迪亚雅等人（Chattopadhyay, et al., 1995）比较了来自同城市不同空气质量区域居民生理和心理健康的差异,结果发现生活在空气污染较大地区居民的生理健康问题（喉咙痛、眼睛痛、呼吸问题）和心理健康问题（紧张和焦虑情绪）更多。西比拉等人（Sibila & Maria, 2011）比较了生活在工业污染地区和无工业污染地区人们的心理健康水平,发现生活在工业污染地区的人们的生活幸福感更低,尤其当污染地区的空气污染明显时,人们的焦虑和抑郁水平会更高。此外,空气污染也与精神疾病有关,方肯（Fonken, 2011）等人以小鼠为被试的实验表明,长期暴露在相当于某些市区的空气污染程度的环境中,会引起小鼠大脑的物理性变化,降低其学习记忆能力,甚至引发抑郁症。沃尔克（Volk, 2013）等人发现,孕妇长期暴露于汽车尾气、二氧化氮、颗粒物质等空气污染环境中,她们的婴儿在出生第一年易患自闭症。

某些令人喜爱的气味可以缓解不良心理状态。美国的气味疗法专家采用某些带香味的油剂按摩或者让病人嗅装有香料的瓶子,来治疗精神紧张引起的疾病。例如:苹果的香气能产生一种黄昏时刻的安静效果,因为苹果的香味对肾上腺有调节作用,能使激动、焦虑和发怒等情绪得到控制。

七、拥挤与负性情感体验

（一）拥挤的类型

有人采用定性的方法研究了冬季室外滑雪场的拥挤感对顾客满意度的影响,研究发现拥挤感受到很多因素的影响。比如人口学因素中的性别和年龄:当拥挤使60.8%的女性感觉到不舒服或非常不舒服的时候,只有22.1%的男性觉得不舒服或非常不舒服;当49.3%的38岁以上的顾客觉得拥挤时,只有34%的38岁以下的顾客感觉到拥挤,差异显著。（Zehrer, Anita & Raich, 2016）拥挤感知产生的应对行为反过来影响人们对拥挤的感知,拥挤感知及其应对行为都会对顾客满意度产生消极影响,因而从不同的角度,按照不同的分类标准,拥挤有不同的分类。

根据拥挤的时限,拥挤可以分为情境性拥挤和常态化拥挤。情境性拥挤是暂时的,很快会得到缓解或者解除,如交通拥挤、旅游拥挤、排队拥挤、饭堂拥挤、医院拥挤、电梯拥挤等。在小学和中学也会出现情境性拥挤,如在早操后回班级时,学生们会一窝蜂似的拥挤在一起。常态化拥挤是长期的,如宿舍拥挤、住房拥挤等。瓦尔登等人对宿舍拥挤问题的研究发现,当两人宿舍来了第三人时,在三人宿舍中人们会变得情绪低落,对健康的担忧会增加,感觉学习受到了限制。(Walden,1981)巴伦、凯利等人的研究发现,出现上述情绪低落等现象并非因为人口过多、空间过小、资源分享、相互合作和没有私密性等原因,而是三人组成的小组通常不够稳定,容易结成内部联盟,两个人联合起来排挤另外一个,使第三个人觉得自己被孤立,控制感下降。(Baron,1976;Kelley & Arwwood,1960)瑞迪进一步调查了三人宿舍和四人宿舍,发现三人宿舍更容易让人产生拥挤感。(Reddy,1981)这似乎与中国的一句古话类似,即"三个和尚没水喝",说明三人小组存在负面效应。但中国同样也有句古话,"三个臭皮匠顶个诸葛亮",也就是说,三人小组可以友好合作,并且增加智慧。所以,在上述的三人宿舍的研究中,如果改变某些影响因素,可能会有不同的实验结果,这还有待进一步探究。

蒙太诺等人研究了在不同的拥挤环境下,人们的感受和行为表现,提出了4种令人产生拥挤感的情境、拥挤导致的3种情感和5种典型的行为反应,交叉可得60种不同的拥挤类型。蒙太诺等人研究的4种令人产生拥挤感的情境包括:(1)个体感觉自己的行为受到限制;(2)人身自由受到他人的干涉;(3)个体由于很多外来人的出现而感到不舒服;(4)高密度使个体对未来失去信心和兴趣。拥挤导致的3种情感包括消极的情感反应、积极的情感反应和中性情感反应。尽管多数时候高密度带来的是消极情绪,但有时也会使人产生积极情绪,如在观看体育比赛的现场,高密度反而使人们兴奋不已。拥挤带来的5种典型的行为反应包括过分自信、身体退缩、心理退缩、急于摆脱和适应。(Montano & Adamopoulous,1984)

(二)拥挤对人心理的影响

博伊科等人的研究指出,城市不断地接受更多的人,密度和拥挤对健康的影响已经成为重要问题。他们界定了城市空间密度和心理健康等关键词,认为幸福感的程度是一种临时密度的积极和消极结果。他们的实验研究发现,高密度或者拥挤与不健康总是紧密关联,所以建筑和环境专家在设计作品时应该努力去平衡密度和健康。(Boyko,Christopher & Cooper,2014)

监狱生活的安排为密度的研究提供了便利条件,因为被试大多数情况下没有选择的自由,很多人生活在紧张而又无法逃避的高密度环境中。如果高密度会导致消极的情感和不愉快的唤醒,那么居住在高密度环境中必然对健康带来不利影响。保罗斯、麦凯恩和考克斯利用档案和他们自己收集的资料对10所不同的监狱进行了研究,结果发现,关押的人数越多,犯人高血压、精神病等疾病的发病率越高,死亡率也越高(图5-2)。(Paulus,McCain & Cox,1978)

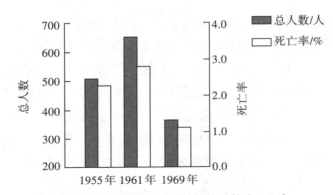

图 5-2 监狱中人数与死亡率（相关系数为 0.81）

（Based on data in Paulus, McCain&Cox, 1978；笔者改绘）

古斯塔夫·勒庞在其名著《乌合之众》一书中论述,群体的心理特点是冲动、多变和急躁、易受暗示和轻信、偏执、专横和保守等。所有刺激对群体都有支配作用,群体的行为几乎完全受无意识动机的支配,受冲动的摆布,这些冲动可以是豪爽的、残忍的、勇猛的或怯弱的,但这些冲动总是极为强烈,因此个人利益,甚至保存生命的利益,也难以控制它们。同时,群体的情绪是单纯和夸张的,因为群体情绪一旦表现出来,就会通过暗示和传染而迅速传播,形成强大的力量。

拥挤几乎总是令人厌恶的体验,令人感到难受,使人心情低落、紧张、抑郁、焦虑。很多研究都发现高密度会导致个体消极的情感状态。(Evans, 1979; Sudton, 1975)马歇尔用实验室法研究了拥挤对人的短期影响,实验的自变量为:空间,包括大小两个水平;人数,包括多少两个水平;性别,包括由同性别被试组成和男女被试各一半的实验组。实验要求被试一起解决各种问题。结果表明,在同性别组中,女性更喜欢人数少的实验组,在混合组中,女性更喜欢大实验组;而男性更喜欢混合性别组,不在意组的大小。在同性别组中,女性喜欢小空间,更偏爱混合性别组,而不管房间的大小;男性被试也更喜欢混合性别组,但偏爱大空间。(Marsal, 1985)

性别差异。研究表明,拥挤对男性和女性所产生的消极情感不同,在高密度空间,男性体验到的消极情感比女性更强。(Freedman, et al., 1972)这可能是因为男性比女性需要更大的个人空间,而女性在社会交往中有更高的合群动机,所以在近距离内有更大的亲和力,而男性的竞争动机更强,所以和他人距离过近会产生威胁感。(Maccoby, 1990)研究还表明,在高密度环境下,女性的合作性比男性高。(Karlin, Epstein & Aiello, 1978)

交通拥挤与情绪。交通拥挤使个体不能采取有效的措施保护自己周围的空间不被入侵,所以它会导致人们很多的负性情感和行为,如攻击性、暴力和身心健康问题。研究表明,坐车上下班的人体验着一种高应激的生活方式,会有更多的身心健康问题,路途的奔波影响人们在家里的情绪和满意度。(Novaco, et al., 1979)为了解决这些问题,越来越多的心理学家开始参与交通设计。

有研究者发现:巴黎地铁车厢内乘客的密度与其旅途满意度呈显著负相关;乘车时间对拥挤感有显著影响;当车厢内很拥挤时,车厢内不好的气味和受限的站立空间使过于亲密的乘客感觉最不愉快;相对于男性,女性受影响的程度更大;同时,拥有私家车的人通常会把地铁出行和自驾车出行比较,他们更加满意地铁的行驶速度,但地铁上的喧哗也更容易干扰他们。(Monchambert, Gullume, Haywood & Koning, 2014)

交通阻塞影响人们到达目的地的时间,它是穿行距离和穿行时间的函数。交通阻塞让驾驶私家车上下班的人体验到更强的焦虑。研究发现,血压与路程和时间有明显的相关。同时,个体长期的和较长距离的奔波使其能更加有效地应付,并且有更高的成就动机。

复习巩固

1. 简述卡普兰(Kaplan)归纳的4个环境恢复性特征。
2. 蒙太诺等人研究的4种令人产生拥挤感的情境包括哪些?

第三节　景观与感知觉功能衰退

一、噪声与感知觉功能衰退

(一)噪声与听力衰退

《老子》十二章中说:"五音令人耳聋。"我国人民在实践中发现,"十铆九聋"。

长期暴露在80分贝以上的噪声中,首先是造成暂时性听阈偏移,或称听觉疲劳。到安静环境后,听觉能够恢复,这实际上是人耳的一种自我保护。如果听觉不能恢复,就成为永久性听阈偏移,即噪声性耳聋,或称噪声性听力损失。它与工作时间长短、工作年限、环境噪声级、噪声频率以及体质的强弱都有直接关系。

上述为慢性噪声性耳聋,而剧烈噪声还会导致急性的爆震性耳聋。这是人们突然暴露在高达140分贝以上的强烈噪声下,猝不及防,耳出现急性外伤,如鼓膜破裂出血、迷路出血、螺旋器从基底膜急性剥离等情况。这种情形一次即可使双耳失聪。

通常听力不好的人说话声就高。这是因为他听不清自己的声音,认为别人也听

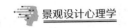

不清,因此有意提高了嗓音。另一方面,他已经不能适应安静的环境,而噪声环境又使他的听觉进一步恶化。

有研究发现,与1988—1994年相比,2005—2006年美国12~19岁丧失听力的青少年数量有所增加,这可能与青少年听音乐接触到的喧闹声音有关。(Shargorodsky,Curhan & Eavey,2010)成千上万的人都在遭受着听力损伤的折磨,这是工业化国家所面临的一个严重问题。为了保护长期在高噪声工作场所的人免受听力损伤的痛苦,美国职业安全和健康管理署(OSHA)颁布了一项规定:噪声达到90分贝、95分贝、100分贝和110分贝的工作场所,工人每天的工作时间最长不能超过8小时、4小时、2小时和30分钟。

在一篇经典报告中,罗森(Rosen,1962)把美国的噪声问题与相对安静得多的苏丹尼斯地区做了比较,结果发现,苏丹尼斯部落里70岁老人的听力竟然与20岁的美国青年不相上下。

(二)噪声与视力衰退

人类早就认识到噪声对健康的危害,听力损伤是长期暴露于高响度噪声环境中的直接后果,眼睛是继耳朵之后的又一受害器官。有资料表明,当声音强度在90分贝以上时,识别弱光反应的时间延长,40%的人瞳孔扩大;当达到115分贝时,眼睛对光亮度的适应性下降20%,同时伴有色觉能力的削弱。

张家志先生在《噪声与噪声病防治》中说,他们曾调查了接触稳态噪声源者80人,对照组50人(1981),发现接触噪声者中有64人三色(红、蓝、白)视野缩小(占80%±4.5%),而对照组中只有11人三色视野缩小(占22%±5.6%),接触噪声者的视野改变阳性率明显大于对照组。

有人指出,大城市内车祸频繁,噪声使驾驶员视觉功能下降可能是原因之一:85分贝,800赫兹的噪声使绿色闪光融合频率降低,红色闪光融合频率升高,即红色更刺眼;115分贝的噪声使夜间视觉功能降低20%左右;130分贝的噪声引起眼震颤及眩晕。

二、光照与感知觉功能衰退

(一)照度影响视力

9~17岁的学生,在荧光灯或白炽灯的照明下,桌面照度为750~1700勒克斯时,满意程度最高,这与国际上的同类实验结果一致。我国的有关规定为150勒克斯,在这一照度下,满意程度约为40%~55%。而实际调查中,有87%的教室桌面照度低于100勒克斯,这是造成学生近视的主要原因之一。1981年对北京8所重点中学的调查发现,视力低下学生占到41.5%,远高于日本学生的20%~24%和苏联的21.5%。

1971年朗格(Range)的实验证明,室内照度在1400~1700勒克斯时,75%的被试认为周围环境的亮度"正好"。如果在室内,照度在1000~3000勒克斯时,70%的被试认为满意。

(二)眩光影响视力

眩光(glare)是影响照明质量和光环境舒适性设计的主要因素之一。它是时间上的、空间上的不适当的亮度分布、亮度范围或极端对比等,导致视觉不舒适或知觉降低的一种视觉条件。就其对视力的影响而言,眩光可分为不舒适眩光(discomfort glare,又称为心理眩光)、失能眩光(disability glare,又称为减视眩光)和失明眩光(blinding glare,又称为生理眩光)。

个别剧场演出区集中照明而观众席过暗,形成强烈对比,影响视觉功能。德国学者曾对11个迪斯科舞厅的激光应用情况进行了调查,其绝大多数激光辐射强度超过了极限值,损伤视力。

为了提高照明质量,保护视力,就必须设法控制眩光,为此,人们通常采用下面方式:

(1)限制光源亮度,例如工作场所一般不使用裸灯。发光顶棚的亮度为$500cd/m^2$时,人们就可感到眩光的影响;超过$1500cd/m^2$时,眩光达到不可忍受的程度。在建筑设计中应避免大面积开窗,或采用特殊的玻璃,或玻璃镀膜,或采用多层窗帘控制眩光这一情况。

(2)适当调节灯的挂高,灯应当在45°的视角以外。灯具采用漫反射、折射、反射器而形成间接照明方式。采用灯罩或铝制格栅,灯具的保护角可以减弱或消除眩光的危害。同样,建筑中应避免东西晒,特别是夕阳直射入室内。

(3)合理分布光源,改变工作面位置。例如,绘图时采用可移动式台灯。一般照明(普通照明)和局部照明(重点照明)应有机结合,避免明、暗适应的频繁交替。迎着光线看铅笔字有时看不清楚,调换位置就会改善这种情况。工作面应避免采用有光泽的深色表面。

(4)提高环境亮度。这样可以减少亮度对比,使环境柔和、统一。

(三)紫外线对眼睛的影响

紫外线又分成长紫外线、短紫外线和极短紫外线。紫外线可以被眼组织吸收,产生光学作用、荧光作用及抑生作用。其中：长紫外线可被眼内晶体吸收，使晶体产生变性而由清亮变为混浊，诱发白内障；短紫外线可由眼球壁上的组织角膜、结膜吸收后造成角膜、结膜的炎症，产生充血、水肿、上皮脱落，而产生眼红、眼痛、视物不清。

三、色彩与感知觉功能衰退

人类的视觉器官不单对明暗度有适应问题，对周围环境的色彩也有适应问题。为了防止视觉疲劳，在景观设计中要注意对色彩的选用，尽量减少"视觉噪声"对视觉器官的干扰。在设计中要注意色彩补色的应用，使视觉器官从背景色彩中得到休息和平衡。例如，手术室的墙壁、手术衣等为白颜色的设计应该适当改变。因为参与手术的医护人员在术中长时间看鲜红的血液，当医护人员的眼睛再去看周围东西或墙壁时，视觉中就会出现深绿色的斑点。这就是红色血液的补色残像。如果将术者周围环境改用淡绿色、淡青色就不会出现上述情况，这样可以减轻他们的视觉疲劳，使视觉器官得到休息，提高手术效率和质量。

各种颜色对光线的吸收和反射是各不相同的，红色对光线的反射率是67%，黄色反射65%，绿色为47%，青色只为36%。由于红色和黄色对光线反射比较强，因此更刺眼。青色和绿色对光线的吸收和反射都比较适中，所以对人体的神经系统、大脑皮质和眼睛里的视网膜组织的刺激更小。

复习巩固

1. 眩光是什么？眩光的大致分类又有哪些？
2. 紫外线对眼睛有哪些负面影响？

第四节　景观与生理健康

一、拥挤与生理健康

研究发现，拥挤对人类生理的影响主要表现为使肾上腺素浓度升高、血压升高等。有人研究发现，生活在高密度条件下的人血压偏高，居住在高密度环境中的个体更易患病。也有研究发现,拥挤使人尿液中的儿茶酚胺含量升高,肾上腺分泌也提高,皮肤的导电系数也显著增加(Aiello, Epstein & Karlin, 1975),还会出现手掌出汗等症状。赫斯卡等人的实验中,两组大学生分别在拥挤和宽敞的条件下购物,结果发现,在高密度环境中的男性被试皮质醇水平升高(皮质醇水平高说明应激水平高),但女性被试没有变化。

由于高密度和拥挤会导致个体更多、更长时间的消极情感和更高的生理唤醒,因而高密度会影响人们的身体健康,引发某些疾病。

研究发现,在医院的急诊部,越是拥挤,病人们住院的时间越长,花费越大(Sune-tal, 2013)。也有研究发现,长期在高密度环境中生活,可能引发疾病或使病情加重(Paulus, 1988)。麦凯恩等人对监狱的研究为此提供了很好的证据。在美国监狱,拥挤是个严重问题,1979—1984年,监狱中的犯人增加了45%,而犯人的居住面积却只增加了29%。长期在这种拥挤的空间中生活,犯人的死亡率、高血压和精神病的发病率都较高。研究还表明,住在单人牢房和低密度空间的犯人自我控制意识要更强。(McCain, Cox & Paulus, 1976)

二、噪声与生理健康

除了对听力的直接损伤,高水平的噪声还可能会导致较高水平的生理唤醒和系列应激反应。研究表明,噪声对动物和人的身体健康是有害的:它会使血压升高,影响神经系统、免疫系统和肠胃功能,可能也是心血管病和高血压的诱因之一,噪声的持续呈现会使动物的血管收缩。(Millar & Steels, 1990)研究发现,噪声对消化系统也有一定影响,会使人更易出现肠胃不适症状及器质性消化不良的问题。(Passchier-Vermeer, 1993)长期在高分贝噪声环境中工作的工人更容易患溃疡,噪声会损害肠组织,导致消化系统紊乱。(Doring, Hauf & Seiberling, 1980)

还有多项研究指出,母亲在怀孕期间暴露于飞机噪声中与婴儿夭折之间存在一定联系。(Ando & Hattori, 1973)部分研究则发现机场噪声与新生儿先天性缺陷、体重过低有联系。(Ando, 1987; Jones & Tauscher, 1978; Nurminen & Kurppa, 1989)

还有一些研究表明,经常处于有噪声的环境中,会引发一些急性或慢性疾病,以及导致失眠等症状。如果噪声的音量很大,而且持续时间过长,会使心脏收缩过快,体内儿茶酚胺的分泌增加。

另外,噪声还会通过改变某些行为对健康产生间接的影响。例如,身处噪声环境中,人们会喝更多的咖啡或酒,抽更多的香烟。噪声对健康的影响就是以这些行为为中介间接造成的。对于这一观点,有研究给予了证明:当噪声的音量增大时,抽烟量增多。(Cherek,1985)总的来看,噪声对健康的不利影响更多的是间接发生的,以及和其他因素(如工业污染、工作压力过大等)共同起作用造成的。有研究发现,生活在铁路沿线的居民由于持续暴露于夜间的火车噪声中,他们长期睡眠不足,导致其认知操作能力受损。(Tassi, et al.,2013)公路交通噪声也会影响居民的睡眠,父母认为噪声大小与其睡眠质量和夜间醒来的次数有关,而孩子认为噪声大小与其睡眠质量和白天打瞌睡有关。(Ohrstrom, Hadzibajramovic, Holmes & Svenisson,2006)有人走访了北京二环、三环路边的部分高层住宅住户,这些住户大都是20世纪80年代之后搬入新居的。由于交通噪声干扰,100%的居民都抱怨睡不好觉,许多人不得不靠安眠药入睡。由于长期缺乏睡眠,白天昏昏沉沉,烦躁不安。有些老人搬家后神经衰弱、心脏病、高血压病情加重。

三、光照与生理健康

紫外线对人的健康有重要影响。紫外线不但参与了维生素D的合成,还参与了人体内的化学变化。但是,过度暴露在紫外线之下会使皮肤灼伤,诱发皮肤癌。此外,过多的紫外线照射还会诱发如白内障等眼部疾病。

视网膜中还存在着与视觉无关的神经末梢。这些神经末梢在光的刺激下会发生反应,促进或者抑制激素和酶等物质的分泌。也就是说,眼睛对于生物体的生长、繁殖以及在外界刺激下的自我保护等方面有着重要的作用。

意大利有句谚语:"在没有太阳的地方,就得有医生。"所以,为了健康,室内装修时首先就要考虑到采光,因此门、窗等的位置很重要。

另外,从眼睛进入的光线除了对视力有一定的作用,还能影响脑下垂体、松果体和下丘脑的功能。脑下垂体、松果体和下丘脑控制着内分泌系统和人体激素的合成。就像光作用于植物那样,光对于人的生理也有很大的影响。所有内分泌腺都与人体的老化相联系,所有的老化现象都是腺体衰弱引起的症状。随着人体的老化,内分泌腺也逐渐萎缩。与老化现象关联较大的腺体是甲状腺、脑下垂体、肾上腺和性腺,而这些腺体受阳光的影响也最大。因此,适度的阳光照射有利于维持腺体的正常功能,进而使身体保持健康。

光对人体的生物钟有影响。研究发现,下丘脑的视交叉上核存在一个主生物钟,它可以感受光线的刺激,从而对生物钟起设定作用,同时对其他组织中的外周生物钟进行调控。自然光信号将绝大多数人体内的生物钟设置为24小时,这是光通过调节褪黑素水平来实现的。褪黑素是人脑中的组织松果体分泌的一种激素,这种激素的水平在黑夜上升,帮助我们进入睡眠,白天光线强的时候就会下降,以此调节人体生物钟。由于看不见阳光,盲人的生物钟通常与普通人是不同步的,要长于24小时,这就会导致有些盲人患有失眠症。有研究发现,盲人在服用了一段时间的褪黑素后,生物钟会被新调整为24小时。(Sack, Brandes, Kendall & Lewy, 2000)夜间过强的光线所导致的生物钟紊乱还会干扰肠道细菌的分布变化。这类细菌与肥胖和代谢疾病的发生有关(Thaiss, et al., 2014)。

四、色彩与生理健康

传统医院普遍采用单一的白色作为色彩基调,往往给病人带来冰冷、毫无生气的感受,进而增加病人在治疗过程中的心理负担,造成病人的逆反心理,从而影响他们的康复。医学方面的资料显示,淡蓝色的房间有利于高烧病人情绪稳定,紫色的房间使孕妇镇定,深红色的房间则能帮助低血压的病人升高血压。还有研究表明,在医院和诊所环境中,大面积使用蓝色会减少镇痛药物的使用。另外,蓝色还能降低运动神经的兴奋度,能够使人放松,有利于炎症的治疗,也有助于失眠的病人入睡。所以经常失眠的人应该多看看蓝色。蓝色还有助于降低血压,并且效果持久,高血压的人可以穿蓝色睡衣,以缓解紧张情绪。相反,红色会使人血压升高、呼吸加快、肌肉紧张,如果想提高兴奋度,就应多看看红色。

荷兰和丹麦的研究人员发现,当人们服用成分相同的红色或橘黄色等暖色调药片时,疗效较好;而将同样的药物制成蓝色或绿色药片时,疗效则减弱。人们认为,这种现象与心理因素有关,红色等暖色调药片可能会刺激患者机体的活力,使得药物更容易被吸收和发挥疗效。

除了蓝色,绿色也具有舒缓镇静的作用,不仅能缓解眼睛疲劳,还能促进睡眠。伦敦的布鲁纳证明了绿色对人体的影响,特别是证明了绿色能影响交感神经,从而增强生命活力。我们的身心每天都在不经意中受到光和色彩的影响。在水泥森林般的城市中,几乎所有人都患有"绿色缺乏症"。由于绿色是大自然的主色调,绿色也能给人以充满生命力的感受,进而使人得到放松。

复习巩固

1. 简述噪声对人们健康的负面影响。
2. 医院的主色调为白色是否适合病患?

本章要点小结

1.噪声会引起头痛、恶心、易怒、焦虑、阳痿和情绪变化无常等,还会与其他压力源一起对个体主观的健康感受产生影响,或者通过一些中介变量对心理健康产生影响,如控制感。长期处在噪声环境下的人们相比处于安静状态下的人们患心理疾病的概率要高很多。长期处于噪声环境中不利于个体人格的健康发展,通常会使人变得抑郁孤僻,或是神经过敏。

2.乐声不同于噪声,它使人愉快,可以陶冶情操、净化心灵。音乐疗法实际上是一种行为疗法或行为矫正。音乐疗法有5种:背景音乐疗法、聆听音乐疗法、联合音乐疗法、表演性音乐疗法、创作性音乐疗法。

3.蓝色和绿色是大自然中最常见的颜色,也是自然赋予人类的最佳心理镇静剂;粉红色给人以温柔舒适的感觉;米色是被弱化的中间色,其他中间色的肌肉对光紧张度也大致与无刺激下的数值相同。在室内装饰中,黄色、橙色或红色中无论哪种颜色占了较大面积,都会使居住者感到紧张。

4.心理学家提出了"心理进化理论"(也被称为"压力减少理论")来强调环境的恢复作用。卡普兰归纳的4个环境恢复性特征的具体描述:第一,环境是否能引起和通常情境不同的心理内容;第二,环境是否迷人,引人关注;第三,环境是否有足够的内容和结构能长时间占据人的头脑;第四,环境提供、鼓励或者要求的活动是否与个人的倾向能很好匹配,让个体感到舒适。

5.眩光是影响照明质量和光环境舒适性设计的主要因素之一。它是由于时间上的、空间上的不适当的亮度分布、亮度范围或极端对比等,导致视觉不舒适或知觉降低的一种视觉条件。就其对视力的影响而言,眩光可分为不舒适眩光(又称为心理眩光)、失能眩光(又称为减视眩光)和失明眩光(又称为生理眩光)。

6.噪声从多方面危害人的健康,因此也损害人的寿命。除了对听力的直接损伤,高水平的噪声还可能会导致较高水平的生理唤醒和系列应激反应;研究表明,噪声可能也是心血管病和高血压的诱因之一;经常处于有噪声的环境中,会引发一些急性或慢性疾病,以及导致失眠等症状。另外,噪声还会通过改变某些行为对健康产生间接的影响。

关键术语

心理疲劳 mental fatigue

行为疗法 behavior therapy

行为矫正 behavior modification

光饥饿者 light hungry

眩光 glare

不舒适眩光 discomfort glare

失能眩光 disability glare

失明眩光 blinding glare

选择题

1. 下列针对心理健康的音乐疗法有（　　　）。

A. 背景音乐疗法　　　　　B. 聆听音乐疗法

C. 联合音乐疗法　　　　　D. 表演性音乐疗法

2. 拥挤导致的3种情感包括消极的情感反应、积极的情感反应和（　　　）情感反应。

A. 折中　　　　　　　　B. 中性

C. 理性　　　　　　　　D. 一般

3. 就其对视力的影响而言,眩光可分为（　　　）三种。

A. 不舒适眩光　　　　　B. 失调眩光

C. 失明眩光　　　　　　D. 失能眩光

4. 除了对听力的直接损伤,高水平的噪声还可能会导致较高水平的生理唤醒和（　　　）反应。

A. 应激　　　　　　　　B. 心理

C. 消极　　　　　　　　D. 过度

5. 心理疲劳的产生,主要的原因不包括（　　　）。

A. 麻木感　　　　　　　B. 单调感

C. 厌烦感　　　　　　　D. 消极情绪

第六章

景观环境与公共安全

　　公共安全是指公民进行正常的生活、工作、学习、娱乐和交往所需要的稳定的外部环境和秩序。现代城市居住区公共空间具有多功能的社会意义,它不仅仅为城市住户提供闲暇娱乐,社会交往、安全保障、儿童社会环境生存教育等更多潜在的功能也包含在其中。景观环境作为公共空间的重要组成部分,其本身的设计密切影响着处于其中的人们的心理状态、行为举止。一方面,城市景观环境的规划影响着城市犯罪率的增减;另一方面,景观本身的设计决定人们是否会对其产生破坏性行为。本章就将分析城市违法和违规行为与不合理的景观环境之间的密切关系,继而从心理学的方向去阐述违法违规行为产生的原因,并分析设计师应如何设计合理的景观环境,以达到降低人们的破坏性、攻击性等犯罪性行为的概率。

第一节　景观环境与犯罪

一、环境因素对犯罪的影响

(一)拥挤导致犯罪及意外

1. 拥挤与犯罪率

　　最早论述高密度与人类行为关系的著作是由坚持城市生活决定论的社会学家写的,自20世纪20年代以来,他们试图阐明人口稠密是引发各种社会病的重要原因,如精神病、犯罪以及各种社会解体等。卡勒斯塔姆等人证实,占瑞典全部人口16%的斯德哥尔摩,其发生的偷窃案件占这个国家所发生的同类案件的39%。(Carlestam & Levi,1973)施密特的研究报告显示:檀香山的少年犯罪与人口密度之间存在强烈的相关性。值得注意的是,后者所选择的各种密度计量中,只有两种计量(每英亩人数和平均每室超过15人的住房百分率)是与少年犯罪有关的。施密特还报告了明尼阿波利斯和西雅图市中心的人口高密度与犯罪率之间的密切关系。(Schimitt,1966)在这些例子中最为权威的要数美国前司法部长克拉克(Clark)的陈述:"在人口为25万以上的城市中,抢劫案为郊区的10倍,为农业区的30倍——在大城市里发生的侵犯人身、强奸和盗窃案件的比例,要比郊区和农业区高出1~3倍。"

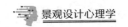

2. 拥挤与意外

环境心理学家认为，导致人们产生拥挤感的最主要因素可能是人口密度，当人口密度达到某种程度，个体对个人空间的需要长时间得不到满足时，个体就会产生拥挤感。拥挤感是伴随着个体消极情感体验出现的。拥挤也会使个体和群体产生某些消极行为，导致不良后果，而拥挤踩踏事件便是最典型的不良后果。2014年12月31日23时35分，中国上海市黄浦区外滩陈毅广场东南角通往黄浦江观景平台的人行通道阶梯处发生的拥挤踩踏事件就是一起典型的因为拥挤而产生的不良事件。当晚上海外滩风景区人员进多出少，大量游客涌向外滩观景平台，准备观看迎接新年的灯光秀。据有关部门调查，事发当时外滩风景区的人员流量约31万人，人口密度非常大，在进出陈毅广场的楼梯通道上因拥挤导致有人跌倒，难以起身，进而引起更多人跌倒，引发心理恐慌，导致人员伤亡。

拥挤踩踏事故在全世界范围内都有发生。调查发现，从2001年1月到2010年12月，国内外共发生75起拥挤踩踏事件，主要发生在宗教场所、校园、体育场所、娱乐场所、抢购施舍场所、公众集会场所、交通工具上和求职场所等，这些事件均发生在人员密集的场所。（周进科等，2015）由于大型群体性活动参加人数众多、公众心态不一、现场情况复杂，容易发生意外情况。尤其是在情境刺激和人们情感的盲目互动下，人群中不良的情绪和行为很容易失控。（王文刚等，2010）

除了不良情绪与行为的传染，拥挤环境中，空气等生存资源的匮乏也对人产生不良影响。最惨痛的案例是1756年发生在印度的"黑穴事件"。当时，印度军获胜后，把146名英国俘虏关在最多只能容纳50人并且空气不流通的监牢中。到第二天早上，只有23人侥幸活下来，其余全部死亡。"黑穴事件"说明过度拥挤对人类会产生巨大的消极影响。

（二）温度与犯罪行为

研究证明，气温对犯罪活动具有短期影响，温度越高，犯罪活动越多（Gutierrez，2013）。天气条件以缓慢累积的形式对犯罪活动产生长远影响。气温变化在短期内会直接影响犯罪模式的形成。气温与犯罪研究专家马修·兰森（Matthew Ranson）建立的1960—2009年间美国2972个县的月犯罪量与天气情况的立体图群也反映了犯罪活动与天气条件具有密切联系。

1. 高温与犯罪

高温会对人的自控能力产生消极影响，每年气温高的时段亦是犯罪高峰时期，尤其是性犯罪。北半球国家和地区的性犯罪率在3~4月份开始递增，6~7月份达至顶峰,8~9月份渐次下降,11月份降至最低。

从国外近几十年来的研究来看,集合行为中的暴力行为、伤害罪、杀人罪、强奸罪、抢劫罪及家庭暴力犯罪等暴力犯罪中,除了抢劫受经济因素影响较大外,其他暴力犯罪与气温均成正向关系,但当温度高于30℃之后,集合行为中的暴力行为却迅速减少。我国一些学者研究发现,在温度最高的时节,强奸罪、杀人罪、伤害罪的发案率和发案数也处于高峰阶段。

2. 低温与犯罪

国外一些学者研究表明:低气温(低于或等于0℃)与抢劫罪的发案率成明显的正向关系,但与其他犯罪没有什么关系。这主要是由于在一些寒冷的日子里,犯罪者会为了生存需要抢劫财物。我国一项全国性的犯罪调查显示:低温不仅与抢劫犯罪发案率有正向关系,而且与盗窃犯罪发案率也成正向关系,即严寒的冬季是我国抢劫与盗窃案件的高发时期。

(三)湿度与犯罪行为

湿度指空气中的含水量和比例。温度与犯罪的关系未见有完整的课题研究。国外一些学者的研究表明:湿度与暴力犯罪,尤其是家庭暴力等案件无联系,但与伤害罪存在某种反向关系,即湿度越高,伤害罪发生得越少。在我国,有些学者对某些类型的犯罪进行了一些研究,如对性犯罪、杀人犯罪、伤害犯罪的相关研究表明:月平均相对湿度与这些犯罪案件的发案率和发案数均成正向关系,其信度都在90%以上。

(四)光照与犯罪行为

光照即光线的照射。国外学者在涉及光照与犯罪关系的研究上,还没有形成某种定论。比较普遍的共识是:光照与温度引起的变化是趋于一致的,即高温与低温对犯罪影响的情况与光照对犯罪的影响基本上相对应。个别学者在涉及一些暴力犯罪的研究时发现,伤害罪与日照天数成正向关系,而其他一些暴力犯罪,像家庭暴力犯罪等则与日照无关。我国一些学者的研究表明,暴力犯罪主要发生在日照充沛的日子,日照数与暴力犯罪成正向关系。

(五)噪声与犯罪行为

美国对不同工种的工人的研究告诉我们,比较吵闹的工厂区域易出事故。噪声与城市自杀事件和刑事犯罪案件也有关系。日本广岛一家制箱厂的噪声非常大,住在工厂附近的一位青年在这种高噪声日复一日、年复一年的折磨中,丧失了理智,持刀进厂,杀了制箱厂厂主。噪声污染不仅仅是吵闹的问题,它能让人发狂,丧失理智。目前,世界上有一半人生活在噪声环境中。在各类案件中,因噪声而引发的案件占了相当大的比例。日本是噪声大国,1984年的东京日本警视厅就收到约6万起有关噪声的报案。我国有40%的城市居民生活在超过噪声标准的环境中。有人认为,噪声已间接或直接地起到了犯罪作用,说噪声是"大都市罪犯",一点也不过分。

(六)色彩与犯罪行为

不合理地使用色彩会激发人的犯罪欲望。比如我们常说的"红灯区",这个地方总是让人感觉特别危险,这是为什么呢?"红灯区"这个词首先出现在19世纪90年代的美国。那时候妓女为了招徕生意,就会把红色灯放在窗前,这些红光被称为"诱惑之光",这是因为鲜艳的红色能够使成年男性感到兴奋,再加上色情的图画和招牌,很容易引起男性情绪上的冲动。这种地方的打架斗殴事件时有发生,这也与红色的刺激有关,长时间处在红色环境中,人容易情绪激动而发生冲突。

色彩可以激发犯罪,也可以抑制犯罪。近些年来,利用色彩心理学来预防和抑制犯罪的尝试得到了世界各国的关注。日本大阪市有一条商业街,人来人往,热闹非凡。不过,人群复杂也带来了一些负面影响,打架斗殴事件和盗窃案件频发。当地的警察局无奈之下请教了色彩专家,专家建议把当地的路灯改成蓝色。这一小小的改变却带来了很大的变化,不仅打架斗殴事件少了,警察接到的入室盗窃和自行车失窃案也大大减少。这是怎么回事呢?其实色彩专家仅仅是利用了蓝色的色彩性质而已。蓝色是一种能够让人保持冷静的颜色,可以稳定人的情绪,使人的攻击性情绪减少,打架斗殴自然就少了。而蓝色灯在夜间可以照得更远,不利于偷盗者隐藏,因此盗窃案也大大减少了。

(七)可见度与犯罪行为

可见度良好的人工照明与开敞的空间是居民安全感的重要保证。纳萨等人的校园调查报告显示,大学生提到最多的让其感到安全的环境实质要素就是光线(40.6%),而最不安全的实质要素就是黑暗(29.6%),这与先前的一系列校园调查一致。(Nasar & Jones,1997)洛温(Loewean)等人请大学生说出哪些环境因素使他们感到安全,55名被试中有44名提到光线(天然光或人工照明),30名被试提到开敞空间,接着研究人员请这些被试以安全感来评定一些幻灯片,结果证实他们的假设,光线和开敞空间都使大学生感到安全,其中光线的影响力最大。还有研究考察了街道路灯的分布对行人安全感的影响,发现行人处于灯光下会感到安全,而非前方有灯光。

（Haans & de Kort，2012）该研究结果为路灯的设置提供了参考。

纽曼（Newman）用了一个术语来说明可见度——自然监视。"自然监视"是邻里间相互监守，从而达到抑制犯罪发生的功能。这个提法可以追溯到城市规划评论家简·雅各布斯（Jane Jacobs）的《美国大城市的死与生》（*The Death and Life of Great American Cities*），她认为街道上人与人之间的互相接触，可以成为监视犯罪行为的耳目，从而让街道更安全。纽曼说，如果居住区中居民可以看到陌生人，那将会提高犯罪活动的难度，因而"监视"提高了潜在犯罪人被别人看到和识别的可能性。居住区环境设计中可以有很多办法提升可见度，譬如，降低障碍物高度，窗子开向街道或公共活动区域，减小道路的宽度，将活动区域与道路接户布置，合理布置灯具以增进照明品质，等等。

基于自然监视理论，在建筑设计中我们要避免出现视野不开阔的死角空间，合理考虑窗户的配置和平面设计。特别是对于那些不容易被人看到的空间，更要注重设计。

把组团布置成内庭院式有利于居民观察组团活动。以北京幸福村小区为例，该小区是北京东城区公安局所管小区中盗窃犯罪率最低的。这是一个住宅楼为三四层高的中密度小区，住宅楼入口开向内庭院，住宅外廊也面向庭院。在廊子里走动的人看得见庭院里的情形，庭院里活动的人也能看见各家的出入口，这就起到了自然监视的作用，潜在犯罪者发现在如此环境中犯罪的难度将大大增加。

二、利用城市设计降低犯罪率

良好的城市规划可以使社区街道充满生机，减少街道上的犯罪案件。简·雅各布斯是第一位提出实质环境可以影响安全的学者。她在其名著《美国大城市的死与生》中认为：最安全的地方是居民可以自然监视的区域，如通过窗户，居民可以看得到发生活动的大街是安全的，那些由于街道太宽而导致居民看不到街对面闲逛者的街道是不安全的；在土地混合使用的社区中，那些紧挨着24小时营业的商业设施的住房也是安全的。她认为从减少犯罪的角度来说，公共空间和私有空间应该明显地区分开来，公共空间应安排在交通集中的地方。她说，如果居民对一个空间产生了拥有感，他们就会主动地观察这个空间，一旦他们发现有犯罪活动发生，他们就不得不进行干预。此外，街道宽度也很重要，街道如果比较宽或是经常有交通穿越者，偷窃和其他犯罪案件的数量就会上升。

（一）景观特点与犯罪恐惧

对犯罪的恐惧受到环境和个人因素的双重影响。环境方面，物质环境恶劣和社会环境中的不文明行为泛滥，如破坏公物、乱涂乱写、乱丢垃圾等都会给人以社会秩序已遭破坏的提示，从而加重人对犯罪的恐惧。良好的环境设计有助于加强居民间的相互交往和支持，能在一定程度上消除人们对犯罪的恐惧，尤其能消除老年人因恐惧犯罪而引起的应激。社会学家建议，老年人应居住在同类聚居（homogeneous）的生活环境，如退休者社区，以便更好地共享社会的支持系统，并加强内聚力。此外，居住地与犯罪高发地区越接近，居民就越担心自己会受到犯罪的危害。在个人因素方面，城市中某些类型的人，如低收入居民、女性、有色人种和老年人，往往比其他人更害怕犯罪，原因在于其因年龄、性别和身体等因素防卫能力较差，并且其所属群体的受害率较高。

现在对"恐惧感"的研究已扩大到具体的物质环境，即什么样的物质组成元素最易使人产生对犯罪（实际上犯罪尚未发生）的恐惧感。研究证明，街道照明会减少人们对犯罪的恐惧。而罪犯则偏爱有利于隐藏的场所，相应的，人们走过下列地段时最感不安：黑暗处，有凹形小空间，有较高和较浓密的灌木丛，道路的急转弯处，其他有可能隐藏罪犯而又难以觉察的地方。沃尔把这些地方称为盲点（blind），实际情境中，这类盲点还有敞开的大门背后，未上锁的衣橱的内部，突出门廊的背光部，等等。（War，1990）

美国的费希尔和纳萨等研究了场地特点对犯罪恐惧感的影响，研究现场戏剧性地选在俄亥俄州立大学的韦克斯纳视觉艺术中心。选择该中心作为研究现场的理由是：视觉艺术中心及其周围环境具备影响恐惧感的多种因素，"这样的结合难得找到"；同时，该中心及其周围系新开发地段，过去没有犯罪历史。实际上，这座由著名建筑师彼得·艾森曼（Peter Eisenman）设计的获奖作品几乎完全没有考虑人的需要，包括安全的需要，公众把它看作不安全的（场所），并评估它为"使人难过、不快和不可接近的"，这也许是选择它作为研究对象的潜在理由。在研究中，视觉艺术中心及其周围的地段被评估为安全最差的地方。因为这些地方的空间较封闭，缺乏开敞视野，有较高的灌木，黑暗处较多，庇护性很高。调研和现场访谈表明，这类有利于罪犯隐藏（庇护性高）并且开敞视野受阻的地方确实引起了过路行人的恐惧感，以致行人往往避而远之。同时，在逃离的可能性较低时，人们对犯罪的恐惧感便会增加。（Fisher & Nasar，1992）

纳萨等还研究了"对景观的恐惧和应激"问题。结果显示，具有隐藏场所和暗处的景观（concealment）最使女性被试感到恐惧，陷阱式景观（entrapment）次之。前者可供潜在的攻击者隐藏，并且使行人难以观察清楚；后者，如道路急转弯处、死胡同、较封闭的场所等,它们使行人感到有陷阱,或者感到受到攻击时逃离可能性较小。(Nasar & Jones,1997)上述研究资料可供校园规划、景观设计和治安管理等方面参考。

(二)领地性(领域性)与犯罪

领域性(territoriality)又称"领地性",指像动物圈地并进行守护的行为一样,我们人类也会区分公众使用的公共区域以及如家居住宅等私有领域,圈出不同层次的领域界限。同一个居住区的居民都很清楚大家共有的集体领域,通过明示这些领域的边界可以产生阻止入侵者接近的效果。具体而言,通过"无关人员禁止入内"的招牌、与道路有高差的台阶、路面铺装的变化或者象征性的门来区别内外,使入侵者形成心理障碍。另外,细心修剪的植物、居住区内公共空间的维护等都是凸显居民领域意识的重要手段。

在实际生活中,领地对个体或群体均有着极其重要的意义,关系到人们的安全感,因此在生活、工作环境的设计中对领地性的考虑就成了一项重要的因素。研究发现,在监狱,如果密度过高,犯人缺乏个人领地,攻击行为会更多,犯人的情绪也表现得更抑郁。当空间有明确的界线并标明所属者时,犯罪率和故意破坏行为要比没有标记的地方低,纽曼(Newman,1972)的研究就证明了这一点。在公共领地,没有明显领地标记的地方会更容易遭到破坏,比如工厂、学校和空地都是被破坏最多的地方;而私人住宅和小商店被破坏的可能性要小得多,因为它们有明确的领地标记。因此从提升所有者的控制感、安全感等方面来说,重视领地性对环境设计是具有重要意义的。

布朗在20世纪70年代做的经典研究发现,相对于拥有显著个人标志物与明显界限的房屋来说,没有明显领地标识的房屋更容易遭窃。(Brown,1979)但十年后的一项调查发现,盗窃犯并不会刻意回避拥有明确个人标识物的房子,反而会认为拥有篱笆、洒水装置以及门牌的房子主人可能更加富有,从而更倾向于对其下手。(MacDonald & Giford,1989)结合两项研究我们会发现,是否有标识物与房屋被窃之间尚没有明确的相关关系。

明显的领地标识物会提高领地的安全性,而豪华、贵重的个人标识物却可能增加失窃的可能。我们从心理层面来分析导致这两种结果的原因:明显的领地标识物会传达出"这是私人领地不可侵犯"的信息,也会加强领地所有者对领地的所有性以及保护意识,保卫功能并不明显的篱笆虽然无法在实质意义上抵御入侵者,却以明确领地标识物的形式界定了领地界限;而贵重、豪华的洒水装置虽然也是明确的个人标识物,但它并不是常见的领地标识,在盗窃犯的认知中它更多的是身份与财富的标识而非领地所属的标识。因此在实际的标识物设计中,应该重视把领地性的特征与人们行为的心理机制联系在一起,重视领地性对环境设计的重要意义。

(三)可防卫空间设计特征

美国建筑师纽曼扩展了简·雅各布斯认为实质环境可以影响安全的想法,并把自己的理论称为可防卫空间。他认为一定的设计元素可减少犯罪,即:

(1)建立真正或象征性的障碍物。真正的障碍物包括高墙、铁门和门窗上的铁栅栏等,这些可以阻止潜在犯罪人的犯罪行为;象征性的障碍物包括矮墙、树篱和围栏等,这些虽在实质上不能阻止犯罪人的闯入,但可以把公共空间与私有空间分开,并在心理上起到威慑作用。

(2)增加居民对公共空间的自然监视机会。这包括提供室外照明以便使居民们能更好地观察公共空间,以及为居民们提供户外小坐的场所和设施等。

(3)提升居民对公共空间的拥有感。纽曼指出正是由于公共空间与半公共空间的主权模糊不清,居民对这些空间没有拥有感,因而对其漠不关心,使之成为犯罪滋生的温床。

实际上,除了以上三个元素以外,还应加上第四个,即实质环境的尺度,这主要包括社区的规模和住房层数。小规模邻里和低层住宅楼有助于居民间有更多的社会交往和控制,并形成熟悉感。(Newman & Frank,1982)

纽约公共集合住宅的犯罪资料显示,六层及以下的建筑和七层及以上建筑中的犯罪率的差异非常显著。六层及以下公共集合住宅中,犯罪率为每千户46件,而在较高层的公共集合住宅中犯罪率为每千户56件。

纽曼认为房屋层数与犯罪率之间之所以存在正向关系,原因有二:一是与人数有关,房屋层数越高,房屋容纳的人数也越多,居民之间互不相识者也越多;另一原因在于楼梯间和电梯数量,楼层越高,此类设施与空间也越多。纽曼发现如将电梯内所发生的犯罪加以单独考虑时,犯罪率与房屋高度就有了直接关系。在多数公共集合住宅里,楼梯间与通道隔开,因此邻近住户不会认为那是属于他们的领域,而且这些地方光线条件较差,因此,楼梯间也是犯罪行为高发地。

此外,住宅楼中的通道大小也与犯罪行为有关系。纽曼认为如果一条通道所服务的人数较少,这样的设计是可以抑制犯罪行为的,但在公共集合住宅中通道往往服务超过十户人家,或为双负荷通道,或是通道比较宽、比较长,这也会使犯罪行为增加。他认为这是因为在这些空间中,居民难以建立领域界限,并且作非正式监视的机会也较少。纽曼为了证明他的想法,他对各种类型通道中的犯罪率作了统计与分析,结果发现通往五户以下的公寓住宅通道所报告的犯罪率比较低。

大城市中由于用地紧张,地价高昂,故大城市房地产项目多为高层住宅。纽曼报告说,那些由高层住宅组成的大型住宅区(超过1000个住宅单元),其犯罪率是很高的,这不仅仅是由于建筑物本身的问题,而且也与小区规划有关。高层住宅区中,建筑间会有较宽阔的空地,这些空地上的情形居民们不容易看得见,在这些地方发生的事情居民们常常也就无关痛痒。相反在低层住宅区中,建筑间的距离往往较小,这为居民们提供了更多的自然监视机会,较容易诱发领域性行为,也容易激发住户对住宅周围地区的归属感,有助于居民的非正式控制。

纽曼"可防卫空间"的思想在环境设计中得到了广泛的支持,也得到了很多研究的证明。这也说明,尊重人们的领域性,对进行环境、景观和建筑设计都非常重要。

(四)设计对犯罪的影响

纽曼的可防卫空间理论中包含大量的设计特征,他认为这些设计特征可以降低犯罪事件的发生概率。科尔曼发展了纽曼的这些观点,她认为在那些犯罪率高的社区里,住宅楼设计不应该超过三层,共用一个入口的住户不超过12家,住宅楼间的架空通道应该取消,等等。(Coleman,1989)这些构想当然好,但由于没有考虑社区的社会因素,因而遭到很多人的质疑。

1.楼层高度对犯罪的影响

纽曼用美国司法部的犯罪档案说明高层住宅楼的犯罪率最高,而低层住宅楼的犯罪率最低,并用大量分析来论证此点。但布彻的研究却得出相反的结论,他调查了加拿大温哥华市中心的一个住宅区,那是一个中上阶层社区,社区里既有私人豪宅,也有供出租的住房。这个社区吸引了大批的退休者到此地居住,而且社区中很多家庭都有两个人上班。居民们对在此社区居住感到较满意,对犯罪的恐惧感较低。布彻发现在此社区中,偷窃案最多发生在底层,二层发生的偷窃率次之,顶层单元被窃的概率为第三,故在高层住宅楼中,大量的中间层所发生的偷窃案件是极少的。总体上,与三层或低于三层的住宅楼相比,高层住宅楼所发生的偷窃率低得多。他还发现在五年的研究期内,并不是所有的住宅楼都发生了偷窃案件,有的楼一件偷窃案也没有发生,而有的楼则不断受到小偷的洗劫。(Butchel,1991)

上海居住环境评价研究也显示,高层住宅与犯罪率和居民安全感这两者之间并没有必然的联系,而且在这个研究中高层住宅的安全感还略高于低层住宅。可见,尽管高层住宅的空间特征不利于居民观察与监视,而且潜在罪犯的隐蔽程度高,实施犯罪以后又容易逃离,但这些特征似乎受到了社区的社会因素和社区管理等的修正。纽曼关注的社区都是低收入的大型混合居住区,而中产阶级社区以及管理良好的社区中高楼层似乎就较少诱发犯罪问题。因此我们认为,当社区管理水平差、社区居民

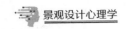

的社会经济地位不高以及社区没有凝聚力时,高层住宅才是大问题。

2.障碍物的有效性

纽曼相信矮墙、树篱、台阶等象征性的障碍物和高墙、铁门和铁栅栏等真正的障碍物都可以防止犯罪的发生,并提高居民的安全感。布朗等人对美国巴尔的摩居民的调查显示,无论是来自犯罪率高的地区的居民,还是来自犯罪率低的地区的居民,当住宅照片上有栅栏和植物等障碍物时,他们都相信别人擅自闯入的可能性较低。(Brown & Altman,1983)科尔曼在对英国729个街区进行调查后也发现,障碍物与防止犯罪有关,特别对不良少年顺手牵羊式的犯罪之减少有关。(Coleman,1989)

有的学者也有不同意见,如珀金斯发现,有些真正的障碍物与减少犯罪有积极的联系,但是某些特征,如在窗户上装铁栅栏则意味着社区里已发生过较多的犯罪案件,社区中人心惶惶,故不得不如此。有的居民住宅区几乎家家都装上了铁门和防盗的钢锁,低层人家甚至二层、三层的窗户上都装上了铁栅栏,与其说此类障碍物减少了犯罪案件,还不如说降低了居民的恐惧感。(Perkins,1992)

如果换一角度,从犯罪人的目标选择来看此问题似乎更容易一些,那么小偷是否把象征性的障碍物放在眼里呢? 布朗等人调查了管教所里的72名小偷,并让他们从一些住房照片中判别哪些住房是被小偷偷过的。两位研究人员发现,住房进入之难易程度是小偷判定住房是否被偷过的重要因素,但很少有小偷仅仅以住房是否坚固,或是有无真正的障碍物和安全系统来判断进入住户的难易程度。他们说,小偷判定进入住房的难易程度与邻居的反应关系密切。(Brown & Bentley,1993)

研究犯罪人对犯罪目标的选择是很有意思的,可惜这方面的资料有限。真正的障碍物可以提高居民的安全感,降低恐惧感。但象征性的障碍物,如1米高的围栏或树篱的价值在于明确空间界限,并告诉那些潜在的犯罪者"你已经进入一个危险区域"。但无论是真正的还是象征的障碍物,仅靠这些措施不足以阻挡不法之徒,对犯罪人来说,打开一道门或撬开一扇窗子实在不需要太多的技巧。

在另一种社区——校园中的调查结果显示,这些象征性的障碍物反而使学生们感觉更不安全了。纳萨和费希尔的系列研究调查了学生们对发生在校园里的犯罪案件的恐惧感与实质环境之间的关系,这个系列研究是在美国俄亥俄州立大学韦克斯纳视觉艺术中心室内和附近的一些地点展开的。通过一系列现场调查,纳萨他们等发现,对大学生来说,实质环境中最不安全的因素与隐蔽处(concealment)有关,譬如暗角、树木和灌木丛、停下的小汽车等。学生们认为没有可隐藏地点的、有广阔视野的环境是安全的,这包括照明条件良好的、周围有很多人的和开敞的公共空间等。此外,学生认为不遮挡视线的树木和灌木丛也是安全的环境要素。(Fisher & Nasar,

1992；Nasar & Fisher，1993）

居民们认为安全的环境，犯罪人则可能觉得不安全。对银行抢劫案的研究发现，抢劫者喜欢那些室外不容易看清室内而室内很容易看清室外的银行，对犯罪人而言，最理想的环境，莫过于他能看清楚一切而别人看不到他的地方。这就是为什么一些都市环境喜爱度研究报告与S.卡普兰与R.卡普兰的喜爱度理论有相矛盾的地方，S.卡普兰与R.卡普兰认为神秘感是喜爱度的一个重要预报因素，可能在自然环境中如此，在城市环境中神秘感意味着人们不容易看清环境中的情形，环境存在着不确定性，于是人们感到不安全。(S. Kaplan & R. Kaplan，1982)赫尔佐克的都市环境喜爱度研究报告说，人们不喜欢城市中很有神秘感的曲径通幽的景观，在有危险的和犯罪率高的地方，这种神秘感往往引起人们的恐惧感。(Herzog，1992)

费希尔和纳萨认为，一个安全的环境在实质方面应该是视野与隐蔽处的函数，视野越开阔，遮挡得越少，则越安全，反之则越不安全，见表6-1。

表6-1　安全知觉理论(Fisher & Nasar，1992)

	视野开阔	视野被阻挡
隐蔽程度低(无隐蔽处)	最安全	中等的安全
隐蔽程度高(很多隐蔽处)	中等的不安全	最不安全

居住区中的障碍物可以提高居民的安全感，校园里的障碍物却起了相反的效果，这可能与环境的类型有关。住宅和其周围的环境是人们的首属领域和次级领域，在这些领域中容易建立领域性行为，容易对环境进行有效的控制以阻止犯罪的发生。纳萨等人调查的是公共领域，在这些地点，学生们不容易对周围发生的一切产生有效控制，也很难诱发领域性行为。

公共空间中的树木、灌木等自然元素及墙体和凹形空间等人工构筑物遮挡了人们的视线，使人们有不安全感，但这并不意味着建筑设计时要把此类元素排除在外，否则我们的城市空间将会空空荡荡、一览无遗，城市景观设计中依然要考虑这些充满活力的元素，关键是要合理运用这些元素。并且，通过提升照明条件等方式为城市居民打造舒适安全的环境。

复习巩固

1. 简述可防卫型空间设计特征。
2. 简述纽曼可防卫型空间理论设计的实质特征对犯罪的影响。

第二节　景观环境与破坏行为

一、故意破坏行为

在旅游景点常常会看到墙上或石壁等地方刻有"××到此一游"的现象。这种人为的环境破坏十分普遍，我们把它称为"故意破坏行为"。故意破坏行为可以定义为"故意或恶意破坏、损坏、毁坏公有或私有财产"。（*Uniform Crime Reporting Handbook*，1978）与没有采取保护资源的措施或无意的行为不同，故意破坏行为是有意的。

故意破坏行为又分为几种类型：不法获取某件物品，如偷窃、掠取；属于意识上的问题，引起对自己或某个问题的关注；报复性的；当作消遣，打发无聊；恶意破坏，宣泄不满和愤怒，常发生在公共设施上。由于引起故意破坏行为的原因有很多种，所以需要区别对待。那么，到底什么样的行为算故意破坏？美国国家公园管理部提供了一些例子：在纪念美国内战的墓地中，许多窃贼偷走纪念碑上的徽章拿到黑市贩卖；在美国西南部，上千处美国历史遗迹被破坏；在黄石国家公园，温泉和池塘由于游客乱扔垃圾而受到破坏。（Wilkinson，1991）美国的一项调查表明，由于人为破坏，用于学校、公园、娱乐场所、公共建筑和运输系统的资金每年达十亿美元，这个数字还在逐年上升。然而，多年来对那些故意破坏行为给予的惩罚却很轻。直到美国国会提出立法，对故意破坏环境的人判以重罪，这一现象才稍微有所好转。

虽然已经找出导致故意破坏行为的一些社会和其他因素，但是有关这方面的研究依旧很少。一些研究显示，当管理监督不严时，故意破坏行为更普遍。（Ley & Cybriwsky，1974；Newman，1972）在这种情况下，解决的办法可以集中在增加有力的管理控制上。

环境的某些特点，如漂亮的外表和坚固的材料会增加它受到破坏的可能性。（Pblan & Baxter，1975）漂亮、引人注目的设施更易遭到破坏。（Greenberger & Allen，1980）所以，通过设计方案的变化也许能减少故意破坏行为。

与"垃圾产生垃圾"相似，人为破坏也可能仅仅是因乱涂乱画而被损坏的场所更容易成为其他人涂鸦和损坏的目标。（Samdahl & Christensen，1985；Sharpe，1976）要想减少人为破坏，公园和其他公共场所首先要尽快清理已涂画的字迹。美国加利福尼亚州曾经开展了一场反对乱涂乱画的运动，内容包括通过秘密调查，奖励揭发者，用计算机跟踪乱涂乱画的人及其同伙，清除涂画的字迹等。（Molloy & Labahn，1993）

有学者认为，其他一些因素也可能导致乱涂鸦现象。一般来说，人为破坏与个体的心理或社会背景有联系。（Christensen & Clark，1978）故意破坏可能是对环境施加控制的一种表现方式,或者是环境与置身其中的人不协调的表现。例如,学校中的恶意破坏行为的发生可能是由于学生个性特点与学校物理环境或氛围不能融合而造成的。所以,加强控制管理的力度可以减少破坏行为的发生,通过协调人与环境也有利于减少故意破坏现象。理查德的研究发现,对于中产阶级青年,与同伴的关系(如与反社会同伴关系密切)以及与成人间的冲突是引发故意破坏行为的主要原因。(Richards,1979)故意破坏行为也可能由经济需要而导致,或由疏忽以及事业、学业上的挫折所引起。(Cohen,1973;Sabatino,1978)

巴伦等人曾提出故意破坏行为产生的一个模式。这个模式解释了在什么情况下产生这种行为的原因。这个模式指出,社会心理学中的公平理论认为应该公平地对待别人,自己也应该得到公平的对待。但是,当事实不符合公平原则时,如觉得自己受到了不公平对待,人们就会变得愤怒,并试图寻找某种平衡。巴伦等人还发现,一般人们都希望自己得到的比付出的多,而希望别人得到的比付出的少。巴伦等人的模式说明,故意破坏行为是某些人对不公平待遇的宣泄,他们通过对固有规则的反抗,达到心理上恢复公平感的目的。而且很多破坏者还可能会说:"如果我不能得到别人的尊敬,我也不会尊敬别人。"那么,哪种不公平更容易引起故意破坏行为呢?巴伦等人的回答是:当普通的买卖关系发生时,如售货员和顾客间;当出现不公平现象时,如老板和雇员之间、物业管理者和居民之间;以及现实环境各方面的特点,如有缺陷的建筑或设备,决定了故意破坏行为的发生。研究发现,失灵的设施,如窗户打不开、空调不能调或宿舍家具不能移动,都可能会引起故意破坏行为。每一种不公平待遇都会导致故意破坏行为的产生吗?显然不是。巴伦等指出,只有当个体自己认为受到了不公平对待并且没有能力调节时,才会产生故意破坏行为。因为当个体感到无力调节自我状况时,很可能会选择寻找另一种平衡方式。对于部分人,寻求平衡的方法就是故意破坏这一种即时的、不费力的、肯定会引起社会反应的方法。巴伦等认为,增强自我调节,减少不公平感,或者二者相结合,也许是减少故意破坏行为最有效的方法。(Baron & Fisher,1984;Fisher & Baron,1982)

二、环境破坏行为

破坏环境的行为有很多,其中最常见的一种是乱扔垃圾的行为。根据调查显示,在北美洲,平均每人一年会丢弃大约一吨的固体垃圾,导致公园、树林、高速公路、运河以及私人土地上到处都是垃圾。更糟的是,垃圾不仅影响了美观,而且危害人们的健康和安全,对动植物也会产生破坏。(Gelleretal,1982)调查还发现,年轻人扔垃圾的量超过老年人,男性乱扔垃圾的行为多于女性,独居者比和他人共住的人乱扔垃圾的

行为也更多。(Osborne & Powers,1980)

为了减少乱扔垃圾的行为和鼓励人们增加捡拾垃圾的行为,研究者们采用了各种方法,其中最主要的是各种先行策略和随后策略。

(一)先行策略

许多实验结果表明,使用提示和暗示作为禁止乱扔垃圾的先行策略比单纯的教育更能减少乱扔垃圾的行为,例如,向人们散发禁止乱扔垃圾的广告。研究还表明,具体的提示(如"请把废纸放入垃圾箱")比含糊的要求(如"请保持地面整洁")要更有效。当提示语用词委婉时,当有便利的垃圾箱提供时,当提示接近人们当时所处的情境时,提示的作用会更大。(Geller,1982;Stern & Oskamp,1987)但是有研究显示,即使上述几个条件都满足,要通过提示改变乱扔垃圾的行为,成效仍相对较小,而且它的效果要很长时间才表现出来。

研究发现,造成人们乱扔垃圾的主要原因之一是"垃圾产生垃圾",也就是说,在一个有垃圾的地方容易产生更多垃圾。许多研究都表明,与干净环境相比,肮脏环境中产生的垃圾要多5倍。(Finnie,1973;Geller,Witmer & Tuso,1977;Krauss,Freedman & Whitcup,1978)但是"垃圾产生垃圾"也有例外,如在野营地等自然环境中,人们比在干净环境中更多地会去捡拾别人乱扔的垃圾,这可能是由环境对人们的重要性决定的。(Geller,et al.,1982)

除提示之外,先行策略还包括呈现榜样和适当设置垃圾箱。呈现榜样实际也属于提示的一种。在西奥迪尼的研究中,他先给被试看两段不同的录像:有一个人在肮脏的环境中乱扔垃圾,另一个是在干净的环境中从不乱扔垃圾。结果当呈现在干净环境中不扔垃圾的录像时,被试在随后的行为中乱扔垃圾的次数减少;相反,被试乱扔垃圾的行为增多。(Cialdini,1977)

芬尼通过实验得出结论:在适当的地方设置垃圾箱,乱扔垃圾的行为会有所减少,如设在街边减少约15%,设在高速公路减少近30%,并且乱扔垃圾的行为随垃圾箱数目增多而减少。另外的研究发现,垃圾箱作用的大小在于它是否引人注意或有特点。芬尼观察到,使用彩色垃圾箱时乱扔垃圾行为减少了14.9%,而使用普通垃圾箱时乱扔垃圾行为只减少了3.15%。(Finnie,1973)同样,米勒设计了一种形状像鸟的彩色垃圾箱,用它来代替普通垃圾箱,收效很好。(Miller,1976)米勒等人在克莱姆森大学的足球馆使用了一个设计精巧的垃圾箱,它的形状像一顶学生帽,结果,足球场乱扔垃圾的现象比原来使用普通垃圾箱时少了很多。(Miller,et al.,1976;O'Neill,Blanck & Joyner,1980)

防止人们乱扔垃圾要比促使人们捡拾别人乱扔的垃圾更容易做到。例如,盖勒等人做了一系列实验后发现,用提示的方法促使被试把别人扔的垃圾放到垃圾箱,成效不大。(Geller,1976;Geller,Mann & Brasted,1977)唯一的例外只可能发生在自然情境下,如野营地之类的露天娱乐场所(Crump,Nunes & Crossman,1977),在这些场所中,人们往往会自觉地把别人乱扔的垃圾放到垃圾箱中。研究还发现,不恰当的提示不仅不能起到预期效果,而且会浪费大量资金。

(二)随后策略

随后策略在短期内的效果比先行策略显著。例如,前文提到的克莱姆森大学的实验,在米勒等设计的帽子形状的垃圾箱上增加一个装置,当有垃圾扔进去时会发出"谢谢"的声音,结果人们很少再乱扔垃圾。(Miller, et al.,1976;O'Neill,Blanck & Joyner,1980)

如果运用得当,强化对减少乱扔垃圾行为十分有效,它更容易引发人们清扫肮脏环境的行为。科伦伯格等人尝试使用强化方法,取得了十分有效的结果,他们告知人们,如果正确处置垃圾可以得到奖赏,并列出不同奖赏规则,这一方法取得了很好的效果,人们乱扔垃圾的行为的确减少了。(Kohlenberg & Phillips,1973)另外,有研究把提示、环境教育和强化结合使用,实验在使用提示和环境教育的同时,伴随每天给被试反馈信息,结果显示,这几种方法结合使用能有效地减少乱扔垃圾的现象。(Schnelle, et al.,1980)

很多实验都证明,用奖励作为强化比其他强化方法更好。(Come & Hayes,1980)强化可以分为正强化和负强化。巧妙、有效地利用正强化诱发人们正确处置垃圾的一个例子是:美国国家森林公园曾经用一种称为"荣誉制度"(honor system)的方法来减少乱扔垃圾现象。他们规定,如果游客捡满一袋废弃物并填写一张有姓名和住址的卡片,就有机会获得25美分的奖励(通过邮寄),一部分人还有可能赢得一笔更大的奖金。与仅仅给予提示(要求捡垃圾但不给奖励)相比,"荣誉制度"作为一种强化策略,对减少乱扔垃圾的行为更为有效。(Powers,Osborne & Anderson,1973)

虽然强化本身对减少乱扔垃圾行为和鼓励清理垃圾行为极为有效,但是,有时人们为了得到奖励,可能只是把垃圾转移到别的地方,并非清扫干净,而且,强化策略需要的费用和时间较多。但研究者们还是普遍认为,强化是一种更有效的方法,它将越来越多地出现在人们的生活中。

复习巩固

1. 简述巴伦等人提出的故意破坏行为的模式。

2. 简述为了减少乱扔垃圾的行为和鼓励人们增加捡拾垃圾的行为,研究者们采用的先行策略。

第三节　景观环境与攻击性

一、攻击性行为

(一)攻击性行为的定义

攻击性行为是公开的或隐蔽的,旨在对另一个人造成伤害或其他不愉快的社会交往,它通常是有害的。它可以是反应性的,也可以是无刺激的。人类的攻击性行为可以分为直接攻击和间接攻击,前者的特点是身体或语言行为意图直接伤害某人,后者的特点是行为意图损害个人或群体的社会关系。

(二)攻击性行为产生的原因

对于攻击性行为产生的原因,美国耶鲁大学人类关系研究所的多拉德(John Dollard)提出了挫折—攻击理论。多拉德提出的挫折—攻击理论认为,挫折是个体对目标作出的反应受到干扰时所产生的状态攻击总是挫折的结果,挫折总会导致某种形式的攻击,挫折和攻击行为之间存在着普遍的因果联系。

多拉德等人还提出,直接的身体和语言攻击是最常见的攻击形式,当直接攻击受到阻碍或抑制时,个体也可能采取其他形式的攻击,比如散布流言蜚语等。这种替代性攻击不仅发生在攻击的形式上,而且还可能发生在攻击的对象上。比如,当挫折的来源(即攻击的对象)不在身边或害怕攻击之后自己会受到惩罚时,个体会替代性地攻击其他目标。

但是,随着研究的深入,人们越来越怀疑两者之间的因果联系,并对这个理论提出了一些批评,并由此展开一系列的实证研究。贝克威茨(L. Berkowitz)引入情绪唤醒、对攻击线索的认知等中介变量,对多拉德的挫折—攻击理论进行了修正。贝克威茨认为,挫折导致攻击是因为消极情感与攻击行为之间存在一定的关系。挫折是令人讨厌的、不愉快的情感体验,由挫折产生的消极情感(如愤怒)确实能够引起最初的攻击倾向和攻击的准备性,但会不会产生外在的攻击行为,取决于对攻击线索(如枪)的认知等一系列因素。贝克威茨曾生动地说:"枪不仅容许暴力,而且也能激发暴力。手指勾动着扳机,但扳机也可以牵引着手指去勾动它。"这就是一种"武器效应"。

进一步地,卡尔森对攻击行为的23项研究所做的元分析表明,与攻击有关的线索不仅可以引发攻击,而且能够使已经愤怒的人更加愤怒,从而大大增强攻击性,然而,攻击线索只是增加了攻击发生的可能性,并不是攻击产生的必要条件,有时愤怒的情绪直接就可以引发攻击行为。此外,个体的攻击习惯也影响到攻击的准备性,从而影响个体是否做出攻击反应。反过来,新的攻击反应将加强攻击习惯。(M. Carlson,1990)由此看来,挫折引起的只是一种攻击准备状态,是攻击行为的一个原因,但不是唯一的原因。

二、环境因素对攻击性行为的影响

(一)拥挤与攻击性行为

洛的研究发现,空间密度过高或过低,儿童的攻击性行为都减少。(Loo,1978)罗厄认为,拥挤状态下儿童攻击性的增强可能与资源缺乏有重要关系。如果玩具的数量不够分给每一个儿童,那么儿童的攻击性比每人都能得到一个玩具的情况要强。(Rohe,1997)也有研究显示,相比成人,拥挤对儿童攻击性的影响更大,并且随年龄的增加而改变。(Aiello, et al.,1979)这是因为相对于成人,儿童的攻击性行为很少受到社会规范、习俗的限制,可以直接表现出来,所以拥挤对成人的影响更微弱。

高密度常常使人们在社会交往中出现不友好的举止,特别是那些长期处于高密度环境中的男子,此种倾向尤其明显。考克斯(Cox)等人在1984年的报告中说,在美国南方的监狱里,密度和暴力活动存在明确的联系:一所监狱的在押犯人在某几个月减少了30%,此段时间内犯人互相攻击的事件也减少了60%;后来此监狱的人数又增加了19%,随之而来的是犯人间的互相攻击事件也增加了36%。考克斯等人的报告与其他监狱里所发生的情况非常相似。

短时间处于高密度环境中的人们也会在行为上有微妙的反应。在实验室研究中,空间密度较高也会使人产生不友好的举动。研究人员发现那些处于较高密度里的被试会占据房间中间的椅子,或在模拟法庭上给罪犯判决一个较长的刑期。塔尔霍费尔(Thalhofer)甚至发现在高社会密度条件下,男人侵犯女人的个人空间的次数也增多了。

交通拥挤对于乘客和司机的心理健康和生命安全都有很大的影响,比如有"路怒症"的人越来越多。有研究者调查了司机的应激状况,总的表现为负性情感,如攻击性强、焦虑、厌倦驾驶以及与他人交往时常常过度反应。应激的体验依赖于年龄、驾驶经验、健康条件、睡眠质量、对驾驶的态度及评价。研究个体差异在司机应激中的作用发现,与司机的应激最具相关性的行为是攻击和厌倦驾驶。(Gulian, et al., 1986)

攻击性行为的发生与拥挤并没有直接关系,而是取决于拥挤时人们的情绪体验、人格特点、社会情境等因素。例如,在有足够的玩具分给儿童时,即使是在高密度条件下,儿童也不会发生攻击性行为。(Roheet, et al., 1997)因此,高密度并不是引发攻击性行为的直接因素。无论是动物研究还是人类研究都显示,单纯的拥挤并不一定产生消极后果,拥挤给人带来的影响因个体差异、社会因素和具体情境而不同。

(二)温度与攻击性行为

对于20世纪60年代美国城市和校园发生的一系列暴乱,很多研究者认为那是由于当时正处在炎热的夏季,高温增加了人们的攻击性,致使骚乱发生。格兰逊等人的研究进一步证实了温度与骚乱的爆发是有关系的。(Goranson & King, 1970)由于气候和暴力行为之间的关系如此紧密,以至美国联邦调查局把气候列为解释暴力犯罪增加或减少的重要因素。

对温度与攻击性行为较系统的研究是由安德森(Anderson)做的,他做了三类研究来考察温度和攻击性间的关系。第一类是地理区域研究,这类研究比较了一个国家不同区域的暴力犯罪率。例如,比较某个国家最热、最冷和中间温度三个地区的暴力犯罪率。结果发现,虽然由于一些社会经济因素的影响,有时结果不是很明确,但总体来看,较热地方的暴力犯罪率要更高。第二类研究是时期研究。时期研究是通过调查在某天、某月或某年中高温时的暴力行为发生率,并与这一时期中的一般温度时期进行比较,看犯罪率是高还是低。结果发现,较热的年份、季节、月份、某天都有更多的攻击性行为发生,暴力犯罪率随温度的升高而增加,非暴力犯罪率则不具这种关系。第三类是对伴随温度出现的行为所做的研究。结果发现,攻击性行为随温度的升高而增加。例如,巴伦的研究表明,当气温高于29℃时,司机按喇叭的次数要比气温低于29℃时明显增多;对于汽车内有空调的司机来说,气温升高不会促使他们按喇叭的次数增多。(Baron, 1976)

然而,一些对伴随温度而出现的行为的实验室研究却得到一些新发现。例如,巴伦等人的假装电击实验。在实验中,先让一个人去激怒或者恭维被试(不同的生气程度),然后告诉被试可以对这个人进行电击。电击的强度和次数由被试控制,并且将其作为衡量攻击性的指标。被试所在环境中的温度分别为23℃和35℃两种情况。结果发现,当温度为23℃时,被试生气程度越高,攻击性越强。但是当温度为35℃时,则出现了相反的情况:被试生气程度越高,攻击性越低。为了验证这个结果,巴伦和贝尔对相同的实验反复开展多次,结果都一样。也就是说,高温降低了攻击性。如何解释这一研究结果呢?

巴伦和贝尔用"消极情感逃离模型"(negative affect-escape model)来解释这种现象。按照这个模型,消极情感可能是温度和攻击性的一个中介变量,它们的关系可以用一个倒U形曲线来表示(如图6-1)。在倒U形的某一段区间内,消极情感增加了攻击性,但是超过这一区间,攻击性随消极情感的增加而下降,因为此时尽快消除不适感成为个体急需解决的主要问题。在实验室研究中,用温度作为影响消极情感的一个因素,证实了攻击性与消极情感之间的关系的确如倒U形曲线所表示的那样。

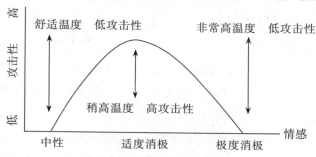

图6-1 消极情感逃离模型

所以,这些研究说明在某个区间内,温度的升高增加了攻击性,但是如果温度过高,超出了这一区间,再加上其他一些因素引起个体不舒适时,攻击性随温度的升高而降低,人们此时最想做的事就是逃离热环境。

冷与热的影响相似,消极情感为中等水平时,随温度的下降个体的攻击性增加;当消极情感很强时,随温度的下降攻击性减弱。一种解释认为,这是由于低气温使人们更愿意选择留在屋子里,而长时间待在屋里,人会变得易激动、烦躁不安、敌对情绪增强。

(三)噪声与攻击性行为

一些研究者认为,噪声提高了唤醒水平,也应该会增强攻击性,对具有攻击性倾向的人来说尤其如此。有研究证明了这个观点。研究者发现,无论噪声水平如何(正常噪声或每两分钟出现一次60分贝的白噪声),观看过职业拳击赛的被试都比观看非暴力体育比赛的被试给予他人电击的次数多,表现出更高的攻击性。(Geen & O'Neal, 1969)另一项研究也采用假装电击范式,并加入了噪声的可控性这一变量,结果发现,被激怒的被试攻击性比正常情绪的被试高,特别是当噪声不可预测和不能控制时,被激怒的被试的攻击性增强。然而,当被试知道可以控制噪声时,噪声不会对其攻击性产生影响。(Donnerstein & Wilson,1976)另外一些实验也都说明,噪声并不会直接增强攻击性,只有当个体被激怒或情绪不佳时,噪声才对攻击性产生影响。

还有研究者考察了噪声对一种特殊的攻击行为——转向攻击(displaced aggression)的影响。转向攻击是指个体遭遇挫折后,无法直接对挫折源做出反应,进而转向无关的对象并将其作为代替品进行攻击的行为。有研究者采用访谈和问卷法考察了环境噪声污染对转向攻击的影响,结果发现:噪声敏感性越高、噪声持续的时间越长,个体转向攻击的水平就越高;而低频和高强度的噪声也与更高的转向攻击水平有关。(Dzhambov & Dimitrova,2014)

(四)空气污染与攻击性行为

空气污染会影响人的攻击行为。罗特(Rotton)等人发现氯乙烷和硫化氨对攻击性具有影响。研究人员假装允许测试者敲打其他的测试者,氯乙烷使人增强攻击性而硫化氨使人降低攻击性。根据这项关于空气污染和攻击性的研究预测,处于较难闻的气味中(氯乙烷),人的攻击性会增强;而处于极其难闻的气味中(硫化氨),则人的攻击性会降低。根据这些预测可以判断,与没有气味的控制组相比,适度的气味可以增加攻击性。另外,有一个启发性的证据说明强烈的臭味会降低攻击性。另外两项研究表明,空气污染影响我们的社会行为和对他人的感觉。罗特等人发现家庭暴力,包括虐待儿童的发生频率在臭氧浓度增加时有所提高。(Rotton & Frey,1985)

复习巩固

1.举例说明攻击性行为是否和拥挤有直接的关系。
2.转向攻击是什么? 噪声是如何导致个体转向攻击的?

本章要点小结

1.环境心理学家认为,导致人们产生拥挤感的最主要因素可能是人口密度,当人口密度达到某种程度,个体对个人空间的需要长时间得不到满足时,个体就会产生拥挤感。拥挤感是伴随着个体消极情感体验出现的。拥挤也会使个体和群体产生某些消极行为,导致不良后果。

2.对犯罪的恐惧受到环境和个人因素的双重影响。环境方面,物质环境恶劣和社会环境中的不文明行为泛滥都会给人以社会秩序已遭破坏的提示,从而加重人对犯罪的恐惧;在个人因素方面,城市中某些类型的人,如低收入居民、女性、有色人种和老年人,往往比其他人更害怕犯罪,原因在于所属群体的受害率较高,或者因年龄、性别和身体等因素防卫能力较差。

3.美国建筑师纽曼把他的理论称为可防卫空间。他认为一定的设计元素可减少犯罪,这些设计包括:(1)建立真正或象征性的障碍物;(2)增加居民对公共空间的自然监视机会;(3)提升居民对公共空间的拥有感;(4)实质环境的尺度。

4.纽曼的可防卫空间理论中包含大量的设计特征,他认为这些设计特征可以降低犯罪事件的发生,他还有更为具体的说明:(1)纽曼用美国司法部的犯罪档案说明高层住宅楼的犯罪率最高,而低层住宅楼的犯罪率最低;(2)纽曼相信矮墙、树篱、台阶等象征性的障碍物和高墙、铁门和铁栅栏等真正的障碍物都可以防止犯罪的发生,并提高居民的安全感;(3)可见度良好的人工照明与开敞的空间是居民安全感的重要保证,纽曼用"自然监视"这一术语来阐释这一点。

5.故意破坏行为又分为几种类型:不法获取某件物品、属于意识上的问题、报复性的、当作消遣、恶意破坏等。由于引起故意破坏行为的原因有很多种,所以需要区别对待。

6.巴伦等人曾提出故意破坏行为产生的一个模式。这个模式解释了在什么情况下产生这种行为的原因。这个模式指出,社会心理学中的公平理论认为应该公平地对待别人,自己也应该得到公平的对待。

7.为了减少乱扔垃圾的行为和鼓励人们增加捡拾垃圾的行为,研究者们采用了各种方法,其中最主要的是各种先行策略和随后策略。(1)许多实验结果表明,使用提示和暗示作为禁止乱扔垃圾的先行策略比单纯的教育更能减少乱扔垃圾的行为;除提示之外,先行策略还包括呈现榜样和适当设置垃圾箱。(2)随后策略在短期内的效果比先行策略显著,如果运用得当,强化对减少乱扔垃圾行为十分有效,它更容易引发人们清扫肮脏环境的行为。

8.攻击性行为是公开的或隐蔽的,旨在对另一个人造成伤害或其他不愉快的社会交往,通常是有害的。它可以是反应性的,也可以是无刺激的。人类的攻击性行为可以分为直接攻击和间接攻击;前者的特点是身体或语言行为意图直接伤害某人,后者的特点是行为意图损害个人或群体的社会关系。

关键术语

同类聚居 homogeneous

盲点 blind

暗处的景观,或称隐蔽处 concealment

陷阱式景观 entrapment

领域性 territoriality

消极情感逃离模型 negative affect-escape model

转向攻击 displaced aggression

选择题

1. 环境心理学家认为,导致人们产生拥挤感的最主要因素可能是(　　)。

A. 人口密度　　　　　　　　B. 楼房聚集

C. 室内空间不足　　　　　　D. 交通拥堵

2. 设计的实质特征对犯罪的影响包括以下哪几点?(　　)

A. 楼层高度对犯罪的影响　　B. 建筑物的使用方式

C. 障碍物的有效性　　　　　D. 可见度与安全感

3. 巴伦等人认为,增强(　　)与减少(　　),或者二者相结合,也许是减少故意破坏行为最有效的方法。

A. 自我调节　　　　　　　　B. 自我体验

C. 不公平感　　　　　　　　D. 不舒适感

4. 为了减少乱扔垃圾的行为和鼓励人们增加捡拾垃圾的行为,研究者们采用了各种方法,其中最主要的是各种(　　)和(　　)。

A. 先行策略　　　　　　　　B. 强化策略

C. 奖励策略　　　　　　　　D. 随后策略

5. 随后策略通常分为(　　)。

A. 改善　　　　　　　　　　B. 奖励

C. 暗示　　　　　　　　　　D. 强化

6. 高密度常常使人们在社会交往中出现不友好的举止,特别是那些长期处于高密度环境中的(　　),此种倾向尤其明显。

A. 成年人　　　　　　　　　B. 青少年

C. 女性　　　　　　　　　　D. 男性

7. ( )是指个体遭遇挫折后，无法直接对挫折源做出反应，进而转向无关的对象并将其作为代替品进行攻击的行为。

A. 挫折攻击   B. 间接攻击

C. 转向攻击   D. 替代攻击

第七章

景观与人格

人都是独特的个体,正如一千个读者就有一千个哈姆雷特,每个人对于相同的事物的理解和看法不尽相同,这正是人格赋予人的独特魅力。个体人格的形成涉及遗传、社会、环境、文化等诸多维度和层面的影响。虽然人和人不同,但在同一环境中的人又有其相似性,比如在大众印象中,南方人温婉、北方人大气,这正是地域及独特地域文化塑造出的区域人格特点。景观设计之于人格的意义就在于如何利用园林景观要素去设计建造积极的、富有地域特色的园林景观,于潜移默化中影响个体,帮助其塑造健康的人格。本章就从人格的角度入手,厘清地域与人格的关系,从影响人格形成的因素及景观对健康人格的塑造影响等方面进行研究阐释。

第一节 什么是人格

一、人格的概念

人格(personality)是一个人的才智、情绪、愿望、价值观和习惯的行为方式的有机整合。它赋予个人适应环境的独特模式,这种知、情、意、行的复杂组织是遗传与环境交互作用的结果,包含过去的影响及对现在和将来的建构。

人格在社会生活中被结构化,受文化指令和社会赏罚机制的影响;同时,传统文化和超前的目的也在人格形成中起着作用。从管理的角度上说,人格是个体所有的反应方式与他人交往方式的总和。它常常统称为一个人所拥有的可测量的人格特质。人格是一个人的整体精神面貌,是表现在一个人身上的经常的、稳定的、本质的心理倾向和心理特征的综合。

弗洛伊德从性欲出发,将人格视为由三个层面所组成的动力系统,即本我、自我和超我。这三个层面也可对应分为三种人格,即自然人格、实有人格和道德人格。在弗洛伊德的理论中:本我包括所有的本能,受快乐原则的支配;自我是人格的控制部分,其职责是从事合适的环境活动以满足本我与超我的需要,自我受现实原则的支配;超我乃人格的道德部分,包括良知和自我理想两部分,超我永无止境地追求完善。健全人格乃是这三者的和谐统一。

人格是个体在先天遗传的基础上,通过环境、教育和自身主观努力等因素的交互作用,在社会化过程中形成的内在动力组织与外在行为模式整合的统一体。它具体表现为个体适应环境时在能力、情绪、需要、动机、兴趣、态度、价值观、气质、性格和体质等方面的整合。人格是一个十分复杂的心理现象,是一个多维结构,其主要的组成成分为人格的理智特征、人格的情绪特征、人格的意志特征及对现实态度的人格特征。

二、人格的类型

瑞士心理学家荣格按照两种态度(内向、外向)和四种驱力(思维、情感、感觉、直觉)将人格分为外向思维型、内向思维型、外向情感型、内向情感型、外向感觉型、内向感觉型、外向直觉型、内向直觉型八类。

(1)外向思维型(extrovert thinking type)。这种类型的人既是外向的,又是偏向思维的。他们的思维以客观资料为依据,思维过程由外界信息激发。科学家就属于外向思维型。他们认识客观世界,解释自然现象,发现自然规律,从而创立理论体系。外向思维型的人情感压抑,缺乏鲜明的个性,甚至会表现出冷淡、傲慢等人格特点。

(2)内向思维型(introvert thinking type)。这种类型的人除了思考外界信息外,还思考自己内在的精神世界,对思想观念本身感兴趣,并收集外部世界的事实来验证自己的思想,哲学家属于这种类型。这种类型的人具有情感压抑、冷漠、沉溺于玄想、固执、骄傲等人格特点。

(3)外向情感型(extrovert feeling type)。外向情感型的人在"爱情选择"上表现得最为明显。他们不太考虑对方的性格特点,而考虑对方的身份、年龄和家庭情况。外向情感型的人思维压抑,情感外露,爱好交际,寻求与外界和谐。

(4)内向情感型(introvert feeling type)。这种类型的人的情感由内在主观因素激发。内向情感型的人思维压抑,情感深藏在内心,沉默,力图保持隐蔽状态,气质常常是忧郁的。

(5)外向感觉型(extrovert sensing type)。这种类型的人头脑清醒,倾向于积累外部世界的经验,对事物并不过分追根究底。他们寻求享乐,追求刺激,一般情感浅薄,直觉是压抑的。

(6)内向感觉型(introvert sensing type)。这种类型的人远离外部客观世界,常常沉浸在自己的主观感觉世界之中。与外向感觉型的人的知觉来自外部世界,是客观对象的直接反映不同,内向感觉型的人的知觉深受自己心理状态的影响,似乎是从自己的心灵深处产生出来的。他们艺术性强,直觉压抑。

(7)外向直觉型(extrovert intuiting type)。这种类型的人力图从客观世界中发现多种多样的可能性,并不断寻求新的可能性,他们对于各种尚处于萌芽状态但有发展前途的事物具有敏锐的感觉,而且不断追求客观事物的新奇性。外向直觉型的人可以成为新事物的发起人，但经常不能坚持到底。

（8）内向直觉型（introvert intuiting type）。这种类型的人力图从精神现象中发现各种各样的可能性。内向直觉型的人不关心外界事物，脱离实际，善于幻想，观点新颖，但有点稀奇古怪。

美国心理学家凯瑟琳·布里格斯（Katherine Cook Briggs）和她的心理学家女儿伊莎贝尔·迈尔斯（Isabel Briggs Myers）根据荣格的心理类型理论和她们对于人类性格差异的长期观察和研究构建了MBTI人格理论（迈尔斯–布里格斯类型指标，Myers-Briggs Type Indicator，MBTI）。经过了长达几十年的研究和发展，MBTI已经成为当今全球最为著名和权威的性格测试。MBTI倾向显示了人与人之间的差异，而这些差异产生于：（1）他们把注意力集中在何处，从哪里获得动力（外向、内向）；（2）他们获取信息的方式（实感、直觉）；（3）他们做决定的方法（思维、情感）；（4）他们对外在世界如何取向，通过认知的过程或判断的过程（判断、知觉）。

MBTI通过了解人们在做事、获取信息、决策等方面的偏好并从四个角度对人进行分析，用字母代表如下：

精力支配：外向E—内向I；

认识世界：实感S—直觉N；

判断事物：思维T—情感F；

生活态度：判断J—知觉P。

两两组合，可以组合成16种人格类型。每个人的性格都归属于四种维度中的某一端，每种维度的两端称作"偏好"。例如：如果你落在外向的那一端，那么就可以说你具有外向的偏好；如果你落在内向的那一端，那么就可以说你具有内向的偏好。

同时这16种类型又归于四个大类之中，将四个大类筛选可总结如下：

（1）SJ型：忠诚的监护人。

具有SJ偏好的人，他们的共性是有很强的责任心与事业心，他们忠诚，按时完成任务，推崇安全、礼仪、规则和服从，他们被一种服务于社会需要的强烈动机所驱使。他们坚定，尊重权威、等级制度，持保守的价值观。他们充当着保护者、管理员、稳压器、监护人的角色。大约有50%SJ偏好的人为政府部门及军事部门的职务所吸引，并且在这类职业中显现出卓越成就。在美国执政过的四十多位总统中有20位是SJ偏好的人，如乔治·布什。

（2）SP型：天才的艺术家。

有SP偏好的人有冒险精神，反应灵敏，在任何对技巧性要求高的领域中都游刃有余，他们常常被认为是喜欢活在危险边缘寻找刺激的人。他们为行动、冲动和享受现在而活着，约有60%SP偏好的人喜欢艺术、娱乐、体育和文学，他们被称赞为天才

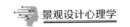

的艺术家。如歌星麦当娜、篮球魔术师约翰逊、音乐大师莫扎特等都是具有SP偏好的例子。

（3）NT型：科学家、思想家的摇篮。

NT偏好的人有着天生的好奇心，喜欢梦想，有创造力、洞察力，有兴趣获得新知识，有极强的分析问题、解决问题的能力。他们是独立的、理性的、有能力的人。人们称NT是思想家、科学家的摇篮，大多数NT类型的人喜欢物理、研究、管理、电脑、法律、金融、工程等理论性和技术性强的工作，如比尔·盖茨、乔治·索罗斯、爱因斯坦等。

（4）NF型：理想主义者、精神领袖。

NF偏好的人在精神上有极强的哲理性，他们善于言辩、充满活力、有感染力、能影响他人的价值观并鼓舞他人。他们帮助别人成长和进步，具有煽动性，被称为传播者和催化剂。约有一半NF的人在教育界、文学界、宗教界、咨询界、心理学界展示着他们的非凡成就，如夫拉迪默·列宁、奥普拉·温弗尼等等。

三、人格的基本特性

我国心理学专家黄希庭先生对人格的特性进行了研究总结，认为人格的基本特性大致有整体性、稳定性、独特性和社会性几类。

1.人格的整体性

人格的整体性是指人格虽有多种成分和特质，但在真实的人身上它们并不是孤立存在的，而是密切联系并整合成一个有机组织。人的行为不是某个特定部分运作的结果，而是这个特定部分与其他部分紧密联系、协调一致进行活动的结果。正常人的心理是多样性的统一，是有机的整体。

2.人格的稳定性

人格的稳定性表现为两个方面。一是人格的跨时间的持续性。在人生的不同时期，人格持续性首先表现为自我的持久性。每个人的自我，在世界上不会存在于其他地方，也不会变成其他东西，昨天的我是今天的我，也是明天的我。一个人可以失去一部分肉体，改变自己的职业，贫穷或富裕，幸福或不幸，但是他仍然认为自己是同一个人，这就是自我的持续性。持续的自我是人格稳定性的一个重要方面。二是人格的跨情境的一致性。人格特征是指一个人经常表现出来的稳定的心理与行为特征，那些暂时的、偶尔表现出来的行为则不属于人格特征。例如，外向人格的学生虽然偶尔会表现出安静，与他人保持一定距离，但他经常表现出的则是善于交往，喜欢结识朋友，喜欢聚会这种外向的人格。

人格的稳定性并不意味着人格是一成不变的,而是指较为持久的、一再出现的定型的东西。人格变化有两种情况。第一,人格特征随着年龄增长,其表现方式也有所不同。例如,同是特质焦虑,在少年时代表现为因即将参加考试或即将进入新学校而心神不定、忧心忡忡,在成年时表现为对即将从事的新工作忧虑烦恼、缺乏信心,在老年时则表现为对死亡的极度恐惧。也就是说人格特性以不同行为方式表现出来的内在禀性的持续性是有其年龄特点的。第二,对个人有重大影响的环境因素和机体因素,如移民、严重疾病等,都有可能造成人格的某些特征,如自我观念、价值观、信仰等的改变。不过要注意,人格改变与行为改变是有区别的。行为改变往往是表面的变化,是由不同情境引起的,不一定都是人格改变的表现;人格的改变则是比行为改变更深层的内在特质的改变。(Vaidya, et al., 2002)

3.人格的独特性

人格的独特性是指人与人之间的心理与行为是各不相同的。人格结构组合的多样性,使每个人的人格都有其自己的特点。每个人的行动都异于他人,每个人各有其爱好、认知方式、情绪表现和价值观。我们强调人格的独特性,但并不否认人们在心理与行为上的共同性。人类文化造就了人性,同一民族、同一阶层、同一群体的人具有相似的人格特征。文化人类学家把同一种文化陶冶出的共同的人格特征称为群体人格或众数人格。虽然人格心理学家也研究人的共同性,但更重视的是人的独特性。

4.人格的社会性

人格的社会性是指社会化把人这样的动物变成社会的成员,人格是社会的人所特有的。社会化是个人在与他人交往中掌握社会经验和行为规范进而获得自我的过程。社会化的内容就像人类社会本身那样复杂多样。因纽特人要学习对付北极严寒的生活方式,而布须曼人要学习应付非洲沙漠酷热的生活方式。社会化与个人的文化背景、种族、民族、地位、家庭有密切的关系。通过社会化,个人获得了包括审美理念、价值观、自我观念等的人格特征。人格既是社会化的对象,也是社会化的结果。人格的社会性并不排斥人格的自然性,即承认人格受个体生物特性的制约。人格是在个体的遗传和生物基础上形成的。从这个意义上也可以说,人格是个体的自然性和社会性的综合。但是人的本质并不是几种属性或所有属性相加的混合物。构成人的本质的东西,是那种为人所特有的,失去了它,人就不能称之为人的因素,而这种因素就是人的社会性。

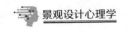

四、人格评鉴

人格评鉴(personality assessment)是指在具体的条件下用系统的方法收集有关资料,从而确定出要测量的人格特征。这些资料包括情境的性质、刺激的性质、指导语及被试的反应等。

(一)投射测验

投射测验(projective test)是指向被试呈现模棱两可的刺激材料(如墨迹或人物照片等),要求被试解释其知觉,让他在不知不觉中将其情感、态度、愿望、思想等投射出来。最具代表性的是罗夏墨迹测验和主题统觉测验。

1.罗夏墨迹测验

罗夏墨迹测验(Rorschach Inkblot Test)是由瑞士精神病学家罗夏(Rorschach)编制的,初时主要供临床测量,但现在也用它来做人格研究。罗夏墨迹测验使用十张对称的不同墨迹图,其中五张是黑白图片,墨迹的深浅不一,还有两张是黑色加红色的墨迹图片,另外三张是彩色的墨迹图片。测验的主要过程及内容为:让被试一次看一张墨迹图片并让他描述他看到了什么;然后又让被试再看一次图片,并询问与其当初反应有关的特定问题;测试过程中同时观察被试的行为,记录其动作与表情、对某个墨迹图的特殊反应以及一般的态度。对被试反应的解释取决于他是否看到了动作,看到的是动物还是人的形象,是部分还是整体的图形,等等。

2.主题统觉测验

主题统觉测验(Thematic Apperception Test,TAT)是由美国心理学家默里(Murray)和摩根(Morgan)在1935年编制的,他们认为需要有时是外显的,有时是内隐的,主题统觉测验测量的是个人的内隐需要。这套测验共有19套内容暧昧的图片(对于图片所描绘的事件可以有几种解释方式)和一张空白的卡片。测验时,要求被试构建和一张图片中的人物有关的故事,描述导致图片中所示情境的原因、人物正感受到怎样的情绪以及可能有怎样的结局。心理学家在解释这些故事时会考虑到:所涉及的人际关系的性质、人物的动机以及这些人物所显露出的现实感。

(二)问卷测量法

问卷测量法是指运用问卷测量量表进行人格评鉴的方法。问卷式测量量表按照心理测量学原理及依据标准化程序编制而成的,其基本特点是量表的结构明确、编制严谨。测量量表所包括的题目是确定的,被试对每个题目做出回答时可能出现的反应也是明确固定的,只需被试按照实际情况做出回答即可。问卷测量法因为其简便易行、信效度较高而成为最常运用的一种人格测量方法。问卷式人格测量量表又可分为自陈量表和评定量表两大类。

1.自陈量表

自陈量表(self-report inventory)是一种要求被试自行报告,回答关于他们在各种情况下的行为或感受等问题的测量工具。测验的内容涉及症状、态度、兴趣、恐惧和价值观等维度,被试需表明每个叙述句和自己的情况相符合的程度,或对每个题目的同意程度。该类量表较为常见的有:卡特尔16种人格因素问卷(Sixteen Personality Factor Questionnaire,16PF)、明尼苏达多项人格测验(Minnesota Multiphasic Personality Inventory,MMPI)、爱德华个人偏好量表(Edwards' Personal Preference Schedule,EPPS)、艾森克人格问卷(Eysenck Personality Questionnaire,EPQ)等等。

以卡特尔16种人格因素问卷为例,该问卷共有187个题目,被试在每道题的三个答案中选择一项,测试结果可以形象地绘制成16PF人格剖面图。这种测验方法实施简便、便于评分,但被试会受到外界或自己主观因素的影响,这对测量的效度会有一定影响。部分题目如表7-1:

表7-1 卡特尔16种人格因素问卷部分问题

在接受困难任务时,我总是:		
A.有独立完成的信心	B.不确定	C希望有别人的帮助和指导.
我喜欢从事需要精密技术的工作:		
A.是的	B.介于A、C之间	C.不是的
在需要当机立断时,我总是:		
A.镇静地运用理智	B.介于A、C之间	C.常常紧张、兴奋

个体在完成16PF的作答后,手动或计算机自动记分得到各份测试的原始分,并将这些分数与相对应的常模进行比较,最终转换成标准10分制,在标准10分制系统中,如果某种特质的标准分数在4~7之间则表明这种特质在人群中大体处于中间水平,而在这个范围之外则表明个体的这种人格特质呈现出典型性特点。

表7-2 16PF中的16种人格特征

	低分者的特征	高分者的特征
因素A:乐群性	缄默、孤独、冷淡	外向、热情、乐群
因素B:聪慧性	思想迟钝动、学识浅薄、抽象思考能力弱	聪明、富有才识、善于抽象思考

续表

	低分者的特征	高分者的特征
因素C:稳定性	情绪激动、易烦恼	情绪稳定而成熟、能面对现实
因素E:特强性	谦逊、顺从、通融、恭顺	好强、固执、独立、积极
因素F:兴奋性	严肃、审慎、冷静、寡言	轻松兴奋、随遇而安
因素G:有恒性	苟且敷衍、缺乏奉公守法精神	有恒负责、做事尽职
因素H:敢为性	畏怯退缩、缺乏自信心	冒险敢为、少有顾虑
因素I:敏感性	理智、着重现实、自恃其力	敏感、感情用事
因素L:怀疑性	信赖随和、易与人相处	怀疑、固执己见
因素M:幻想性	现实、合乎成规、力求妥善合理	幻想的、狂放任性
因素N:世故性	坦白、直率、天真	精明能干、世故
因素O:忧虑性	安详、沉着、通常有自信心	忧虑抑郁、烦恼多端
因素Q_1:实验性	保守、尊重传统观念与行为标准	自由、批评激进、不拘泥于现实
因素Q_2:独立性	依赖、随群附和	自立自强、当机立断
因素Q_3:自律性	矛盾冲突、不顾大体	知己知彼、自律严谨
因素Q_4:紧张性	心平气和、闲散宁静	紧张困扰、激动挣扎

2.评定量表

评定量表(rating scale)在形式上与自陈量表相似,也包括事先确定的一组用以描述个体人格特质的词或句子,要求评定者在一个多重类别的连续体上对被测者的行为和特质做出评定。它与自陈量表最明显的差别在于自陈量表是自评的,而评定量表是他评的。常见的评定量表如临床经常使用的汉密尔顿抑郁量表(HAMD)、汉密尔顿焦虑量表(HAMA)等。

(三)其他方法

1.观察法

观察是人格测量中常用的一种方法,人们可以在日常生活中或者特定的场合观察个人的行为以了解其人格。人格评鉴中常用的有两种观察方法:项目核查法和等级评定法。用这两种方法评定一个人的人格特征的时候,必须明确列出行为的特征,同时还应该考虑到所观察到的行为的情境特殊性。项目核查法要求在观察前把所要观察的重要行为进行分类,并预先罗列好,观察时对拟观察的行为进行查核,记录下这些行为是否出现,这种方法使用方便,但不能记录该行为是怎样的行为。而等级评定法的基本方法是要求观察者对被观察者在某些人格特征上的轻重程度进行评定，这种评定方法可以用数字加以量化，也可以用文字加以叙述。

2.访谈法

访谈法又称晤谈法，是指通过测量者和被试面对面地交谈来了解被试的心理和行为的一种方法。人格评鉴的晤谈通常是结构式晤谈，即按照预定的程序，根据问卷或晤谈表进行。晤谈的内容包括被试的现状、生育历史、被试和环境的关系以及在某些特定环境中的行为等。通过晤谈可以了解被试对特定的人的感情、态度，对某件事情的态度，以及对自身的认识等。此外，还可以找与被试有关的人进行谈话，以便进一步了解被试。晤谈法一般需要相当长的时间，很难在短期内得到很多材料，而且还受晤谈者能力的影响，在客观性和可靠性方面也多少有些问题。因此，要尽量使晤谈技术标准化，同时晤谈者也必须经过专门的训练。

3.评鉴情境中的行为

评鉴情境中的行为（assessment behavior in situations）是指在不同的情境中对一个人的行为模式和稳定态度进行考察。二次世界大战期间，美国军队中选拔间谍就采用了这种评鉴方法，军队中的心理学家不用纸笔测验而是将候选人置于一个模拟的秘密情境中，以考察他们应对压力、解决问题和维持领导的能力，以及忍受各种审讯并保守机密的能力。这项研究虽耗资巨大，但预测力较高。人格的社会认知学习理论家认为，预测一个人今后行为的最好途径不是人格测验，也不是晤谈，而是让一个人在模拟情境中表现他自己一贯的行为模式。（Ouellette & Wood, 1998）只要情境和人基本保持不变，最能预测今后工作表现的是这个人以往工作中的表现。如果无法考察个人过去的行为表现，那么最好的方法是创设出一种评鉴情境，用模拟任务来考察这个人是如何应对任务的。

复习巩固

1. MBTI人格理论认为人与人之间的差异产生于哪些方面？
2. 简述人格的基本特性。

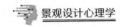

第二节 地域文化与人格差异

一、地理环境与文化差异

地理环境对文化的形成和发展影响巨大。以中国为例,中国大部分国土处于中纬度地区,气候温和;又位于太平洋西岸,属于季风气候,温度和水分条件良好,为发展农业提供了适宜条件。中国地域辽阔,人口众多。每个地方都有自己独特的地理环境,不同地区其地理环境存在巨大差异,而相应的,这个环境所孕育的包括民俗、语言、生活习惯、饮食、建筑等内容的地域文化也具有巨大差异。

以秦岭、淮河为界,中国分为南方和北方,南北方的文化也存在着差异性,其体现在语言、饮食、建筑等多个方面。以饮食为例,各地的自然地理环境决定了当地的物产类型,进而影响人们对食材的选择。南方的气候温润,耕地多以水田为主,所以南方多种植水稻,而北方降水较少,气温较低,耕地多为旱地,适合喜干耐寒的小麦生长,因而南方多以稻米为主食,而北方多以面食为主食,逐渐就形成了“南米北面”的饮食习惯。又比如建筑文化,总体呈现出“南繁北简”的特征。北方地区气候寒冷,地势较平缓,多用泥土、岩石等材料建造房屋,形成了北方民居建筑结构单一、房屋厚实等特点,典型民居类型有北京四合院、黄土高原的窑洞等。而提到南方建筑,人们则多想到小桥流水人家、粉墙黛瓦等特征。这就是地理环境差异带来的建筑建造上的差异。

二、地域文化与人格

人格是在人的社会化过程中形成的,因此不同的社会、不同的文化造就了不同民族、不同地域、不同职业及不同时代的人格特点。中国幅员辽阔,不同的地区有不同的文化习俗,因此也就形成了带有明显地区特色的人格特点。人都有与别人相同的一面,也有与他人不同的特征,这些特点交织在一起,构成了一个完整的人。

孟德斯鸠在《论法的精神》中提出了地理环境决定论,认为地理环境对一个民族的气质、性格、风俗、道德等有决定性的作用,他指出:土地贫瘠使人勤奋、俭朴、耐劳、勇敢和适宜于战争。孟德斯鸠的这种观点虽然夸大了地理环境的作用,但也从侧面表明地理环境对个人人格的形成有着重要作用,不同地域的人口在地理环境与地域文化的影响下产生了心理差异,使得人格特征有了地域的差别。

由于不同的地区自然环境和人文因素不同,不同地域的人们在生活方式、价值观念、思维模式、行为方式和社会风俗等方面逐渐产生差异,从而形成各具特色、丰富多彩的地域文化。地域文化(regional culture)是在一定的地域范围内具有地方特点的文化综合体,不仅反映了该地域的自然环境和人们的物质生活条件,也是该地域社会生活的综合,包括当地的社会风俗、生活方式、价值取向、文化艺术等各个层面。地域文化是一个产生于现代社会语境下的文化种系,是在凸显差异、强调交流、重视发展的社会背景下,人们以不同层次的地域聚居单元为基础,对文化多样性和景观差异性的关注与研究而形成的文化种系。

影响地域文化形成的因素首先是自然因素。自然因素包含地形风貌、气候条件,甚至自然灾害等不以人的意志为改变的客观因素。不同地域的自然环境又孕育了各具特色的地域文化。其次是经济因素。经济基础决定上层建筑,上层建筑不仅包括政治、法律等制度,还包括适应经济基础的文化、宗教、艺术、哲学等。经济制度的转变也能带来文化的更迭。随着世界范围内的经济联系不断加强,各地的文化交流也日益频繁,相互影响的程度不断加深。最后是历史和社会因素。地域文化是在长期的历史环境中形成的,经历了长时间的积淀,并受历史事件以及社会环境因素的影响。不同的地区,其历史发展以及社会环境是有差异的,这就造成了地域文化的差异性。

人既是人类文化的创造者,也是人类文化的载体。不同的文化氛围会造就不同特征的民族性格和区域人群的人格特征。如中国的传统文化塑造了中国人吃苦耐劳、持中守正、重集体的人文精神,人格取向就是圣人、完人;而西方近代工业化熏陶下的欧美人文精神则更强调竞争、效率、冒险、进取、个性,人格取向是能人与强人。

古语云,"一方水土养一方人",就是说各地的地理环境及气候条件养成各地人民不同的行为方式和人格特征。每个地域的文化经过发展、变化,慢慢地形成了鲜明的地方特色。不同的地域文化背景下,所孕育的人群具有不同的思想观念和价值取向。在某一个地域,传统地域文化会潜移默化地增强当地民众的凝聚力和认同感,从而形成一种相对稳定、相对一致的地域人格。

国内外学者有较多关于地域与人格关系的研究。最早关注美国不同区域人格差异的实证研究,是克鲁格(Krug)和库尔哈维(Kulhavy)在1973年采用卡特尔16PF人格测量问卷对美国六大区近6400名美国居民进行的人格调查。他们的调查发现,创造力、坚强独立和人际孤独这三类特质在男性、女性样本上均表现出了较大的地区差异,其中:美国西北部、西海岸和中西部相对于东南部、西南部以及西部山区在创造力人格特质上有显著差异;美国中西部相对于西海岸和西南部地区在坚强独立特质上有显著性差异;西部山区相对于中西部地区在人际孤独特质上有显著差异。爱沙尼亚塔尔图大学的阿利克等人曾做过一个"俄罗斯人的性格与人格调查项目"（Russian Character and Personality Survey），联合项目组的研究者们通过他评的大五人格测量量表（NEO-PI-R）搜集了包括33个行政区的39个样本数据（N=7065），通过单因素方差分析的方法对这些不同的样本人格特征进行检验，结果发现人格的30个子维度（大五人格有5个维度，每个维度下有6个子维度）中的27个子维度在1%显著性水平下显著，这些代表不同地区的样本在一定程度上反映出来自俄罗斯不同地区的区域人格存在系统性的差异。（Allik, et al., 2009）我国研究员鲁娟等人在2014年曾应用艾森克人格问卷对某军医大学任职教育学员进行了人格特征的调查研究，并进行了不同地域间的比较，调查研究发现，单位所在地、出生地等地域因素对于人格特征有影响，而籍贯对于人格的影响微乎其微，人在一个地方（如工作地点、生长环境等）待的时间越久，就越会受到当地风俗习惯、风土人情的影响，进而呈现出不同的人格特征。

三、地域文化在景观中的表现

（一）景观设计与地域文化

地域文化在一定的地域范围内与自然环境相融合，打上了地域的烙印，具有独特性。地域文化景观（territory cultural landscape）是存在于特定的地域范围内的文化景观类型，它在特定的地域文化背景下形成并留存至今，是人类活动历史的纪录和文化传承的载体，具有重要的历史、文化价值。并且，地域文化景观与特定的地理环境相适应，其显著的特点是保存了大量的物质形态的历史景观和非物质形态的传统习俗等，形成较为完整的传统文化景观体系，主要包括聚落景观、建筑景观和土地利用景观三大类。

景观设计依托于特定的地域与场所，它是地域文化得以体现的载体，是地域文化在物质环境和空间形态上的具体表现。景观设计的目的不仅是让身处其中的人能感受到它合理的物质性、功能性，而且要体现人的意识观念、审美情趣以及满足人们精神方面的需求。景观设计表达出来的深层的地域文化内涵便造就了景观的地域特色。地域文化是景观设计的创作源泉，通过对地域环境与文化的研究可激发设计师的设计灵感。

地域文化景观及其所构成的景观环境，会使得置身其中的人们在思想上、心理上、行为方式上都受到潜移默化的影响。而进入景观环境中的人，可能承载着具有异质性的文化。这些异质性文化与景观文化环境所承载的文化相互交融。这一交融的过程不断推动原有地域文化的创新改造与发展，而新融合的地域文化又孕育新的景观文化环境,形成新的特色。地域文化与地域文化景观之间的互动性推动着地域文化和地域文化景观的不断延续、演进与发展。

(二)地域文化在城市公园中的表现

景观设计中如何对地域文化进行表达呢?首先必须探究该地域的历史与现状,对历史留存的地域文化进行分析、归纳与提炼,同时要观察当地人民的生活习惯、行为特点与价值取向,协调好人与地域自然环境之间的关系,用最适宜的设计方法和途径,使得地域文化景观能与体验它的人产生心理上的联系,激发人们对其的认同感。

地域文化在城市公园中的表达最终是通过公园中的各个组成元素来展现的,城市公园地域文化的主要表达载体可归纳为地形地貌、园林建筑、植物、景观小品及辅助设施(园路)等几个方面。

地形地貌是指一个区域内地表高低起伏的变化,以及在此条件下受各种因素影响而形成的地表形态。地形地貌主要是受自然因素影响而形成的,但也受人类活动的影响,既直观表现了某一区域的自然地理环境,也体现了该区域人类改造自然的能力和人们的审美与风俗。我国地域辽阔,地形地貌种类也很丰富,不同的地域有不同的自然气候条件和地形地貌形态,因而产生了依托地形地貌而形成的、具有地方特色的自然景观与人工景观。

园林建筑是城市公园重要的景观元素,其形状、颜色、设计细节等都是公园景观的组成部分,也是反映地域文化的重要载体。建筑的风格与形式大都受当地文化影响,体现了当地居民的生活条件、审美情趣、风俗习惯等,具有鲜明的时代特色和地域特色。园林建筑中既包括历史建筑物,也包括现代建造的建筑。历史建筑物反映了当地的历史和文化传统,而每个地方的历史又是不同的,因而历史建筑物呈出独特的地域性;而现代建造的建筑,也融入了当地居民的价值取向和审美情趣,表达和展示了当地的传统习惯和民俗风情,同样呈现出地域特色。

景观小品设计和建造较为容易,也能够集中地展示情感内涵,对地域文化精神的表达起到画龙点睛的作用,因此,在景观小品中融入地域文化,能很好地表现当地的历史传统和文化特色。景观小品的规模较小,造型较为容易,可以利用景观小品的形态、颜色、材料等来体现蕴藏在物质资源背后的思想、文化、历史和情感等抽象的地域文化。

植物属于自然资源的一部分。不同地域,其物种资源具有差异性,而不同植物有着不同的形、色、质,因此可以通过植物外在的形态直观地体现地域特色。

园路铺装也是一样,可选取当地特色的图案或者象征要素进行园路设计,配合公园整体风格展现地域文化。

（三）地域文化在景观中的运用形式

将地域文化融入景观之中，是人们寄托情感的方式，也是塑造城市特色景观，提升城市景观价值和城市形象的重要方式。而地域文化在景观中的运用形式主要包括以下四种：

1.再现历史文化

历史上传承下来的某些文化，由于时代的发展，其所具备的原本的内涵将会消逝。对于这类历史文化，可以借助于景观恢复方式重现，使得文化得到保护，而融入了历史文化的园林景观也会显现出文化的特有内涵。这对设计师提出了更高的要求，要求设计师要对当地历史及文化有更为全面的了解。再现历史文化的方式有许多，比如在设计园林景观过程中，可以模仿历史建筑，以凸显景观所具有的特色。此外，也可以通过历史人物或是事件的引入，突出地表现历史典故。

2.地域文化与现代手法的融合

依托于地域文化所具备的特征进行景观设计，将现代设计理念与技术充分整合，使得园林景观设计实现传统文化与现代特色的交融。例如，墨西哥的库尔华坎历史公园使用旧墨西哥城建筑的石头沿墙围成一个水池，象征该区已经消失的湖泊，并将其在殖民时期存留的水渠重新设计改造，使用现代科技将水渠变为水池的注水口。从公园整体的设计来看，将拆迁中遗留的一些建筑材料应用于园林景观设计中，使其与新的景观融为一体，从而表现出地域物质文化与现代景观的充分融合，彰显出公园特的风格，也体现了当地的地域特色。

3.适当保留地域传统文化

对于某些保存良好且价值较高的地域文化，在景观设计中可以根据实际情况进行适当保留。典型、保存较为完整以及历史价值较高的传统建筑，应对其进行合理运用，尽可能避免对历史景点的破坏，使景观设计效果突出，景观与周边环境协调性高。

4.提取地域文化元素

地域文化包含三个相互关联的层面，一是自然环境的层面，二是人文环境的层面，三是社会环境的层面，三个层面相互关联，相互影响，决定着地域文化的形成和发展。自然环境层面包括影响制约地域文化形成与发展的地形、地貌、植物、水、气候条件等自然元素。这些元素直接影响景观的面貌，是人们能最直观地感受到的地域特征。人文环境层面包括历史传统、风土人情、观念习俗、建造技术等。在景观设计中表现为建筑风格、空间环境的布局等。社会环境层面包括特定地域环境内的经济发展状况及社会组织制度等,这些因素制约景观设计的发展,体现景观的社会价值。

在设计景观的过程中,需要充分利用当地具有特色的资源,通过典型的地域文化元素彰显当地的特色。此设计理念更多的是强调元素所具备的象征性特点,设计中所运用的元素需要具备一定的代表性和典型性。例如,都江堰水文化广场所设置的漩涡性水源景观就充分彰显了"天府之国"的地域文化元素,在水源中设石雕编框,并在其中填充了很多石头,表达"以玉石镇水神"的含义。又比如,广东歧江公园建造在一片废弃的造船厂的场地上,反映了新中国成立后工业化的不寻常历史。设计保留了船厂浮动的水位线、残留锈蚀的船坞及机器等,公园中还保留了铁轨,并以鹅卵石铺筑路基,时间因此而凝固,历史有了凭据,故事从此衍生。在植物材料上,种植当地一些随处可见的乡土植物,如象草、白茅,既体现了生态理念,又达到了极好的效果。

复习巩固

1. 地域文化在景观设计中应如何表现?
2. 简述地域文化在景观中的运用形式。

第三节 景观与人格塑造

一、健康人格及塑造

(一)健康人格的概念及特点

健康人格(healthy personality)也叫健全人格,是在人格研究中产生并形成的一个新概念。由于研究者众多,因而其定义也众说不一。这些有关健康人格的定义虽不尽相同,但它们有共通之处,即公认健康人格者能有意识地控制自己的生活,具有自我同一性,能正视现实,具备情绪调节能力,有责任感,有目的性,有创新和开拓精神等。

健康人格是一种在结构与动力方面趋于稳定,与外部环境相适应,与自身发展相协调,既符合社会发展要求与规范,又充分展现行为主体独特个性的一种追求崇高、和谐、均衡与全面的理想人格状态,是诸多人格特征的完美结合与有机统一。总之,具备健康人格的行为主体,是兼具理想与德行、理智与信仰、全面性与和谐性于一体的人。

美国人格心理学家奥尔波特(Gordon Willard Allport)提出健康人格需要具备七个特征。(1)自我意识强烈。健康人格者活动丰富多彩、范围极广,有许多朋友和爱好,积极参加政治、社会或宗教活动。(2)人际关系融洽。他们具有同情心,能容忍自己与别人在价值观上的差异;与别人关系亲密,但没有占有欲和嫉妒心。(3)情绪上有安全感,能自我认可。他们具有积极的自我意象,即良好的自我形象和对自己乐观的态度,与那些充满自卑感和自我否定的人不同。(4)具有现实的知觉。健康人格者能够准确客观地知觉周围现实,而不是把它们看作自己希望样子,这种人善于评价情境,作出判断。(5)专注地投入工作。专注地投入自己的工作是健康人格的一个重要特质。健康人格者形成了自己的技能和能力,能全心全意地投入工作,高水平地胜任工作。(6)现实的自我形象。健康人格者能够正确理解真实自我与理想自我之间的差别,也知道自我认识与他人对自己的认知之间的差别,对自己了解全面。(7)统一的人生观。健康人格者具有统一的人生观和价值观,并能将其应用于生活的各个方面。

(二)人格发展的影响因素

研究表明,人格不是天生就已经形成的东西,而是正在形成的东西,是一个不断变化着的动力组织。在"人格正在形成"这一问题上,当前的研究者们普遍认为:人格是在先天遗传因素的基础上,在后天社会实践的活动中形成和发展起来的,也就是说,人格是可以培育的。人格培育是指教育者在通过多方渠道、多种路径对受教育者进行引导、感染与熏陶的过程中完成对行为主体的塑造、实现与提升这一最终发展目标的教育工作。影响人格发展、人格塑造的因素有很多,这里主要介绍影响人格发展的遗传、环境、教育、社会实践及人的主观性等因素。

1.遗传

遗传因素是人格的生物学基础。人格具有复杂的结构,包括多种特质,遗传因素对不同的人格特质起不同的作用。遗传在人一生的各个阶段所起的作用是不同的,在儿童早期人格的形成过程中起着相对重要的作用,但是,随着儿童的社会化,遗传对人格的影响度会不断减弱。因此,我们不能忽视遗传在人格塑造中的作用,但是也不能片面地夸大遗传的作用。可以这样说,遗传决定了人格发展的可能性,而环境和教育决定了人格发展的现实性。

2.环境

环境包括两个方面:自然环境和人文环境。人与环境是对立统一的关系。一方面,人生存于环境之中。环境为人提供物质及精神的资源。另一方面,人的发展过程也是对环境的改造过程。人与环境的互动必然促成了人格的塑造与培养。可以说环境对人的人格形成有一定影响,而不同地区的环境是有差异的,因而不同地区典型的人格特征存在着明显的地域差异。人文环境和自然环境是不能截然分开的,因而,它们对人格的影响也是相互交织的。

3.教育

教育主要是家庭环境中的家长和学校环境中的教师给予的,即家庭教育和学校教育。一般认为,教育在人格发展中起主导作用。家庭环境氛围、家长的教育态度和方式等都影响着儿童人格的塑造,如:父母溺爱孩子通常会养成孩子任性、脆弱、唯我独尊等人格特点;民主的家长使得孩子形成独立、坦率、善于合作与社交等人格特点。学校教育在学龄儿童的人格发展中起重要作用,英国思想家欧文认为,教育人,就是要形成其人格。学校是对学生进行有目的、有计划教育的场所,学生在学校里不仅要学习和掌握系统的文化科学知识,发展智力,还要接受思想政治教育,形成优良的人格特征。学生在学校里形成了良好的人格,就能顺利地走向社会,适应社会生活,反之,则会发生各种问题。

4.社会实践

遗传决定论和环境决定论的主要问题除了片面性外,还在于都没有认识到社会实践活动在人格发展中的作用。人格是在人们的社会生活和社会关系中形成的,社会实践活动是人格形成的重要影响因素。地理环境因素对人的影响是以生产活动为中介的,例如:蒙古族人民豪放、团结的个性并不是由环境直接造就的,而是由环境所决定的游牧生产方式造就的;汉族人民温和、亲邻的性格也并非环境的直接产物,而是与温和的气候相适应的农耕生产造就的。在社会实践活动中,一个人如果能自觉地把自己当成人,做到自爱、自尊、自重,并以创造性的劳动来履行对社会的义务,用人道和崇高的思想来指导自己的言行,那么,就能塑造出高尚的人格。

5.人的主观性

人格是受遗传与环境交互作用影响,在实践活动中形成和发展的,但任何外部因素都不能直接决定人格,它们必须通过个人已有的心理发展水平和心理活动才能发生作用。外部因素只有为个人所理解和接受,才能转化为个体的需要和动机,推动他去行动。个体的已有理想、信念和世界观等对他接受社会影响有决定性作用。例如,守纪律、有责任心等人格特征都是接受和领会外部的社会要求,但可以逐渐转变为对自己的内部要求。人是一个高度的不断自我完善的调节系统,一切外来影响都要通过自我调节起作用。从这个意义上说,每一个人都在塑造着自己的人格。

关于影响人格发展的因素及其动力机制问题,概括起来说:先天遗传素质是人格发展的物质基础和前提条件,但只能是为人格发展提供了必要的基础和可能性,后天的环境和教育在一定条件下对人格发展起着决定性的作用,而人格的发展又是在社会实践活动中实现的;同时,环境、教育等外部因素必须通过个体的心理发展水平等内部因素才能起作用,即人在人格的塑造过程中具有一定的主观能动性。

二、人格发展八阶段理论

埃里克森(E.H.Erikson)的人格发展八阶段理论也被称为"心理社会发展阶段理论"。许多心理学家认为,人格到青年阶段已经定型,但埃里克森认为人格发展持续一生,并将人格的形成和发展过程划分为八个阶段。他认为,这八个阶段的先后顺序不变,普通存在于不同文化中,这是由遗传因素决定的,但每个阶段能否顺利度过,是由社会环境决定的。在不同文化的社会中,各个阶段出现的时间不尽一致。

埃里克森认为,人格发展的每个阶段都由一对冲突或两极对立组成,形成一种危机,这种危机不是指一种灾难,而是指发展中的一个重要转折点:危机得到积极解决,自我就会增强,人格就会得到健全发展,利于个人对环境的适应;危机得不到解决,自我的力量就会削弱,人格就会不健全,阻碍个人对环境的适应。

(1)0~1岁,基本信任对基本不信任。此阶段的儿童最为软弱,对成人依赖性大。若护理人有规律地照顾他们,满足他们的需求,儿童会对周围人产生基本的信任感;若儿童的基本需要没有得到满足,他就会产生不信任感与不安全感,在以后的一生中都会对他人表现出疏远和退缩,不相信自己,也不相信别人。埃里克森认为,儿童的这种基本信任感是形成健康人格的基础,是以后各个阶段人格发展的基础。

(2)1~3岁,自主对羞怯和疑虑。此阶段养育儿童,要根据社会的要求,对儿童的行为有一定的导向和限制,但又要给他们一定的自由,不能伤害他们的自主性,必须理智、有耐心,对他们过分严厉,限制、惩罚、批评过多或过度保护,都会阻碍这个年龄阶段儿童的自主性发展。这一阶段的危机如果得到积极解决,儿童的自主性就会超过羞怯和疑虑,形成意志品质。意志坚强的儿童目的明确,会努力克服困难,取得成功;羞怯和疑虑的儿童则依赖性强、缺乏果断性,对自己的能力缺乏自信,而这些正是阻碍激烈竞争中取得成功的消极因素。

(3)4~6岁,主动对内疚。此阶段是儿童主动性形成的关键时期。若父母肯定和鼓励儿童的主动行为和想象,则儿童的主动性就会得到发展;若父母经常否定儿童的主动行为和想象,儿童就会缺乏主动性,总是依赖别人,且感到内疚,生活在别人为他安排的狭隘圈子里。

（4）6~11岁,勤奋对自卑。儿童在这一阶段最重要的是体验用稳定的注意和孜孜不倦的勤奋完成工作的乐趣,如果体验到成功,就会产生勤奋感以及对自己力量和能力的信任感,这为他们今后进入社会铺平了道路;失败的体验则会使儿童产生自卑感,不相信自己的力量和能力。这个阶段的危机如果得到积极解决,儿童的勤奋就会超过自卑,形成能力品质,能力就不会为儿童期的自卑所损害,在完成任务中能自如地运用自己的聪明才智。

（5）12~20岁,同一性对角色混乱。在这一阶段,青少年如果不能获得自我同一性,就会产生角色混乱和消极同一性;角色混乱指个体不能正确选择适应社会环境的生活角色;消极同一性指个体形成的与社会要求相背离的同一性。这类青少年,社会不予承认,容易成为社会反对和不能容纳的危险角色。这一阶段的危机如果能顺利解决,青少年就会获得自我同一性。自我同一性对发展健康的人格十分重要,它的形成标志着成年期的开始。

（6）20~24岁,亲密对孤独。埃里克森指出,只有建立了牢固的自我同一性的人才敢热烈追求他人并与他人建立亲密的爱的关系,因为他要把自己的同一性与他人的同一性融合在一起,这包含着让步和牺牲。没有建立自我同一性的人担心同他人建立亲密关系会丧失自我,离群索居,从而有孤独感。

（7）25~65岁,繁殖对停滞。这一阶段的危机如果得到积极解决,个体的繁殖就会超过停滞,形成关心品质,具有这种品质的人,能自觉自愿地关心和爱护他人。

（8）65岁以后,自我整合对绝望。这个阶段的人易回忆往事。前面七个阶段都能顺利度过的人,具有充实、幸福的生活,对社会有所贡献,具有充实感和完善感,会怀着充实的感情向人间告别,这种人不惧怕死亡,在回忆过去的一生时,自我是整合的。而生活中有过挫折的人回忆过去时,经常体验到绝望,对生活及生活中已得到的或没发生的事情感到痛苦、失望。

景观设计的服务对象是人,这就是设计界人士常说的“以人为本”。景观设计也需要对服务对象的需求进行分类,再进行具有针对性的设计,因此可以根据人格发展理论,针对不同阶段人物的危机需求进行景观设计,这对健康人格的塑造具有积极意义。

三、景观的人格塑造功能

人格塑造是以发展人的健全人格为目标导向和价值追求的过程,即以个体的先天禀赋为基础,通过陶冶其道德情操、优化其气质性格、培养其强健体魄和健康心理、提高其认知水平和认知能力等手段来促进个体社会化的过程,同时也是人的生理结构和心理结构同步发展的过程。它依赖于一个包括自我成长和自我发展所需要的内在的、隐蔽的主体系统和外在的、巨大的客体环境,是一个带有先天性又服从于个体与社会需要的过程。影响健全人格形成与发展的因素是多方面的,其中个人主体机能、主体作用与个人所处的自然、社会、文化的客体环境之间各种信息的相互交换与传递是主要因素之一。

人格塑造是一个十分复杂的整体过程,环境是其中起重要作用的一个方面,环境对不同人格的塑造过程也不完全相同。人类热爱自然景观的美,就是因为自然景观与审美主体的人格心理之间产生了象征性契合关系,自然景观的具体形态和自然属性启发人们去发现自然景观的象征美。人类有"比德"的自然审美观,中国尤盛,景观本身的象征意义与人们所褒赞颂称的人格相辉映。比如园林景观中常用的竹,竹干挺直犹如人的刚直,竹节相衔犹如人的坚贞气节,中空犹如谦虚的美德,等等。人的文化品位、文化气质因其自身不断感受大自然的美,不断体悟大自然的哲学而得到提高。孔子是一位提倡游览育人的教育家,也是旅游修养的身体力行者,曾表示"知者乐水,仁者乐山"(《论语·雍也》)。这是说山水审美愉悦同道德修养、人格完善有着密切联系,这也是最早提出的山水游览塑造人格、培养道德的思想。

无论是自然景观还是人类设计创造的景观都应在无形中给予人类塑造培育健康人格的力量,相对人们从自然山水中领悟升华,人为设计的景观对人格的塑造是在人类生活和社会实践中潜移默化地进行的。虽然埃里克森人格发展八阶段理论认为人的人格是在一生中慢慢培养塑造而成的,但对其理论进行研究还是会发现人类人格的发展主要集中在儿童及青少年时期,这表明人格培育和塑造在儿童和青少年时期格外重要。景观设计师们显然也注意到了这一点,近年来景观设计中针对儿童活动教育和校园景观的设计也是一大热点。

城市园林景观将自然景观和人文景观相融合,结合具有丰富内涵的艺术创作,通过搭配丰富类型的植物,有机融入体现城市历史文化的建筑小品,运用或古典或现代的造园手法,创造出精致美好的城市景观艺术,为城市赋予了新的生命力,帮助人们消除疲劳、缓解压力、愉悦心情、陶冶情操,潜移默化地塑造人的健康人格。在校园景观环境中,建筑、雕塑、绿地、草木等都蕴含文化和育人功能,对学生思想品德形成、良好习惯养成、意志锻炼、人格塑造和情操陶冶会产生潜移默化的影响,有助于学生形成勤奋、严谨、朴实、谦虚、奋进的良好学风,有利于形成具有时代特征和学校特色的优良校风。校园景观环境与学生主体人格的塑造之间存在着密切的联系,它是包含校园建筑景观、园林景观、雕塑景观等要素的集自然、社会、文化于一体的客体环境,它对学生主体的认知、情感和意志协调发展的影响是隐形的、内在的,这种影响使个体的人格从感官层次逐渐上升到心意层次,最后升华到精神层次。这从不同层次强调了人格的发展,强调了人格发展中的主体机能和客体作用,强调了人格发展中的互动性,为学生的学习生活提供一个完美的空间,这对于学生今后的成长将起着无形而又巨大的影响,甚至影响其终生发展。

以毛延佳等人设计的"傣乡乌兰"为例,该设计利用埃里克森的人格发展理论,从人格发育的角度阐释不同年龄段人群对景观的需求,并在景观营造实践中予以应用,针对各类型人群及健康人格塑造所需进行景观服务对象分类设计:

以儿童为主的景观服务对象为人格发展理论的第一至第四阶段(0~11岁)。景观设计的目标是调动儿童的主观能动性,培养主动性和信任感。景观考虑大人和儿童的共同参与性及游戏性,提高儿童的自主性,使儿童摆脱自我中心倾向,增强儿童正确认知世界的能力。景观设置须符合儿童的心理需求,小品设置为卡通形象、动物、植物等,充分调动儿童的好奇心和想象力。颜色搭配用容易引起儿童注意力和兴趣的艳丽色彩,场地设置视野开阔又相对独立,为避免安全隐患,甚至可以设置软地面。儿童玩耍时,要有可供大人休息和等候的区域,需要设置座椅、坐凳等。

以青少年为主的景观服务对象为人格发展理论的第五阶段(12~18岁)。景观设计的目标是帮助青少年建立正确的人生观、世界观和价值观,通过体验和参与获得自我同一感。景观设置考虑亲密性、活动性和团体参与性。设置时尚、明快的景观,以及富有科学性和前沿性的小品,丰富游赏体验。增加一些富有神秘感、探索性、挑战性的景观,如趣味迷宫、攀岩、空中走廊等,充分激发青年的创造性和想象力,满足青年的猎奇心和好胜心。场地设置既需要有可供休息和聚会的场所,也要有私密聊天的区域,满足小团体需求。

以中年人为主的景观服务对象为人格发展理论的第六和第七阶段(成年前期、中期)。景观设计目标是使景观受众获得人生的沉淀和发展,提高成就感。景观设置考虑静谧思考需求和聚会洽谈需求,应设置更多的私密空间和静态的赏景点,景观要宁静大气、开合有序,颜色不宜过于隆重。

以老年人为主的景观服务对象为人格发展理论的第八阶段(成年晚期)。景观设计目标是帮助老人克服脆弱、敏感的情绪,获得尊重和团体存在感。老年人有时需要独处休憩,有时也需要丰富的业余活动。景观设置考虑宁静、古典的风格,为老年人的休憩、活动提供适宜的场所。景观小品应符合老年人的审美需求,也要充分考虑使用上的安全性和便利性。

复习巩固

1. 奥尔波特提出健康的人格需具备哪些特征？
2. 简要描述影响人格发展的几个因素。

本章要点小结

1. 人格是一个人的才智、情绪、愿望、价值观和习惯的行为方式的有机整合，是表现在一个人身上的经常的、稳定的、本质的心理倾向和心理特征的综合。

2. 荣格将两种态度（内向、外向）和四种驱力（思维、情感、感觉、直觉）结合，把人格分为外向思维型、内向思维型、外向情感型、内向情感型、外向感觉型、内向感觉型、外向直觉型、内向直觉型八类。

3. 黄希庭把人格的基本特性大致分为整体性、稳定性、独特性和社会性四类。

4. 人格的评鉴方法主要有投射测验、问卷测量法、观察法和访谈法。投射测验常用的有罗夏墨迹测验法和主题统觉测验等；问卷测量法中运用的测量量表分为自测的自陈量表（如卡特尔16种人格因素问卷）和他测的评定量表。

5. 不同的地区自然环境和人文因素的不同，使不同地域的人们在生活方式、价值观念、思维模式、行为方式和社会风俗等方面逐渐产生差异，从而形成各具特色、丰富多彩的地域文化。不同地域的人口在地理环境与地域文化的影响下产生了心理差异，使得人格特征有了地域的差别。

6. 地域文化景观是存在于特定的地域范围内的文化景观类型，它是在特定的地域文化背景下形成并留存至今的，是人类活动历史的纪录和文化传承的载体，具有重要的历史、文化价值。

7. 景观设计中对地域文化进行表达，首先必须探究该地域的历史与现状，对历史留存的地域文化进行分析、归纳与提炼，同时要观察当地人民的生活习惯、行为特点与价值取向，协调好人与地域自然环境之间的关系，用最适宜的设计方法和途径，使得地域文化景观能与体验它的人产生心理上的联系，激发人们对其的认同感。

8. 人格是在先天遗传因素的基础上，在后天社会实践的活动中形成和发展起来的，也就是说，人格是可以培育的。影响人格发展、人格塑造的因素有很多，大致包括遗传、环境、教育、社会实践、人的主观性等。

9. 埃里克森认为，人格发展持续一生，且每个阶段都由一对冲突或两极对立组成,形成一种危机:若危机得到积极解决,自我就会增强,人格就会得到健全发展,利于个人对环境的适应;危机得不到解决,自我的力量就会削弱,人格就会不健全,阻碍个人对环境的适应。

关键术语

人格评鉴 personality assessment

罗夏墨迹测验 Rorschach Inkblot Test

主题统觉测验 Thematic Apperception Test,TAT

自陈量表 self-report inventory

卡特尔16种人格因素问卷 Sixteen Personality Factor Questionnaire,16PF

明尼苏达多项人格测验 Minnesota Multiphasic Personality Inventory,MMPI

爱德华个人偏好量表 Edwards' Personal Preference Schedule,EPPS

艾森克人格问卷 Eysenck Personality Questionnaire,EPQ

地域文化景观 territory cultural landscape

选择题

1. 荣格将人格分为八大类,具有"他们力图从客观世界中发现多种多样的可能性,并不断寻求新的可能性,他们对于各种尚处于萌芽状态但有发展前途的事物具有敏锐的感觉,而且不断追求客观事物的新奇性"这一特征的人格类型属于(　　　)。

A. 外向感觉型　　　　　　　B. 外向直觉型

C. 内向感觉型　　　　　　　D. 内向直觉型

2. 下列属于人格的基本特性的是(　　　)。

A. 整体性　　　　　　　　　B. 独特性

C. 稳定性　　　　　　　　　D. 社会性

3. 下列不属于自陈量表的是(　　　)。

A. 艾森克人格问卷　　　　　B. 明尼苏达多项人格测验

C. 汉密尔顿抑郁量表　　　　D. 卡特尔16种人格因素问卷

4. 埃里克森的人格发展八阶段理论认为人格发展的每个阶段都由一对冲突或两极对立组成,形成一种危机,那么影响人格同一性形成的阶段是在人的(　　　)。

A. 4~6岁　　　　　　　　　B. 6~11岁

C. 12~20岁　　　　　　　　D. 20~24岁

5. 下列不符合美国人格心理学家奥尔波特提出的健康人格特征的是（　　）。

A. 自我意识强烈　　　　　B. 人际关系融洽

C. 现实的自我形象　　　　D. 统一的人生观

第八章

景观与审美

景观是一门艺术，是艺术就要涉及审美，而审美最终作用于人的心理。景观作用于人的心理主要在这几个方面：认知、审美、行为。因此，对这几个方面的研究有助于景观设计的开展。近些年来，我国的景观界开始注意到心理在景观设计方面的作用，出现了不少的研究成果，这些成果多集中在环境行为和景观设计的关系上，对于审美方面则较少系统地研究，原因大概在于美本身的主观性不好把握。本章主要阐述景观和审美的关系，先从人的审美心理开始着手，简述关于审美心理的基本知识，再引入景观审美结构及景观审美体验的相关内容，进而分析景观与审美体验的交叉，最后讲解设计师的审美心理过程，使读者对景观与审美心理有基本了解，进而能更好地在设计过程中运用审美心理。

第一节　人的审美心理

审美是指人观察、发现、感受、体验及审视等特有的审美心理活动。在审美活动中，人通过人的生理与心理功能的相互作用，将可感知的形象转化为信息，经过大脑的加工、转换与组合，形成审美的感受和理解。审美心理学是研究和阐释人类在审美过程中心理活动规律的心理学分支，是一门研究和阐释人们美感的产生和体验中的知、情、意的活动过程以及个性倾向规律的学科。审美心理学是美学与心理学的交叉学科，美学最早主要是关于美的本体的哲学思考，现代美学突破了这种思辨的传统，引进心理学的研究方法，着重审美体验的心理学分析，逐渐形成了独立发展的审美心理学。景观与美密不可分，要欣赏景观的美，人们就需要具备一定程度的审美能力，如此才能够理解、感悟景观的内涵，因此对人审美心理的解读就很有必要。

一、美的本质和特征

（一）美的含义

美具有各种各样的形式，透过其不同的形式，我们可以看到在创造美的过程中人的能动力量。美不仅是客观的自然存在，也是客观的社会存在，美不能离开人而独立存在。

对于美，人人向往，但是什么是美，并不是每个人都说得清楚。一般来说，美包括五个含义：一是形境之美，表述为美丽、漂亮、好看，比如人感受到的时尚流行商品的美、秋天风景的美等；二是行动之后的美，体现在行动的结果上，比如锻炼身体后形体更美、打扫卫生使环境变得更美；三是满意之美，比如，购买的产品令人特别满意，因而心理感受很美；四是实现之美，表现为美梦成为现实；五是憧憬之美，是一种向往的心态，如美好的愿望等。

俄国唯物主义美学家车尔尼雪夫斯基表示，美的事物在人心中所唤起的感觉，是类似于我们在亲爱的人面前洋溢于我们心中的那种愉快，我们无私的爱美，我们欣赏它，喜欢它，如同喜欢我们亲爱的人一样。

（二）美的本质

马克思主义认为，美诞生于人类的社会实践活动。人类从古到今一直进行着社会实践活动。最初是人类为了生存而进行生产劳动，对于生产工具，不会特别注重工具的形态，后来人类对工具不断进行改进，除了更具实用性，形态上也更美观。人类在此过程中也意识到了自己的能力，感觉到劳动工具引起的情感上的愉悦与满足，产生了对美的追求，这也形成了以人类为主体、工具为客体的审美关系，美就诞生了。从中可以看出，审美活动由审美主体的人与审美客体的事物两种要素构成，人与客观世界相互作用产生了美。其中，审美客体又可称为审美对象。

美是人的本质力量的感性显现。人的本质力量是指在认识世界和改造世界的实践活动中，形成并发展的主观能动作用，也就是人的因素第一，表现为人类特有的智慧、情感、能力、意志、理想等。人的本质力量在实践活动中的感性显现，即感觉和知觉的显露与表现，不但成为人类实践中的能动力量，成为推动人类社会发展的动力，而且也是产生美、创造美的巨大力量。

（三）美的特征

1.美的形象性

美能够以具体的事物来体现，美是形象的、生动的、能被人的感觉器官所感知的。在人们的身边，有自然的形象、社会的形象、艺术的形象、设计的形象等，都是感知的审美对象。大自然的美千姿百态，令人震撼。而在人类的一切领域中，美也以不同的形态展现出来，形成一个个生动具体的美的形象。

2.美的感染性

由于美具有感染性，美才能使人感动、愉悦，引起情感的共鸣。美学的先哲柏拉图是第一位提出美具有愉悦与感染性的人，他指出美的事物不但能让你愉悦，而且还让你受到感染。人类的愿望、人生的价值,必然能唤起人在心理上的喜悦、精神上的满足。自然界的美感染了艺术家,使他们创造了各种各样的艺术品。这些创作就是美的感染性激发创造灵感后的产物。

3.美的相对性

美是发展的、变化的,而且也是不断丰富的,美具有相对性。由于人的本质力量不断提升,每个时代和社会对美的审视也是不同的,美的形式和评判标准也是不断变化的。作为审美主体的人,其审美的角度以及个人的喜好、品位、素养、身份、地位、人生追求等不同,审美的感觉和结果也就不尽相同。任何事物都是与其他事物紧密相连的,互为作用的,其关系的改变也必然会影响审美对象的审美属性。

4.美的绝对性

美具有绝对性,美是普遍的、永恒的。美的事物有其自身质的规定性,是有一定的客观标准的。如果事物符合美的客观标准,那么它就是永恒的。例如,张衡的地动仪,有着聪明的构想、巧夺天工的造型,成为经典的设计,它以永恒的审美价值,给后人以美的享受。

5.美的社会性

人类的实践创造了美,使美成为一种社会的存在物,具有社会的属性。美是人类自由自觉地创造世界的结果,随着人的本质力量对社会发展的不断作用,美在不断地丰富与发展。

二、审美的心理因素

审美的心理因素包括审美感知、审美情感、审美理解、审美联想、审美想象等五个方面。在一般审美过程中感知是审美的出发点,情感是审美的动力,理解是审美的认识因素,想象是以上三者的载体、展现形式和审美感受的枢纽。

(一)审美感知

审美感知是审美活动中最初的、最简单的心理过程。它反映的是事物的个别属性。在美感心理的研究中,较之感觉,我们更应重视的是知觉。知觉是在感觉的基础上对事物整体形象的反映,不能简单地把知觉归于诸多感觉的总和。知觉与感觉有着本质的不同。当知觉将感觉所得到的事物诸多个别属性综合为一个整体形象时,事物的意义得到了初步的彰显。美国心理学家吉布森(Qibson)说:"知觉包含着意义,感觉则不然。"看出对象是一块红颜色的布与看出对象是一面红旗有实质性的区别,前者为感觉,后者为知觉。知觉的这种性质,使它成为人类意义世界的基元。严格地说,审美始于知觉。而知觉以感觉为基础,我们将审美感觉与审美知觉统称为审美感知。

(1)审美感知的限制性。只有在人的感觉能力可以接受的范围内,事物的信息才有可能让人产生美感。

(2)审美感知的综合性。美感与人的全部感官有关,但人们一般只注意视觉与听觉这两种感官的审美感知。事实上,美感产生时,人的全部感官都参与了,只是由于审美对象的差异,各感官参与审美的程度不同。审美感知的综合性还表现在各种感觉的相互贯通上,感觉的贯通称为"联觉",又称"通感"。

(3)审美感知的选择性。审美感知虽然具有整体综合性,但作为审美主体的人,对进入感知的各种信息不是不加选择、不分主次、一视同仁的。人们总是在知觉对象中自觉或不自觉地找出他最感兴趣的东西作为主要的知觉点,而将其他部分作为这个知觉点的背景,这就表现出了知觉的选择性。因而审美感知也就具有了选择性。

(二)审美情感

感知是审美最初的心理活动,随之而引发的是情感。审美中的对象,不论是无情的自然物,还是有情的人,都无一例外地成为审美主体的情感对象,是审美主体的情感对象化的存在。

(1)审美情感的主体性。审美主体的情感在审美中具有主体性,即不是审美对象的情感而是审美主体的情感构成了美感的本质。

(2)审美情感的形式性。审美情感的形式性体现在三个方面:第一,它在形式(形象)中存在;第二,它在形式(形象)中深入;第三,它创造形式(形象)。

(3)审美情感的趣味性。这是审美情感十分重要的特性,从某种意义上讲,日常情感只有成为趣味情感,它才能称为审美情感。

(4)审美情感的精神性。审美情感具有很高的精神性,它渗透了深刻的理性内涵,是人性集中的体现。

(三)审美理解

审美虽然以感性为突出特点,但仍有理性存在。审美活动中的理性,我们称之为审美理解,它有如下特性:(1)审美理解的主观性;(2)审美理解的客观性;(3)审美理解的非概念性;(4)审美理解的潜在性;(5)审美理解的模糊性;(6)审美理解的广泛渗透性。

（四）审美联想

联想指由对甲事物的感知而激发起的对乙事物表象的回忆。联想扩大了审美的范围，丰富了美感的内容，有助于审美的深入与升华，在审美中具有重要的作用。

审美联想有很多种类，最主要的有相似联想、接近联想、相关联想、相对联想。

影响审美联想的因素有审美对象对人的刺激程度（包括强度、次数）以及当前事物与回忆事物的内在联系。审美联想依靠大脑皮层神经联系的复苏，使留在大脑中的兴奋痕迹在新事物的刺激下再现。审美联想是一种高级的心理活动和意识活动，需要靠丰富的记忆、活跃的思考、明确的目的性、广博的知识和经验以及一定的思考能力等来完成。

审美联想为设计活动和艺术创作打下了心理基础，如夸张、衬托、象征手法在审美创作中的应用。先有感知，再有联想，联想在有些时候可以直接形成审美意象，但它的主要作用是引导再现性想象和创造性想象的顺利进行。

（五）审美想象

审美想象是以原有的表象为基础，在审美主体的情感推动下，将众多相关记忆表象加以组合再创造成审美意象的心理过程。虽然情感是美感的本质性特点，但想象却是美感的极致。想象最突出的特点是创造性。想象与联想的不同也主要在这里。

三、审美心理的特征

（一）审美心理的自觉性

每个人都有审美的心理与欲望，人会自觉寻觅、选择满足自己需要的审美对象，自觉地调动信息存储、审美经验以丰富审美心理。

审美心理的自觉性对设计活动有特别的意义，因为只有主动自觉的审美心理才能成为设计审美的驱动力。

（二）审美心理的独特性

审美创造是一种创造性思维活动，尤其讲究独特性。时代、阶层、民族、地域等因素使生活实践、审美实践、审美的途径与方式不同，从而造成了审美心理的独特性。这种独特性造就了不同时代、不同地域、不同民族的人对于同一审美对象美感的差异性。

（三）审美心理的共同性、普遍性

人的审美心理存在着差异性、独特性，也存在着共同性、普遍性，而且在一定条件下同与异还可以相互转化。由于人们实践的领域、目的、方式、手段等客观存在着历史的连续性、继承性，审美观念与审美心理也存在着共同性、相似性，因而，当人们从这些共同的审美心理出发，面对同一审美对象，就可能产生共同的美感。先人们留下的文化遗产到今天还被人们视为珍宝，不同地域、不同民族的文化艺术可以相互交流，这些都反映了审美心理存在着共同性与普遍性。

复习巩固

1. 简述美的特征。
2. 简述审美感知的特性。
3. 简述审美情感的特性。

第二节 景观审美结构

优秀的景观作品具有形式美、意境美、意蕴美三种美感形态，这是由景观作品具有的表层、中层、深层三个层次的审美结构而形成的。景观表层审美结构是审美表象系统，表现为"格式塔"，其生成机制是主体感知觉的加工，其独立审美功能是创造形式美。景观中层审美结构是审美意象系统，由中层审美结构转换生成，表现为意境，其生成机制在于主体的"统觉""想象""情感"活动，其独立审美功能是创造意境美。景观深层审美结构是特征系统，由深层审美结构转换生成，表现为特征图式，其生成机制是人类心理的抽象与投射活动。意蕴美是景观审美性表征的终极目的，其审美机制是景观整体特征与主体心灵图式的同构契合。

一、景观形式美

形式美是人们最熟悉的美感形态，即形式所带给人悦耳悦目的感官愉悦。景观作为一种客观存在，进入审美主体的主观世界的第一个层次就是表层审美结构层次。经过主体感知的活动，景观转换为主观性的表层审美结构。这个表层审美结构"格式塔"是景观真正的审美对象，其独立美感形态就表现为形式美。

形式美所在的层次是审美的初级层次,即景观作品的形式层。形式美是景观表层审美结构具有的独立审美功能,主要表现为感官的欢乐,如景观中的鸟语花香、色彩交错、形态变换等给人以丰富的感官享受。许多传统景观的名称就点清了这层意思,如听松、沁芳。现代的许多景观设计师也有特意针对耳目之悦,设计出"听风管""触摸"等景观设施。

(一)什么是形式美

形式美这一概念,通常有两种含义。广义的形式美是指审美对象的外在形式所具有的相对独立的审美特征,也就是我们通常所说的美的形式,它是具体的、感性的。狭义的形式美是指各种形式因素(色彩、形体、声音等)的有规律(如整齐、平衡、对称等)的组合所具有的美。狭义的形式美才是严格意义上的形式美,它是从无数具体的感性美的形式中所抽象概括出来的。

由此我们也可以看出,形式美的两种含义,即抽象的形式美同具体的美的形式两者既有联系又有区别。一方面,抽象的形式美是从无数具体的美的形式中概括归纳出来的共同规律,是美的形式的提炼和升华;另一方面,抽象的形式美又渗透于各类具体的美的形式中,通过它们表现出来。因此,形式美和美的形式的关系实际上是一般与个别、抽象与具体、普遍与特殊的关系。形式美只能通过许多具体的美的形式表现出来,而具体的美的形式又无不包含着抽象的形式美因素。比如音乐作品的形式美就是借助音色、旋律、节奏来表现的;大自然中山水的形式美则凭借具体的山水的形状、色彩等来表现。

(二)形式美的形成

形式美的形成有深远的社会历史根源,总的来看,形式美的法则是人们在长期审美实践中对现实中许多美的事物的形式特征的概括和总结。人们之所以认为这样的形式是美的,是因为它是体现美的事物的形式,这种形式最初是体现人们的自由创造力量的美的事物的外部特征,人们认为这样的形式是美的,是由于它是内在美的外部形式。后来受人的条件反射心理的影响,只要见到这种美的形式特征就会产生美感,而不必去考虑形式中包含的内在本质。比如在原始社会的时候,人们经常把动物的牙齿串起来挂在脖子上,开始它是作为一种勇敢的象征,或乞求神赐予力量。久而久之,随着时间的推移,这种形式逐步脱离了原来的实用价值,人们看到它们时会自然而然地产生一种亲切感,这时候,它们已经成为一种装饰品,成为一种时尚,一种形式上的美感。人们认识到形式美的这种能够引起美感的特殊作用之后,就自觉地对美的事物的外在特征进行有规律性的抽象概括,逐渐认识了形式美的法则,并依照这个法则进行美的创造,在自觉运用形式美的法则进行美的创造过程中,人们又进一步丰富和发展了形式美的法则内容。再比如许多抽象的原始的花纹图案,表面看来似乎是毫无内容的纯形式,倘若考察它们形成的历史,就会发现它们最早往往同现实中某些动植物或同人类相关的其他事物有着密切的联系。

"仰韶、马家窑的某些几何纹样已比较清晰地表明,它们是由动物形象的写实而逐渐变为抽象化、符号化的。由再现(模拟)到表现(抽象化),由写实到符号化,这正是形式美的一个原始形成过程。"可见,形式美的形成确实是同人类的社会实践密切相关的。最初,形式的外在美总是包含某种具体的社会内容的,有明确的实用目的,后来逐渐由实用转化为审美时,形式美就开始具有了独立的审美价值。

(三)形式美的类型

形式美有两种类型,即秩序型形式美与变化型形式美。

1.秩序型形式美

秩序型形式美,即人们普遍认识的传统形式美,是指在历史演进过程中,形式所呈现的具有共同性、规律性且广为接受的抽象的美,包括事物的自然属性(如形、声、色)及其组织原则(如对称、均衡、比例、节奏)等传统形式美法则,是一种特指的符合人们审美习惯的、内容被固定下来的形式美,秩序是其主要特征。在景观中,传统法国园林是以秩序为特征表现传统形式美的典型,如凡尔赛花园通过规整的布局、清晰的轴线、严整的比例表现出传统形式美。

2.变化型形式美

变化型形式美是指与传统形式美法则相悖的美感形态,如混乱、无序、怪异等,变化是其主要特征。也有人称之为传统形式美的审美变异。其实无论有怎样的差别,也都在形式美这个层次。

中国传统园林就以变化为特征,是表现非传统形式美的典型,讲究"步移景异",时常违背传统形式美法则,但却无可置疑地富含"形式美"。如耦园通过多变的山体、蜿蜒的流水、曲折的小桥、变换的视点表现出非传统形式美。

(四)景观形式美的独特性

景观与其他艺术相比具有两种独特性,即真实性特征与多感觉特征。

1.真实性特征

景观的物象是客观存在的：鸟语花香、苍松修竹都是真实的、具象的。景观与绘画、雕塑、音乐、戏剧、电影、文学、舞蹈等其他门类艺术的不同之处就在于这种真实性。由此也产生两个创作难题：一是过于具象真实的景观物象与日常生活中的事物几乎没有区别，使人难以抱有审美态度去体察其作为艺术的美；二是多系统的、综合的、过于复杂的景观物象比较难于抽象出形式美要素，需要欣赏者具有较高的视觉能力和欣赏水平。

2.多感觉特征

克罗齐说："一切印象都可以进入审美的表现。"视觉、听觉的感受结果形成形象性的审美表象，而味觉、嗅觉、触觉接受的综合刺激影响审美表象的形成，甚至形成"通感"。所以景观的形式审美是多感觉综合的。"蝉噪林愈静，鸟鸣山更幽""疏影横斜水清浅，暗香浮动月黄昏"等类似的诗文都描述了听觉、嗅觉等视觉之外的感觉对景观形式构成的影响，这要求在景观创作中要尽可能调动各种感官的积极参与，形成丰富多彩的形式美感。

二、景观意境美

（一）景观意境美的形成

景观中层审美结构是意境美的来源，是表层审美结构经过主体的统觉、想象与情感作用后建构成的审美幻境，就是景观作品的艺术形象，即意境，它是景观的真正审美对象，这是从表现形态角度考察的。从系统构成的角度考察，景观中层审美结构是由审美意象为基本单位构成的个体审美意象系统。

相比于欣赏景观的形式层面，意境美带给人的是心灵上的愉悦，不过景观的意境是由个体景观意象组成的。景观设计的至高境界是指某种情调或文化形式被景观意象深刻地表达出来，并使人产生联想和感悟，设计师将自己的思想境界、品格意志和人生感悟等深层次的文化内涵蕴藏在景观中，营造景观深远的意境，从而触动人们的心灵，"景有尽而意无穷"是景观意境营造的精髓。

意境的产生过程，就是审美主体通过"统觉""想象""情感"等活动将景观表象转化成审美意象的过程，主体的情感、经验融入景观意境之中。因此，当景观拥有"某些特质"，能引起审美主体的心理活动，将景观表象升华为审美意象，也就代表这种景观具有意境美。

景观中层审美结构具有自己独立的审美功能,就是生成意境美。意境是指由各种独立意象形成的一个共同境界指向的意象系统,经过人的想象、统觉、情感的重构而生成的虚幻境界,既有景物的客观特征,又有主体加工的情态特点。昆明大观楼长联描述了孙髯意中之境:"五百里滇池奔来眼底,披襟岸帻,喜茫茫空阔无边。看:东骧神骏,西翥灵仪,北走蜿蜒,南翔缟素……"这种重构之境,超越了眼中的现实景观,大大拓展了视野范围与内涵深度,使人们从这种意境中感受到一种幻妙景象,体味出日常难有的超离之美,即意境美。

景观意境美源于景观意境与生活经验不即不离的虚实相生。不即为虚,不离为实。现代景观大师哈普林(Lawrence Halprin)擅长通过对自然景观形象的提炼与变换,创造出形神皆备的"城市山林",带给人们"人道我居城市里,我疑身在万山中"(元维则《狮子林即景》)的梦幻般体验。这种与现实若即若离、不即不离的状态,正是景观意境美之所在。

景观意境美不同于表层形式美的悦耳悦目的感官愉悦,是心居神游所带来的悦心悦意之心灵愉悦。郭熙在《林泉高致》中谈道:"春山烟云连绵人欣欣,夏山嘉木繁阴人坦坦,秋山明净摇落人肃肃,冬山昏霾翳塞人寂寂。"这就是四时之境给人悦心悦意的意趣享受。在这种心灵的重构中,人就获得了一种心物合一的自由,即古人所说的畅神。

景观是一个多层次、多对象的复杂审美系统,从中层审美结构的角度,独立意象与局部的意境以及整体意境,都可以成为审美对象,生成不同的审美感受。一丛竹、一片水、一峰石可以独赏;一个小园可以独立成境;几个小园又共同成为另一种境界存在。

(二)景观意境美的特性

景观作为一种艺术门类,与其他艺术相比,在意境生成方面具有独特性,具体表现在以下几个方面:

(1)高度契合。景观艺术与其他艺术比较,最大的特点在于其物境与意境的高度契合。其他艺术中,如画布、颜料、塑材、声响,其本身并不构成物象。唯有景观,其树木、池水、峰石、山体、道路、桥梁设施等,都是实体形式,都可以成为物象。由此构成的物象系统所形成的客观物境,是一种实际存在的时空之境,与意境具有先天的契合性。

(2)身心合一。物境是人的身体可入之境,意境是人的心神可入之境,二者在景观中高度契合。其他艺术如果要构筑理想的世界,只能通过艺术幻象间接来实现,而景观艺术则是在现实世界直接建构而实现这种理想。所以很多人说,园林是建造在

地上的天堂。

（3）亦幻亦真。景观是精心设计的结果，其物象的自身形象往往超乎常人想象，石头的漏透瘦皱、梅树的屈曲横斜、空间的飘忽不定等等，景观物境本身已经具有幻境的特点：超常、神秘、集美。其本身在某种程度上已经将创作者的幻境转化为实境，欣赏者无须太多的幻想补充。

（4）易于感知。景观可以达到物境与意境的高度契合。景观审美活动中，意境需要有主体心智的建构，如果景观与物境不即，就存在着意义空白和召唤结构，更有主观发挥的余地，而不拘泥于物境。景观物境的高度完善又使之与意境不离，物境本身结构的强烈指引性使主体不用太费力想象就能生成意境，易于感知的提升。

（5）亲和余味。景观生活与日常生活高度契合。景观的内容是超常的，其中的生活并非日常生活，而是审美生活。"荷不为采，水不为溉，鱼不为渔，树不为伐。"其目的只有一个：创造一种非功利性的审美性生活。景观较多的以日常元素为物象，以日常审美经验为基础，较少出现在其他艺术中常见的奇诡怪诞形象。比如，中国园林景观具有极大的想象空间，却又与生活环境融于一体，所以意境特征鲜明、博大、亲和而又有余味。

三、景观意蕴美

在优秀的景观作品中人们还能感受到意境背后存在着某种更深的结构，这种结构会给人带来难以言表的心灵感动，生发无尽的意蕴，这是景观真正的艺术价值所在。审美意蕴就是景观的深层结构所形成的。景观的表层结构审美和中层结构审美及其对应的形式美、意境美只是景观两个层次的结构和美感形态，还不是景观审美的根本。景观审美的终极目的就是构建景观艺术的深层审美结构——特征图式，以及形成终极美感形态，即意蕴美。

（一）意蕴美的内涵

传统意境的内涵十分宽泛，"情景交融"是其主要特征。从理论分析的研究角度，意境可以区分为"境"与"意"两种突出特征。"境"就是前述的审美幻境，偏重于客体形态；"意"就是"意蕴"，偏重于主体的情感感受。意蕴是主体在对意境的欣赏体验中生发的情态，是更深层次的审美产物，是景观深层审美结构的作用结果。

人们在欣赏景观时，常常希望能够透过景观的表层形式感悟到更深的精神内涵。优秀的景观作品能够超越平凡的作品，在形式美感之外，会以深邃的内在结构给人以丰富、深刻的情感激励与召唤。于是人们说这些景观具有深刻内涵与丰富的意蕴，给人以意蕴美的审美感受。

(二)景观意蕴的情意类型

意蕴从一般的理解上看,是指主体在审美过程中的所感所悟,其内容是模糊、朦胧的,能够感知却不易明确的,即"只可意会,不可言传"。意蕴如果从情与意的趋向上考察,大略可分为两类:情感型与意念型。

情感型的意蕴趋向于主体的感情、情绪等,表现为喜、怒、悲、愁等。如陈子昂登幽州台时的"念天地之悠悠,独怆然而涕下";李端在《题崔端公园林》中的"旧山东望远,惆怅暮花飞"等。故宫的高墙深院给人以雄伟壮丽的感受,使人产生臣服、崇敬之情;长城的苍山古墙则给人以恢宏、凝重的感受,使人产生怀古追思之情。这些都是主体的情感意蕴的生发。倾向于这种情感型意蕴的"境",王昌龄称之为"情境"。

意念型的意蕴则趋向于主体在情感意蕴体验的同时,生发对人生、宇宙等方面的丰富联想、思索与慨叹。如"先天下之忧而忧,后天下之乐而乐"是岳阳楼引发的范仲淹对人生的思辨;"数千年往事注到心头,把酒凌虚,叹滚滚英雄谁在……"是昆明大观楼引发的孙髯对历史的感怀。倾向于这种意念型意蕴的"境",王昌龄称之为"意境"。

实际上,意蕴本身并没有情意之分,而是情意交融的,意因情而真,情因意而浓,难分彼此。故而,王昌龄提出的"三境"(即物境、情境、意境)在历史发展过程中,"意境"逐渐包容了"情境",而成为中国美学的重要范畴。

(三)景观意蕴的特性

(1)意蕴是对整体结构的感知结果,而非对个别意象审美的结果。如中国园林的深邃、悠远的意蕴是园林整体结构的表现,而非单一的池水、峰石、花木、建筑的个别表现。

(2)意蕴是主体知觉想象体验的结果、主体生成的主观的内容,是双重建构的结果,而不是通过推理与判断得来的,不是客体自有的附加意义。如《岳阳楼记》《滕王阁序》和大观楼长联等文学作品所表现的,都是主体在景观中生发的种种关乎人生、历史、命运的感怀,而不是这些景观自有的意义。

(3)意蕴是深层的、非个别的、局部的、浅显的、感性的,是认知内容以外的宏大深邃的内涵,指向人生境界和精神内涵,引发生命感、历史感、宇宙感,具有人性的普遍意义。

(4)意蕴是抽象的,是作品表面含义之外的、语言难以表述的"言外之意",欲辩难言的"象外之旨"。

复习巩固

1. 景观形式美有哪两种类型？
2. 简述景观意境美的独特性。
3. 景观意境和意蕴有何区别？

第三节 景观与审美体验

从审美学的角度来讲，审美体验的整体性是指主客体以完整、全面、有机的整体构成彼此的关系。在审美主体方面，要让主体内在相统一的因素投入到对审美客体的感知和体验中，即发挥主体的情感和意志等心理因素的作用以及调动主体其他相关内在因素进行审美体验；在审美客体方面，构建能够使审美主体对审美客体产生心灵共鸣和有意味联想的认知载体，使审美主体形成从表象到内在精神和心理的整体性客体认知。在景观审美体验中，景观的观赏者通过感知等情感活动认识景观的外在因素，同时，也以不同的角度认识其内部结构，从而完整地认识景观的价值和意义。

一、什么是审美体验

（一）审美体验的定义

体验是一种生命活动的过程，体现为人的主动、自觉的能动意识。在体验的过程中，主客体融为一体，人的外在现实主体化，人的内在精神客体化。

审美体验是日常体验的升华，是个体在生命活动中对理想的生命形象的直觉或顿悟，是个体对自身生存状况的一种当下直觉。审美体验是发生在瞬间的直觉。

在人类的多种体验当中，审美体验最能够充分展示人自由自觉的意识以及对于理想境界的追寻，因而可以称之为最高级的体验。人在这种体验中获得的不仅是生命的高扬、生活的充实，而且还有对于自身价值的肯定以及对于客体世界的认知和把握。因而，我们不仅应把审美体验视作人的一种基本的生命活动，而且还应该将其视作一种意识活动。

审美体验就是形象的直觉。所谓直觉，是指直接的感受，不是间接的、抽象的和概念的思维。所谓形象，是指审美对象在审美主体大脑中所呈现出来的形象，它既是审美对象本身的形状和现象，也要受到审美主体的性格和情趣的影响而发生变化。

譬如同样是一朵花：在植物学家的眼中它是属于某一科的植物；在动物学家眼中，它能够为蜜蜂提供花粉来源；在哲学家的眼中，它具有带给人们愉悦的社会功能；而在景观设计师的眼中，它是景观重要的构成要素，能够提供色彩、香味以及各种形态。这种因所从事的职业不同而产生不同的直觉，是审美体验受审美主体的性格和情趣的影响而发生变化的最佳证据。所以说，审美体验的直觉不是一种盲从，而是一种扎根于审美主体的文化、学识、教养等之中的高级"直觉"。

（二）审美体验的特征

（1）审美体验具有原构性。原构性是指审美体验具有原始建构的属性。它显现了审美体验的力度。

（2）审美体验具有历构性。历构性是指审美体验具有历史建构的属性。它体现了审美体验的深度。

（3）审美体验具有超构性。超构性是指审美体验具有超越现实、超越个体而进行意义建构的属性。

（4）审美体验具有预构性。预构性是指审美体验具有预先建构未来形象的属性。

二、审美主体

在审美活动中，客体与主体之间的关系是一种相互依存的关系，客体为主体而存在，同样，主体也为客体而存在。要是说，一个潜能性的审美客体离不开一定历史条件下的社会群体的话，那么，一个现实性的审美客体就离不开能够足以感受、欣赏、品悟这一客体的个人。景观审美的愉悦来自审美主体对有利于其生存需求的环境的体验或感知。要成为审美主体，需要具备一定的审美条件。

（一）审美条件的内涵

1.较高的审美能力

较高的审美能力是开展审美活动非常重要的一个条件。一般说来，每个人都具有一定的审美能力。即使是两三岁的孩童，他也会觉得彩虹是美的、手中的花朵是好看的；一辈子深居山乡、很少与现代文明接触的老年人，他们也会欣赏简单的小曲小调的美、自然风光的美。不过，前面我们说过，由于种种条件的不同，人与人之间的欣赏能力是很不一样的。这种审美能力差异直接影响审美活动的展开。

审美能力大致包含以下三个方面：

(1)完善的审美感官。

审美感官可分为内在感官和外在感官。这里指的主要是外在感官,也就是"感受音乐的耳朵,感受形式美的眼睛"。我们要求的审美感官的完善性,既是生理的,也是社会的。从生理的角度来看,视觉器官、听觉器官等是审美体验产生的生理条件。但是,这并不是说一个人只要生理上没有缺陷就可以欣赏美,因为审美是一种社会性的活动,所以,审美感官除了生理性的一面外,还有社会性的一面。比如,当人看见红色杜鹃花的时候,如果仅仅是从生理的角度来说,那么,人们对它们的感受都是一样的,杜鹃花所具有的红颜色以及花朵的形态,都能通过人的视觉神经传导到大脑中枢的有关部位,引起相同的色彩和形状反映。如果从欣赏的角度来说,那就不同了,因为对于一个热爱祖国、了解中国革命历史、知道工农红军长征经过的人来说,每当他看到漫山遍野的杜鹃花,浮现在眼前的不仅是鲜艳的色彩、盛开的形态,而且还有对革命先烈艰苦征程的一种联想,他会感受到祖国的强大与革命先烈的艰苦抗争是分不开,同时他还会进一步感受到我们国家对革命先烈的缅怀等社会性内容。

(2)敏锐的审美感受力。

人的审美感受力也是有很大差别的,有的人比较迟钝,即使生活在一个很美的环境之中,对生活环境中的美也往往视而不见、听而不闻,或者只是从外在形式上来感受对象的美。有的人却不同,他们不仅有追求美的渴望,而且还有很强的感受美的能力。平时,他们非常善于用审美的眼光去观察周围的生活,敏锐地去感知各种感性形象中所潜藏着的美的信息。当面对一处优美的自然胜景时,从这里大大小小的事物中所显示出来的色彩的美、音响的美、造型的美、动态的美、气势的美、意境的美等,都能引起他们的关注,唤起他们的美感。当他们在观赏戏剧、阅读小说时,也不会局限于从色彩、声音、语言、情节等外在形式来欣赏作品,而往往会从演员的表演、形象的创造、性格的刻画、情节的安排、结构的组织乃至于一个细节的处理、一个词语的运用,来体味其中的美。这种敏锐的审美感受力是欣赏能力的核心,一个人如果缺少了最起码的审美感受力,他的精神生活将会十分空虚、贫乏,他的性格发展也会受到很大影响。

(3)丰富的审美想象力。

黑格尔说过:"最杰出的艺术本领就是想象。"其实,想象不仅表现在艺术活动中,也表现在审美活动的各个领域之中。一个对象之所以能够成为审美对象,其特点之一就是能唤起欣赏者的奇思异想。欣赏活动是很需要丰富的想象力的,审美乐趣的很重要的一个方面,也就在这神奇的想象之中。黄山不光以怪石、云海、奇松、温泉等自然风光吸引着成千上万的游客,而且人们还通过点石成金的想象魔力,把普通的顽石化为"石猴观海""仙人指路""松鼠跳天都"等景点,这就能大大地激起人们的游兴。欣赏艺术也是如此,在阅读小说时,如果你能张开想象的翅膀,那么,作者所展示的有限笔墨就能使你的脑海中涌现出各式各样栩栩如生的人物形象和恢宏的生活场景。一个人要是缺乏必要的想象力,那么,他在审美活动中只能在对象表现的物化形式上打转,而不能进一步感受、体会其中意味,这样势必会大大减少审美的乐趣。休谟说过:"多数人之所以缺乏对美的正确感受,最显著的原因之一就是想象力不够敏感,而这种敏感正是传达较细致的情绪所必不可少的。"可见,审美想象力丰富与否是确定一个人是否具有较高审美能力的一个重要方面。

2.丰富的文化知识

审美是一种文化活动,一个人若要顺当地开展审美活动,就必须具有相应的文化知识,否则就不能在美的天地中自由翱翔,真正领略其中的美。文化知识的面是很广的,它包括历史知识、社会知识、科技知识、艺术知识等。

比如,要欣赏景观设计作品,不但需要具备基本的文化知识,而且还要熟悉各种符号手段,甚至是能够理解每种植物的搭配、每块石头运用的意义等,同时还要有一定的艺术鉴赏力。德国符号论美学先驱卡西尔说道:"在某种意义上可以说所有的艺术都是一种特殊意义的语言,它不是作为一种符号语言的语言,而是一种直觉的语言。那些不能了解这些直觉符号,因而也就不能感觉色彩、形状、空间形式和各种花样,不能感觉声和旋律所具有的生命力的人,是与艺术作品隔绝的。"这话说得很正确。一个目不识丁的人,就无法通过阅读与文学建立审美关系。一个缺乏乐理知识的人,不要说五线谱,就是简谱也是一窍不通,这就会影响他对音乐美的感受。目前,很多青年人都不喜欢欣赏京剧,其中的原因当然是多方面的,既有内容方面的原因又有形式方面的原因,也有欣赏者个人经历方面的原因,但其中很重要的一个原因,就是他们对京剧这一传统艺术的表演形式、唱腔、脸谱、念白等缺乏最起码的了解。

美不仅表现在景观设计和艺术作品中,也表现在社会生活各个领域之中,一个人如果没有一定的社会知识,是难以欣赏到社会中的美的。举例来说,各种各样的体育比赛是很有魅力的,从运动员快速、有力、准确、敏捷的动作和天衣无缝的配合中,人们可以获得很大的审美满足。可是,如果我们不了解某项竞技的发展历史和比赛规则,那就很难领略其所蕴含的美。社会文化知识越丰富,就越能更好地欣赏社会各个领域中的美。

3.适当的审美心境

审美是对象与主体之间发生的一种情绪反应活动,审美心境是引起这种活动的重要情绪基础。孔子认为,欣赏音乐一定要专心致志,不仅要用耳听,而且要用心和气去感受。此外,还要排除尘世间的一切杂念,忘却自我,否则,就很难进入美的境界。这就是我们所强调的审美心境。人们阅读一部小说,可以情不自禁,如痴如醉;游览一处胜景,可以流连忘返。这种审美效应的发生,固然与审美对象本身所蕴藏着的审美因素有关,但是,良好的审美心境却是主体所必备的条件。如果一个人心绪烦闷,精神不振,那么,再美的对象也不能唤起他的审美情趣。

4.高尚的审美情操

审美是一种高尚的行为,是人类精神文明发展水平的一种标志。美是前进的、积极的,具有一种勃勃向上的生命力。这是因为任何一个美的对象总要通过具体的感性形态显示出人的积极向上的本质力量。但是,作为社会历史发展的一种精神成果,从严格意义上讲,它并不属于每一个社会成员,而只属于进步人类。因为只有心地善良、具有相应的积极向上的本质力量的人,才会去发现美、保护美,也只有他们才会欣赏美、创造美;品格卑下、灵魂肮脏的人,与美总是格格不入的,他们往往是嗜臭成癖,视丑成美。

美是人类精神文明建设的宝贵成果,只有心灵美的人才能真正欣赏它,与它发生共鸣。因此,一个真正能够欣赏美的人,自身就必须具有高尚的审美情操。正如普洛丁说:"首先应该是使心灵自己学会看美的事业,接受美的行为⋯⋯如果本身不美也就看不见美。所以一切人都须先变成神圣的和美的,才能观照神圣和美。"

(二)审美主体的形成

上述审美条件是每一个审美主体都必须具备的。那么,我们能否说,当一个人具备了各种审美条件后,他一定就是一个审美主体呢?也不是。因为条件毕竟只是条件,它只为人成为审美主体提供一种可能性,要使可能成为现实,这个人还必须进入具体的审美活动状态才行。

在现实生活中,每个人都具有从事各种社会活动的能力,如认识能力、生活能力、审美能力等,人们正是凭借各种能力与周围的现实世界发生各种关系,展开各种活动,如认识活动、生产活动、审美活动等。一个主体性存在的人可以有各种不同的身份,审美主体就是人多种身份中的一种。在生活中,人们也总是随着不同活动的进行,不断地变换着自己的身份。一个人若要取得审美主体的身份,不仅要有一定的审美条件,而且还要借这些条件,切实地开展具体的审美活动才行。没有审美活动,也就没有审美主体。

比如,当你来到一处胜景,纵使有很好的审美条件,如果你没有凭借这些条件去领略其中的美,而只是研究这里自然界的生态规律,那么,你在此时还只能算是一个认识主体,而不是审美主体。成为审美主体的标志,不在于你是否具有一定的审美条件,也不在于你是否置身在具有一定审美属性的对象里面,而在于你是否与对象发生了审美关系,进入具体的审美状态。如果能怀着审美的态度,把自己的身心投入到具体的欣赏活动中,通过审美感知,展开丰富的想象,使情感受到激励,理智受到启迪,精神上得到极大愉悦和满足。只有这样,你才算得上是一个审美主体。

对象与主体是互为依存的,不仅对象要具有一定的审美性质,主体要有一定的审美条件,更重要的是还必须有具体的审美活动,只有通过审美活动,对象才能真正称得上审美对象,主体也才能真正称得上审美主体。

(三)景观审美体验的意义

景观审美体验能起到升华本能、解放情感、焕发生命的作用,能极大地拓展人的精神空间。

对自然景观的审美体验,可以使人精神愉悦,使人得到美的享受,可以开阔心胸、陶冶情操,可以唤起人们对生活的热情,激发人们对人生的热爱,可以开阔视野,启迪科学和艺术的创造,可以对青少年进行自然教育,还可以对老年人提供丰富的精神和生理帮助,等等。

对社会类景观的审美体验,比如:人民英雄纪念广场能够唤起人们对革命先烈的崇高敬意,能够提醒人们当下的美好生活来之不易,是无数革命英雄艰苦奋斗的结果;城市开放空间中设立的雕塑景观能够传递它独有的意境,抑或是城市的形象,抑或是某种品质,使审美主体产生情感的牵动和共鸣,进而提升人的品质;法制宣传景观能使审美主体得到法律知识的学习,丰富其法律知识。

景观的审美体验具有相当重要的意义,景观的服务对象始终是人类,景观都是以美为前提的,设置景观的一个目的便是向人类传递美,而人对美的追求是出于本能的,是无止境的。因此,对于景观设计师而言,积累审美体验是很重要的。

复习巩固

1. 简述审美体验的特征。
2. 简述审美条件的内涵。

第四节　设计师的审美心理过程

审美活动由审美主体的人与审美客体的事物两种要素构成,二者缺一不可。本节的重点在于探究设计师在美的创作中的心理规律。马克思主义认为,美诞生于人类的社会实践活动,人与客观世界相互作用产生了美。设计师是美的创造者,设计师审美水平的高低会直接影响设计作品质量的高低,因此设计师的审美能力及设计理念是保证其设计作品具有美感的前提。

设计审美不是被动的感知,而是一种主动、积极的审美感受,经过感知、想象主动接受美的感染,领悟情感上的满足与愉悦。设计审美活动中,设计师与设计成果构成审美关系,设计成果是设计师对自身本质力量的肯定和自我精神的把握,是设计师的设计审美实践活动所创造的成果。

一、设计师的审美心理过程

由感觉到认知,由认知到情感,由情感到意志,设计师的审美心理过程与人的其他心理活动一样,经历着认知过程、情感过程与意志过程。

(一)设计师的审美感知

1.审美感觉

感觉在人类的生活中具有非常重要的作用,感觉是人类认识世界的开端。审美感觉为整个审美心理活动提供基础。通过感觉,设计师能认识外界事物的颜色、气味、形态等属性,获得最基本的审美快感和初级美感。在此基础上,设计师对通过感觉获得的信息进行加工,进行审美中更复杂的知觉、情感、联想、想象等高级心理活动,从而更好地反映客观世界。

对于设计者来说,他们需要有丰富的审美感觉,同时这种感觉还必须具备一定的敏锐度,也就是说,设计师要能够在人们认为普通的事物中发现可设计和创作的亮点。对于事物的理解,设计师要透过外表看本质,善于抓住重点。

设计者还应该拓宽自己的视野和丰富自己的阅历,以使审美感觉更深刻,更具层次性。如游同一个园林,普通人可能会看园林景观表层的东西是否美观舒适等,而景观设计师更注重的是园林景观深层次的气质表现,挖掘其设计内涵。这就需要景观设计师具备一定的文化内涵和阅历。

美学理论家王朝闻曾指出,只有诉诸感觉的东西,才能引起强烈的感动。审美对象只有经过设计者的感觉,才有可能引起创作的美感。

2.审美知觉

审美知觉是以感觉为基础,在社会条件的作用下形成的。

为了给设计和创作的想象、联想、判断、理解和情感奠定心理基础,设计人员在拥有了形象的知觉外,还应具备时间知觉、空间知觉、节奏知觉以及动知觉、静知觉等。设计的审美知觉不是知识的判断或科学的归类,而是通过设计对象的外在表现形式来诠释其内在的情感。比如,人们看到交通红绿灯,只会想到红黄绿灯所代表的交通指示,但设计者们不但拥有这种知觉,可能还会有和谐、安定的知觉,进而产生用设计手段实现融洽环境的激情,以更具魅力的深层次知觉来为审美创造奠定基础。这就要求区分设计的审美知觉和一般的感性知觉。就设计的审美知觉而言,设计者能在不考虑审美对象功利性的前提下,对事物的形状特征进行特别关注,从而用他的感官系统全面接收关于事物的特征和情感的信息。设计的审美知觉与一般的感性知觉还有另外一点明显的区别,即设计的审美知觉具备丰富的情感色彩,促使设计者产生一种有选择、有对比的主动积极的心理活动,并将其付诸个性鲜明的设计活动,达到外在形式与内在心理的融合。

(二)设计师的审美想象

设计的审美想象包括审美联想和审美意象。

1.审美联想

审美联想是审美心理形式之一,可以表现为接近联想、相似联想、对比联想、因果联想等。在审美活动中,审美主体由于联想的作用扩大了审美观照的时空。在审美想象中,联想是最为基本的,也是不可缺少的。景观设计师需要有充分的审美联想能力,才能设计出好的方案,美的景观。

2.审美意象

从哲学角度来解释,审美意象是指对象的感性形象与设计师自己的主观意识融合而成的蕴于胸中的具体形象。康德指出:"审美意象是指想象力所形成的某种形象呈现,它能引人想到许多东西,却又不能由任何明确的思想或概念把它充分地表达出来,因此也没有语言能完全适合它,把它变成可以理解的。"

设计者在进行艺术鉴赏或创作时,应准确把握审美的特征,还要意识到审美意象是非现实的、展现人类审美经验的、能转化为被感性把握的、富有意味的表象世界。审美意象虽然以物质实在层为基础,以形式符号层为指示,但它却是艺术品的一个更为高级、深入的层次。准确地说,意象世界只潜在地存在于形式符号层中,而现实地生成于接受者鉴赏时的心理活动中。这意象也就是鉴赏中生成的审美对象。

可见,艺术的审美意象是作为其载体的物质实在层和形式符号层引导设计师进入审美状态后,经设计师的审美知觉和想象而产生的,它是一种非实在的精神性存在,只有当设计师的心理经历了一种从实在性向非实在性的飞跃,穿越了物理时空,才可能创造出属于自己的审美意象。但审美意象的最根本的特征是它来自现实世界却追求虚拟的审美效应。设计师在对待艺术品这一精神产品时,在作品中意象的导引、暗示下,不断重构意象,趋向虚拟境界。这是一个超功利的审美的过程,艺术在其中实现的也主要是其审美功能。意象的营构主要也是为了传达设计师本身的审美经验。

二、设计师的审美能力

(一)审美经验

审美经验是指审美主体在感受、体验、创造美的过程中积累的经验,是人的内在心理活动与审美对象之间相互交流、相互作用的结果。审美经验永远也不可能离开具体审美对象的感性特征,而总是在直接感受审美对象的外形、色彩、线条和质地等过程中完成。人的审美经验有两种:一种是感官直接接触审美对象而获得的未经理智加工的经验,是感性的审美经验;另一种是在实践中积累的经验性概括或习惯的理性审美经验。

审美经验的作用是加深审美的感受、体验、想象、理解等心理活动的敏锐程度和深广程度,直接影响着审美创造。普通心理学告诉我们,人的知识、经验愈丰富,思维能力愈强,对事物及其联系的认识愈清晰、全面、深刻,记忆就愈牢固,回忆也就更加敏捷、准确,更能把握事物之间的本质联系,从而也就更能激活联想与想象。

可见,设计与创作的审美活动需要审美经验,只有依靠自己积累的审美经验,并学习借鉴他人的审美经验,才能创造出新颖独特、鲜明生动的设计成果及艺术形象。对于设计活动应该积累的审美经验,可参考美学界的两种观点:克莱夫·贝尔(Clive Bell)和罗杰·弗莱(Roger Fry)等人认为审美经验是独特的,不同于一般经验,甚至与一般经验毫无关系;杜威(John Dewey)等人认为审美经验不过是日常生活中各种普通经验的完善化与综合化。这两种观点都有合理的成分,它们都提出了审美的心理结构问题,只不过前者突出了审美的成果和状态,后者突出了审美的组成和来源。

审美经验对设计师设计与创作的启发是:积累设计的审美经验要以日常经验和

生活经验为基础,但不要满足于一般的日常经验与生活经验,而是将一般经验纳入审美心理结构中,形成设计的审美经验。比如,以逻辑思维为主的工程设计,要补充感性经验,增强形象思维的运用,以提升设计成果的艺术性;而以形象思维为主的艺术创作,则应补充理性经验。这也就是现在提倡的科学与艺术的结合,实际上也就是主张审美创造活动中的审美经验更加系统和全面。

(二)审美能力

设计师要设计出好的作品,不仅需要具备全面的专业知识,还必须要有强大的审美能力。审美能力是主体对客观感性形象的美学属性的能动反映,是指主体认识美、评价美与各种审美特征的能力,是主体在对自然界和社会生活的各种事物和现象做出审美分析和评价时所必须具备的感受力、判断力、想象力和创造力。人的审美意识起源于人与自然的相互作用过程中,自然物的色彩和形象特征使人得到美的感受,人按照加强这种感受的方向来改造和保护环境,由此形成和发展了人的审美能力。

作为一个设计师,凭借自身的审美欣赏能力,以形象思维的方式进行美的创造,为人们提供审美欣赏的对象,满足人们的审美欣赏需求。人们的审美欣赏有多种类型:直觉的、理智的、情感的等。对此,设计师要时刻意识到:自身的审美欣赏是吸取他人设计审美创造的精华,以满足人们不同的审美欣赏类型。设计师要牢记"为什么你喜欢,而我不喜欢"的欣赏意识,让设计的产品满足更多人的审美需求。

作为设计师,培养和提高审美能力是非常重要的,审美能力强的人,能迅速地捕捉到蕴藏在审美对象深处的本质,发现审美对象的美,并从感性认识上升为理性认识,只有这样才能去创造美和设计美。设计师要提高审美欣赏能力,就要依靠艺术修养的提升和设计专业知识的积累,要经常有意识地观察身边各种成功或失败的设计作品,只有这样才能使自己在设计上具备创造的潜力。

感觉是人人都具备的,但在美的事物面前,人们所获得的审美感受是有差别的。出现这种现象与人们的审美能力和鉴赏能力的高低有很大关系。审美能力的形成和提高源于文化艺术知识的获取和美感熏陶,来自不断地学习和实践。在设计领域取得伟大成就的设计大师们都着深厚的文化艺术功底。

作为设计师要多接触相关的艺术门类,让各种艺术的美不断地感染自己、熏陶自己,使自己不断加深对美的理解和认识,从而使自己具有非同一般的艺术品位。"眼高"才能促使"手高",因此,设计师具备良好的审美能力才能使设计焕发魅力。

复习巩固

1. 设计师的审美感知主要包括哪些内容？
2. 审美知觉与一般的知觉的不同点在哪里？

本章要点小结

1. 美不仅是客观的自然存在，也是客观的社会存在，美不能离开人而独立存在。美诞生于人类的社会实践活动。审美活动由审美主体的人与审美客体的事物两种要素构成，人与客观世界相互作用产生了美。

2. 美具有形象性、感染性、相对性、绝对性和社会性等特征。

3. 形式美是人们最熟悉的美感形态，即形式所带给人悦耳悦目的感官愉悦。景观中层审美结构是意境美的来源，意境是景观的真正审美对象，相比于欣赏景观的形式层面，意境美带给人的是心灵上的愉悦。意蕴是主体在对意境的欣赏体验中生发的情态，是更深层次的审美产物，是景观深层审美结构的作用结果。

4. 景观与其他艺术相比具有两种独特性，即真实性特征与多感觉特征。

5. 比之其他艺术，景观意境美具有高度契合、身心合一、亦幻亦真、易于感知、亲和余味等特性。

6. 传统意境的内涵十分宽泛，"情景交融"是其主要特征。从理论分析的研究角度，意境可以区分为"境"与"意"两种突出特征。"境"就是审美幻境，偏重于客体形态；"意"就是"意蕴"，偏重于主体的情感感受。

7. 意蕴如果从情与意的趋向上考察，大略可分为两类：情感型与意念型。情感型的意蕴趋向于主体感情、情绪等，表现为喜、怒、悲、愁等；意念型的意蕴则趋向于主体在情感意蕴体验的同时，生发对人生、宇宙等方面的丰富联想、思索与慨叹。

选择题

1. 下列不是美的特征的一项是（   ）。

A. 美的情感性   B. 美的社会性

C. 美的感染性   D. 美的形象性

2. 审美的心理特征具有( )。

A. 自觉性 B. 独特性

C. 愉悦性 D. 普遍性

3. 凡尔赛花园具有规整的布局、清晰的轴线、严整的比例,是传统形式美的一种表现形式,它属于( )。

A. 规则型形式美 B. 秩序型形式美

C. 不规则型形式美 D. 变化型形式美

4. 构成审美活动的基本要素有( )。

A. 审美趣味 B. 审美主体

C. 审美形态 D. 审美对象

5. 陈子昂登幽州台时作的"念天地之悠悠,独怆然而涕下"属于( )。

A. 情感型意蕴 B. 意念型意蕴

C. 情感型意境 D. 意念型意境

第九章

景观设计师的个性心理

设计师的心理既包括普通的感知觉、记忆、思维、想象等人人具备的心理活动,也具有其个性心理特征。设计的主体是设计师,设计师的心理对其作品的质量和水平有着重要的影响。人看到一个喜欢的园林景观时,不禁会有对该作品进一步了解的想法,想知道为什么要这样设计,设计师是基于什么样的心理设计出来的。在设计过程中,设计师心理通常会受到两方面影响:一方面是设计师在设计过程中受到的外界影响,如使用者的喜好、接受程度及各种要求等;另一方面则是设计师自身的心理影响,如感觉、知觉、记忆、情感等心理影响因素。本章就将探讨影响设计师设计的自身心理因素。

第一节 设计师的心理过程

心理过程(mental process)与心理活动(mental activity)这两个术语往往交替使用,因为所有心理活动都有一定的心理操作程序。人在认识和对待事物时产生的心理现象具有鲜明的动态特征,其呈一个明显的发生、发展和变化过程,这类心理现象统称为心理过程。基于中西方文化传统及心理学发展历史的影响,中西方对人的基本心理过程有不同的划分标准:西方心理学界流行"二分法",大致分为认知(包括意识)和情绪(包括动机)两大方面;而国内心理学界多采用"三分法",即认知、情绪和意志过程。本节主要介绍设计师的认知和情绪过程。

一、设计师的认知过程

认知过程(cognitive process)是指个人获取知识和运用知识的心智活动。它包括感觉、知觉、记忆、思维、想象和言语等内容。

认知过程根据认知加工水平或受意识调节水平的不同,分为低级心理过程和高级心理过程。在不同的认知加工水平上,低级心理过程是指反映事物的外部特点和外部联系的过程,包括感觉、知觉;高级心理过程是指反映事物内在特点和内在联系的心理过程,包括思维、解决问题、学习等。根据意识调节水平的不同,低级心理过程是指不受意识指导和调节的无目的、无计划、无意识状态下发生的心理过程,如梦、无意注意等;高级心理过程是指受意识指导和调节的有目的、有计划的心理过程,如思维、有意识注意、有意记忆等。

（一）感知觉

在认知过程中，感觉和知觉构成了整个认知活动的基础。感觉是最简单的心理过程，是一切知识的源泉，也是一切设计活动存在的客观基础。知觉是人脑对直接作用于感觉器官的事物整体的反映，是对感觉信息的组织和解释过程。

人们很少独立地意识到感觉或知觉，通常是将感觉和知觉联系在一起感受应用的，合称为感知。感觉和知觉统称为感知觉。人们通过感觉获取事物个别属性的信息，如颜色、明暗、气味、形状等，通过知觉认识事物的整体及事物之间的关系，如一幢房子、一个公园。

人的感觉有其自己的特定规律和习惯，长期的感觉会形成经验，指导人类的思想和行为，从某种程度上也决定了设计的形态。感觉作为一切设计活动存在的客观基础，能够帮助设计师收集信息，如通过视觉能收集到色彩、形状、结构的信息，通过听觉能收集到声音的音色、音高、频率等信息，通过嗅觉能收集到芳香、臭味等气味信息，通过味觉能收集到甜、苦、酸等味道信息，通过触觉能收集到温度、质地、重量等信息。通过感觉收集信息能帮助设计师认识客观世界。以人为本，满足人的需求，是设计最本质的职能，设计就是在加深人类已知的感觉。

景观设计师在营造景观时需要考虑人们各方面的环境感知力以及人们的感知觉体验，实现人们对景观的全方位体验，从而增强人们与景观的互动，提高景观环境的生命力。在设计过程中，设计师自身的感知觉与其他人有类似之处，但也存在着其本身的感知觉特性，感知觉也是设计师与使用者联系的无形的纽带。要想传递最佳的设计意图，仅仅靠研究设计本身是不够的，还得让使用者能够完全了解设计师的设计精华，这本身就是一件很困难的事情。设计师与使用者之间的交流应该是发生于使用者在使用作品的过程中，使用作品才是体会作品设计的最佳方法，在使用过程中，使用者才能够感受到、体会到设计师真正想要表达的东西。要想让这个过程完美地完成，设计师就必须要考虑如何通过感知觉更好地把自己的设计意图传达给使用者。

"通过感官收集资料"是设计创意过程的第一步。因设计师工作的特殊性，设计工作流程中的感知觉与设计作品使用者的感知觉存在着许多不同之处。对于设计师而言，敏锐的感觉和完整的知觉非常重要。敏锐的感觉帮助设计师在第一时间收集到全新的外界信息，完整的知觉能够为设计师提供全面的设计资料储备，因此设计师必须有着比其他人更敏锐的洞察力。不仅是在设计过程中如此，在生活中也如此，因为设计师的设计灵感来源之一就是对日常生活的感悟，对所见、所听、所闻的感受，甚至可以说没有生活就没有创新，而感知觉是设计师日常生活感悟产生的重要基础。

（二）记忆

记忆（memory）是原先的刺激不复存在时所保持的有关刺激、事件、意象、观念等信息的心理机能，是个体对其经验的识记、保持、回忆或再认。从信息加工的观点来看，记忆就是对信息进行编码、储存和提取。人感知过的、思考过的、体验过的事物都可以成为个体的记忆，例如，以前到过一个公园，虽然现在不在公园之中，但依然能想起它的特色景观、植物造型、湖泊水景等，这就是记忆。

记忆是反复的，长期反复在脑中出现的印象符号就会变成信息存储在人们的脑海里。感觉、知觉对设计师来说很重要，但是记忆能力不好的话，设计师大脑一片空白，对于设计来说也是一大难事。记忆是过去的经验在头脑中的反映，设计师的头脑中需要储存的信息量是很大的。记忆对于设计是很重要的，它是设计灵感的源泉。

以景观设计为例，在之前看到的优秀景观案例基础上发现最有价值的因素，提取相关元素和相互关系，然后描绘新的设计意向图，这就是利用记忆储存获得了灵感。平时见到的场景也是记忆储存的一部分，如面对一个场地的设计，之前去过的类似场地的印象以及与场地相关的信息都会被一一调动，经过筛选，会有一部分信息可以运用到新的设计中。设计的基本规范和设计师平时的生活经历所留下的记忆都是设计的源泉。景观环境设计工作既需要设计师利用形象记忆，也需要设计师充分利用逻辑记忆与运动记忆，其中形象记忆所占的比重要远大于其他类型的记忆，因此，训练设计师的形象记忆是非常重要的。

（三）思维

思维（thinking）是指在超出现实的情境下分析有关条件以求得问题解决的高级认知过程。思维是人类精神活动的重要特征，它是以感知觉所获得的信息为基础，再利用已学得的知识和经验进行分析、比较、综合、抽象和概括，形成概念、推理和判断，使之由感性认识上升到理性认识的整个心理活动过程，是人类认识活动的高级形式。设计的过程不仅需要记忆，设计者的思维活动也是必不可少的。设计思维在设计过程中的运用对于创造优秀的设计作品来说不可或缺。

在实际的设计活动中，设计师会不自觉地运用形象对所面临的问题进行推理、判断，并运用各种形象来展现自己的思维状态。设计师通常利用草图来记录脑海中闪现的表象，如果没有形象思维，设计师是无法无中生有地创造出现实生活中并不存在的物品的。形象思维是设计思维的主要形式，设计师需要平时有大量表象的积累、观察能力的培养、想象的拓展，才能在设计中避免无创意、无新意的困境。同时，日常生活中表象的积累也会促进想象的拓展，设计师要有用形象来表达自己感受的能力，并传递有指向性的信息。

逻辑思维是以概念、判断、推理等形式进行的思维,又称抽象思维、主观思维。其特点是把直观得到的信息通过抽象概括形成概念、定理、原理等,使人的认识由感性个别到理性一般再到理性个别。逻辑思维是一种理性的思维过程,逻辑思维方法能够对发散思维、直觉思维的结果进行分析判断,选择相对最优的结果,并有助于用简明的语言和必要的计算数据进行表达,能够对发展变化的市场和技术做出判断,提出改进方案或其他的设想。

设计师在日常的设计训练与实践中,更多的是注重设计技法和设计感受的训练,往往忽视了设计中的逻辑思维能力训练,也忽视了设计程序的逻辑理性推断和逻辑思维对视觉思维的补充验证作用,使得设计作品缺乏针对性、实用性。因此加强逻辑思维的训练具有重要的现实意义。

关于思维的分类方式有很多,其概念定义也不胜枚举,此处不再赘述,就只着重介绍以上这些在设计过程中占据重要地位的思维方式,其他设计思维将在后续章节讲到。

(四)想象

1. 想象的定义

想象(imagine)是根据已有的知识、经验和记忆表象,在头脑中再现或创造出新形象的过程。

根据新形象形成的目的性,想象可以分为有意想象和无意想象。有意想象是指在刺激物的影响下,依据一定的目的有意识地进行想象的过程,是一种富于主动性、有一定程度自觉性和计划性的想象。如文学家脑海中构思的人物形象、工人对设计图纸的想象等都属于有意想象。无意想象是指没有预定的目的,不需要意志努力,不由自主、自然而然地在头脑中出现的想象。如仰望天空,那些变幻莫测的云彩会在人脑中产生起伏的山峦、柔软的棉花、活动的羊群、嘶鸣的奔马等形象,这就是无意想象。

而根据有意想象产生的独立性、新颖性及创造性的差异,有意想象还可以再分为再造想象和创造想象两种基本形式。再造想象是根据已有的知识和经验,在头脑中重现有关事物的形象。如读到"天苍苍,野茫茫,风吹草低见牛羊",人的脑海中就会浮现微风吹拂、牧草丰茂、白云漂浮、牛羊成群的景象,这就属于再造想象。创造想象是根据一定的知识、经验和记忆表象,在头脑中创造出新的前所未有的新形象。幻想也是创造想象的一种,是创造想象的特殊形式。

创造想象是借助形象进行思考，属于"形象思维"的范畴，它不等于无端的异想、乱想，而是有坚实的科学基础的。创造想象的特点包括：

(1)以已有知识、经验和记忆表象为基础；

(2)新形象在现实中并不一定以整体原型的方式存在，但却有现实依据；

(3)不是简单地再现已有形象，而是构造出新的形象。

2. 想象与设计创意过程

人能够根据他人口头或文字的描述在头脑中产生没有感知过的形象，依靠的就是想象。想象是过去经验中已经形成的那些暂时联系在脑中进行新结合的过程。将日常所观、所听、所感的物、象进行加工整合，储存于大脑中，通过想象在设计活动中加以运用。记忆中储存的生活表象给设计者提供了具体的素材。以记忆表象作为材料，进行分析综合、加工改造，进而创造出新的表象，这又为设计活动提供了更多可供参考的材料。

景观设计创意中的想象，主要是指景观设计师围绕设计任务和论证题目展开的想象，其中既包括有意想象，也包括无意想象，既有再造想象，也有创造想象。

景观设计的过程包括五个主要的创意过程，它们分别是原始资料收集、资料审查、构思方案、实际创意与施工应用，每个阶段都与想象息息相关。这一过程中，不仅设计师需要想象力，每一个参与作品创造的人的想象力都需要发挥出来。在各阶段想象力的发挥既有相似之处，也有各阶段的不同特征与针对性。

(1)原始资料收集与想象。原始资料收集阶段要求景观设计师对项目所涉及的各类资料进行全面搜索，在这一过程中设计师的思路与想象力决定着资料收集的广度与深度。

(2)资料审查与想象。资料审查阶段总的来说是一个集中思维的过程，这一阶段最重要的任务是将前期收集的资料进行汇总审查。设计师需要判断资料的科学性与重要性，要保留正确且重要的信息，排除不准确的次要信息。对此，设计师最需要的是理性分析，但想象也不可或缺，想象在这里起着指引作用，它引导设计师在审查资料时始终围绕着后期的设计方案，许多设计师在此阶段已经能够凭借想象得出大体的设计定位与风格主题。

(3)设计方案的构思与想象。构思设计方案的过程是一个设计师头脑中的想象肆意挥洒的过程，设计师需要充分调动自己的发散思维，任凭想象在脑海中驰骋，在无数的信息链接点中找到最佳的解决方案。通过想象，设计师的头脑中会形成相应的空间形象，设计师经过深思熟虑会对头脑中虚拟的各种空间形象做出修改与抉择。设计构思阶段是设计师想象最为活跃的一个阶段。

（4）实际创意的产生与想象。在设计行业，产生实际创意的阶段就是指确立设计方案、制作空间模型与绘制施工图的阶段。这一阶段需要适当运用设计师的想象力。在图纸表达与模型制作中，设计师的空间想象力非常重要，因为他需要把设计意图在三维与二维之间进行转换。

（5）施工应用与想象。施工应用过程是设计师与施工人员共同完成的，在此过程中，设计师需要把设计理念和图纸概念等用口头语言的方式表达出来，最好能调动施工人员的想象，让所有施工团队成员的头脑中都形成项目的整体形象，包括每个施工阶段的空间形象及建成后的空间形象。这样在施工中会减少盲目性和疏漏。

3. 设计师的想象与创造

创造想象是想象的高级形态。景观环境的体验与景观的创造都需要想象的介入。一个景观设计作品能让使用者产生创造想象，对于它的设计师来说是了不起的成就。产生创造想象的条件主要有两个，第一个就是有足够强烈的刺激物。产生创造想象的足够强烈的刺激物是由设计师创造的，它的创作过程也并不复杂，只要抓住空间设计中的某一个元素并对其加以利用都可以做到，比如足够新异的造型或者出人意料的色彩设计等等。第二个就是使用者的头脑能够独立地构成新表象。景观使用者必须发挥丰富的想象力才能与设计师产生共鸣。而使用者能够独立地构成新表象必须建立在其具有相应能力的基础上，因此使用者并不是指所有人，而必须是具有这种能力的人，此类人受到强烈刺激物的吸引，对于这一景观空间产生了自己的创造想象，这才是一个完整的解读设计意图的过程。

设计工作有一个非常显著的特征，即形象化。在设计师的整个工作过程中，不管是前期的调查、场地分析，中期的方案表达，还是后期的设计施工交底，都需要把设计思想形象化。这不仅需要很好的图形表达能力，更需要丰富的想象力。设计师的想象力与他的创造能力成正向关系，对于设计师来说，身体上的限制并不是最可怕的，可怕的是思想的禁锢和想象力的缺乏。

景观设计师只有发挥想象力才有可能创造出独特的景观环境，如某一景观设计作品就是源自对宇宙的幻想，这个景观作品整体用"圆"的块面感与"弧"的线性感来强化空间节点，从浩瀚时空中提取银河、星云等要素，衍生出七个体验空间板块，平台供人停留、休憩、冥想，线形空间作为场所的指引，演绎欣赏的度、空间收放的序，这不仅体现了技术的革新，还体现了非传统的创作方式和思维方式。

想象力与创造力是一对孪生兄弟，想象力是创造力的基础，丰富的想象力是拥有创造性思维的前提。设计师是走在时代前沿的代表，他们所设计的东西必须要有创造性，这样才能使人们眼前一亮。

二、设计师的情绪情感

当人认识周围事物的时候,总是会以某种态度来对待它们,内心会产生一种特殊的体验,或兴奋,或沉醉,或喜悦,或沮丧……产生这些心理现象的过程称为情绪过程(emotional process)。

(一)情绪情感概述

前面章节对情绪及情感的概念做了详述,这里就不再介绍了,本部分主要讲讲情绪情感对于设计师等创造者的影响。

美国情绪心理学家斯托曼(Strongman)说:"情绪是一般能量的心理方面,因而,它必定始终存在。情绪是沟通我们与世界的桥梁,它把我们带进与世界不可分割的相互作用之中。"

情绪体验具有四个维度:强度(情绪的强弱程度)、快感度(愉快和不愉快的程度)、紧张度(从紧张到轻松的程度)和激动度(从激动到平静的程度)。每个维度都有不同程度的序列,这四种维度不同程度地组合构成复杂多样的情绪状态。

情绪在日常生活中发挥着重要的作用,它能帮助人们评价其处境是好还是坏,是安全还是危险,帮助人们决策。情绪分为正面情绪和负面情绪,这两种情绪都同样重要,正面情绪对学习、好奇心和创造性思维很关键。现在关于情绪的研究也越来越关注正面情绪。不同情绪对于创造力发挥的作用不同:激情能激发创造热情,提高创作效率;平静而放松的情绪有助于灵感的产生;心理学家们的调查发现,多数天才型人物都具有忧郁气质,忧郁情绪的发泄是艺术创作的一大动力。

一般认为,人在焦虑时思路会变窄,思维仅仅集中于与问题直接相关的方面,在逃离危险时这是有用的,但这不是用富有想象力的新方法解决问题的思维方式。心理学家艾莉丝·伊森(Alice Isen)和她的同事指出,快乐可以拓宽思路,有利于创造性思维形成。她们发现当要求人们解决需要"跳出圈外"思考的难题时,送给他们一个小礼物,虽然不是很了不起的礼物,也会让他们感觉良好进而使得他们做得更好。艾莉丝·伊森还发现,当人感觉良好时,他会更善于进行头脑风暴,更善于检验多种选择。让人们感觉良好并不需要做很多事,看几分钟喜剧电影,或者给他们一小包糖都会使人感觉良好。这就表明,当人们轻松愉快时,他们的思路会拓宽,变得更具创造力和想象力,这对设计师来说很重要。

(二)设计情感与设计师情感

设计情感特指与人造物的设计相关的人类情感体验,它包含了一切人与物交互过程中由人造物的设计而带来的情感体验。当物品的外形成为"情感肌肤"的时候，"肌肤"的塑造便成了"情感"塑造的过程。"情感设计"就是设计师通过设计之物有目的、有意识地激发人们的某种情感，使之产生相应的情绪体验，从而达到或强化某种目的的设计。情感设计是强调情感体验的设计，而不是以情感体验为基本目的的设计。或者说，设计师通过设计之物使人产生或兴奋或悲伤，或愉悦或恐惧的各种体验，以此发挥情绪的驱动、抑制等作用，从而干预人的认知、行为和判断。

情感对设计的影响非常广泛。在设计中，情感是信息传递者，情感将设计师与使用者联系在一起，设计师必须充分认识到自身和使用者的情感规律，才能做到有的放矢。景观设计师为了让作品引起使用者的强烈反响，一般都让作品迎合了使用者的一些情感诉求或者在设计过程中掺入了些许情感因子。设计师的情感主要表现在三方面：

（1）情感转换。这是指设计师在特定情况下，转变自己的思考角度，以使用者的身份去感知和体会景观环境。如此，设计师便能体会使用者的情感，并将这种情感融入设计中。

（2）情感的习得。习得是指在生活、工作和学习过程中，自然而然地学到各种常识和知识。情感也是如此，特别是景观设计中涉及的各种情感，如归属感、亲切感、庄严感、安全感等，这些情感需要设计师在景观设计中表达呈现出来，这些氛围的营造都需要习得。

（3）设计师的移情。移情是指将自身置于他人的情绪空间之中，感受别人正感受着的情绪。设计师的移情是指将自身置于使用者的情绪空间之中，感受使用者在景观中正感受着的情绪。当设计师有很强的移情能力时，他就能很好地为使用者着想，进而设计出使景观使用者满意的空间场所。

设计过程中设计师也必然会带有自己的情感和人格因素。设计师的情感因素会影响设计点，情感设计能对人们心理活动、特别情感产生的一般规律和原理进行研究与分析，在设计过程中有意识地激发人们的某种情感，如庄严感、肃穆感等在纪念性园林景观中的营造便是如此。

（三）情感化设计

"情感化设计（emotional design）"一词由美国认知心理学家唐纳德·诺曼在其著作《情感化设计》中提出，情感化设计顺应着一种情感化、艺术化、美观化的潮流，诺曼从设计心理学出发，深刻分析了如何将情感融入设计，使设计达到美感与实用性的高度统一。阿伦·沃尔特（Aarron Walter）在其 *Designing for Emotion* 一书中，将情感化设计与马斯洛的人类需求层次理论联系了起来（图9-1）。正如人类的生理、安全、社交、尊重和自我实现这五个层次的需求,作品特质也可以被划分为功能性、可依赖性、可用性和愉悦性这四个从低到高的层次,而情感化设计则处于其中最上层的"愉悦性"层面当中。

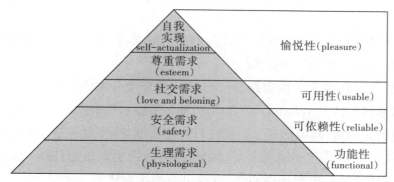

图9-1 情感化设计与马斯洛人类需求层次理论

科技的发展也为景观设计提供了更多的可能性,使人们可以更加直观地感受。科技介入景观设计,带来了更加酷炫的视觉效果,同时也增加了人与景观的互动性,如上海虹桥天地的声动竹林,它是一组以竹林为原型的灯光装置,当人走过这条灯光竹林小径的时候,大声说话或者是踩动底板,它的颜色就会发生改变,这是艺术景观与科技融合的一次尝试,希望让城市的景观艺术变得更有趣,更有温度,并且能与人产生互动和建立情感的联系。

科技带来了许多人与环境的互动式景观体验,如上面说到的声动竹林,但同时科技的发展也使得人们更加沉迷于电子的世界,会忽略与周边景观的互动,因此设计师不能仅仅将景观的设计拘泥于视觉效果上,而要去思考怎样通过设计来吸引人的注意,拉近人们与景观的距离,使人们与景观有更多的互动。要想使人对景观、景观小品产生情感互动就要先了解人们的情感,通过对人类情感的认知来考虑设计的作品对使用者情感的影响,从而达到理想的效果。

设计情感是复杂的、综合的、交互性的情感体验,存在来自生理和心理上的多种体验。诺曼在《情感化设计》中根据大脑活动水平将人们对物品的情感体验划分为三类(表9-1)。

表9-1 基于大脑活动的情感认知分类

情感层次	认知水平	对应作品特点
本能层次(visceral level)	自动的预先设置层	外形
行为层次(behavioral level)	支配日常行为的脑活动	作品的使用乐趣及效率
反思层次(reflective level)	思考的活动	使用者的自我形象、个人满意、记忆

本能层次的设计:人是视觉动物,对外形的观察和理解是出自本能的,如果视觉

设计越是符合本能层次的思维,就越可能让人接受并喜欢。

行为层次的设计:这应该是我们关注最多的,特别是对功能性的作品来说,讲究效用,重要的是性能。优秀的行为层次设计体现在四个方面:功能性、易懂性、可用性和物理感觉。

反思层次的设计:反思层次的设计与物品的意义有关,受到景观、文化、身份、认同等的影响,比较复杂,变化也较快。

景观设计方面,荷兰艺术家路易·纪尧姆·勒华十分关注战后的生态运动,他在《关掉自然,迎接自然》(*Switching off Nature,Switching in Nature*)一书中提出通过废弃物利用进行景观建造,利用拆迁工地的砖石修建新型花园,而不是将废弃物扔进垃圾堆,制造环境垃圾。荷兰小镇米尔丹(Mildam)附近的生态教堂(Eco-Cathedral)是他的杰出作品,通过回收再利用废弃物,堆砌出新的纪念建筑。他解释了如何平衡"有为"和"无为"之间的关系:一方面,他利用废弃物搭建起的辅助景观构筑物允许附近居民作日常取道通行之用,并为过往路人提供简易的便利设施;另一方面,他任由自然在这些辅助构筑物里施展才华,自由生长。他在人为活动和尊重自然之间创造出了平衡。最重要的是,这是一种互动的关系,在人与自然自由的互动过程中激发景观的美学鉴赏体验。这种方法既尊重了自然,又不会削弱设计的分量,这也是反思设计的力量。

复习巩固

1. 简述设计师的形象思维与逻辑思维的区别与联系。

2. 景观设计的创意过程主要包括哪些内容? 它们分别与设计师的想象有什么联系?

第二节 设计师的心理特征

心理特征(mental characteristics)是指一个人的心理活动中经常表现出来的稳定特点。如有的人观察敏锐、精确,有的人粗枝大叶;有的人思维灵活,有的人思维迟钝;有的人情绪易波动、外向,有的人情绪稳定、内向;有的人意志坚定、坚韧不拔,有的人优柔寡断;等等。苏联心理学习惯将这些称为个性心理特征,包括智力、气质、性格等内容,属于"个性"。而西方心理学也习惯用"人格"一词,用以说明个人多种心理特征有机整合所显示出来的独特的精神面貌。

设计师的人格或者个性也会影响其创作。人格是构成一个人的思想、情感及行为的特有模式,不同的人格特征会形成设计师不同的气质和性格。如果说情感因素是影响设计师某一段时间的设计风格的话,那么人格就是影响设计师长久设计风格的一个重要因素。设计师呈现出的自信,展现出的才华、能力、潜力,其性格的变化、处世的态度、焕发出的精神面貌等都会对其设计产生影响,而良好的艺术设计气质、设计中呈现的多角度思考方式、突发的灵感、设计沟通交流表达的方式等都直接关系到一个成功且优秀的设计人士的设计路程。

一、能力

能力(ability)是指能够顺利完成某些活动所必须具备的个性心理特征,即能力是直接影响活动效率,使活动得以顺利进行的心理特征。一般来说,设计师需要具备一定的知识、文学素养以及作为设计师必备的设计能力等。

(一)知识技能

1. 景观设计的核心知识

景观设计强调场地设计,即通过对场地及一切室外空间的问题进行科学理性的分析,设计解决问题的方案和途径,并监理设计的实现。从事景观设计的人应具有宽广的专业知识和较强的实际设计技能。景观设计学是一门应用性很强的基础工程学科,要求理论与实践并重,因此要采用理论学习和设计制图相融合的学习方式。在理论学习中掌握基本原则和专业知识,在设计和制图过程中消化理论知识,并付诸实践,从而培养较强的动手能力和实施经验。

景观设计人员应具备多方面的专业知识,其核心知识包括城镇规划、园林规划、景观生态学、风景美学、环境心理学、景观工程学、景观工程施工与管理、园林植物学、花卉学、景观建筑设计、计算机辅助设计、造型艺术、色彩、构成设计、画法几何与阴影透视、环境设施等。要从事具体的景观项目设计,设计人员还应具备景观设计基础知识,了解景观设计的专业名词和经济技术指标,熟悉景观设计的基本原则和特色,比如:自然景观要素和人文景观要素,风景组景美学法则和运用手法,空间与景观视线的基本组织方法,意境塑造和植物配置原则,等等。

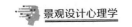

2.景观设计的专业技能

从事景观设计还应该熟练掌握以下专业技能:

(1)景观设计的造景基本要求和营造手法。要求掌握各类景观规划设计的原则、步骤和方法,掌握景观设计原理,从工程学、生态学、美学和艺术的角度营造景观环境,组织景观空间。

(2)园林植物种植手法。了解园林植物知识,能够识别常见的园林植物,熟悉乡土植物。具备根据土质、气候等地域条件选择园林植物的技能,具备根据美学知识、艺术原理合理配置植物的造景能力。

(3)景观建筑设计技能。具备设计景观所需的建筑、建筑小品和服务性功能建筑的能力,具备设计硬质地面、景观驳岸、河沿和挡土墙体的技能。

(4)景观施工设计。根据景观施工技术的原理和特点,掌握各分部工程施工的基本技能,具备指导施工、配合施工的现场服务技能。

(5)造型艺术设计。掌握一定的造型技能、素描技能、色彩布置技能,能探索艺术规律的表达,运用素描、效果图绘制和计算机辅助等表达手法正确贴切地展示设计意图。

(6)熟练使用AutoCAD、PhotoShop、Sketch Up、lumion、VRary、ArcGIS等景观绘图建模分析软件,正确、清晰地绘制景观工程设计图。

设计师的知识素养是指从事现代设计职业和承担起相应的工作任务所应当具备并且达到一定水平的知识技能。设计师需要丰富的知识储备以及深厚的文学修养,设计是一门综合社会科学、自然科学、工程技术和艺术领域等多门知识的学科,这就要求设计师必须具有充实深厚的知识储备。一个好的设计,往往离不开优秀的主题及抓眼的创意点,而创意和主题的表达就需要设计师知识渊博、思路开阔,以其丰厚的知识储备和文学素养,通过文学思考创造意境,表达设计。

(二)设计基本能力

设计能力不是一种单一的能力,而是多项能力相结合并相互作用所呈现出的综合性能力。设计师除应该具备完成大多数行为所需要的基本能力(如记忆、思维、想象、理解等)之外,还需要具备一些与设计直接相关的专业能力,它们是完成任何设计活动都必不可少的。人们一般认为,高智力水平有助于更加高效理性地完成设计工作,但并不是智力水平越高就越能做出好的设计,对于景观设计工作而言,智力只是一个基本条件。设计师完成设计工作所需的能力主要包含三个方面的内容:

1.基本能力

作为现代意义的设计师必须具备想象、观察、认识、分析、判断、创造、综合和组织等多种能力。在从事设计活动的全过程中,必须以科学、客观的态度处理问题,具备与他人沟通合作的能力等。交流能力对设计师来说也是非常重要的,它既包括与投资人交流的能力,也包括与使用者交流的能力,既包括口头交流能力,也包括书面表达设计意图的能力。社会的发展造成了分工的细致化和价值观念的转变,使得任何一个设计都不可能完全由一个人去创造完成,设计师应能够以积极的态度与生产者达成共识,使设计意图、设计方案得以完美实现,而且还要体恤消费者、使用者的参与心理,为他们提供参与的余地和空间,由此而产生的丰富的设计效果,绝非单一的设计方案可以达到。设计师还需具备审美能力,只有拥有欣赏美的能力,才能创造美。

2.行动能力

设计师除了具备基本能力以外,还要拥有一定的行动能力,如果说基本能力是解决观念问题的基础,那么行动能力则成为实现观念、完成设计过程的操作表现。行动能力包括表现能力、解析能力、判断能力、调整能力以及使自身的素质得以有效发挥的综合能力。

3.创造能力

在所谈的所有素质与能力中,有一种能力既来源于先天素质又得益于后天培养,并且是设计师的根本能力所在,它就是创造能力。设计的过程就是创造的过程,创造能力对于设计师是必要条件,只有创新意识强、创造能力强的设计师才能创造出新颖的设计方案。美国创造学家罗伯特·奥尔森在其《创造性思维的艺术》中曾表明,思想执拗、顽固、缺乏随机应变的素质和生活态度的人是很难推出新思想的。因此,真正的设计师必是那些不因循守旧,敢于标新立异的人,当大多数人还满足于已有的约定俗成的观念和形式时,设计师却能够从中发现问题,并通过自身具备的素质和能力,完成新的创造、设计。

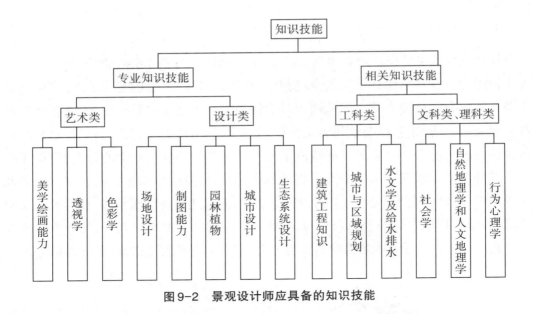

图9-2　景观设计师应具备的知识技能

二、气质

气质(temperament)是人的个性心理特征之一,是个人与生俱来的心理活动的动力特征,它是指在人的认识、情感、言语、行动中,心理活动发生时力量的强弱、变化的快慢和均衡程度等稳定的动力特征。人的气质差异是先天形成的,受神经系统活动过程的特性所制约,如新生儿一落地就表现出气质差异,有的孩子好哭好动,有的孩子却平静安稳。这种先天的生理机制构成了个体气质的最初基础,同时,由于成长和环境的影响,在个体生长发育过程中气质也会发生改变,例如,在集体主义的教育下,脾气急躁的人变得比较能克制自己,行动迟缓的人变得行动迅速。气质在社会中所表现出的是一个人从内到外的人格魅力。人在修养、品德、举止行为、待人接物等方面会表现出巨大的差异。一个人的气质具有极大的稳定性,但也有一定的可塑性。

盖伦(Claudius Galenus)最先提出了气质这一概念,用气质代替了希波克拉底体液理论中的人格,形成了四种气质学说。气质学说用体液解释气质类型虽然缺乏科学根据,但人们在日常生活中确实能观察到这四种气质类型的典型代表,这四种气质类型的名称也曾被许多学者所采纳,并一直沿用。巴甫洛夫(Ivan Petrovich Pavlov)认为有四种典型的高级神经活动类型,即强、平衡而灵活,强、平衡而不灵活,强而不平衡,弱。这些高级神经活动的类型是人的气质形成的生理基础。巴甫洛夫提出的这四种高级神经活动类型又分别与希波克拉底的四种气质类型相对应,四种气质类型即四种典型的高级神经活动类型的行为表现,其具体表现特点见表9-2。具有某种气质类型的人,常常在内容很不相同的活动中都显示出同样性质的动力特点,如一个学生具有安静迟缓的气质特征,这种气质特征会在其学习、比赛、考试、工作等各种活动中表现出来。

表9-2 气质的四种类型

气质类型	高级神经活动类型	特征
多血质	强、平衡、灵活(活泼型)	灵活性高、易于适应环境变化、活泼、好动、敏感、反应迅速、喜欢与人交往、注意力容易转移、兴趣容易变换等
胆汁质	强、不平衡(兴奋型)	情绪易激动、反应迅速、行动敏捷、性急、直率、热情、精力旺盛、心境变换剧烈等
黏液质	强、平衡、不灵活(安静型)	安静、稳重、反应缓慢、沉默寡言、情绪不易外露、注意稳定但又难于转移、善于忍耐等
抑郁质	弱(抑制型)	孤僻、行动迟缓、体验深刻、善于觉察别人不易觉察到的细小事物等

气质是人的高级神经活动类型特点在行动方式上的表现,是一个人心理活动的动力特征。它们对于一个设计师的个人风格的形成有着很重要的影响,设计师所应该具有的气质,指的是他所呈现的精神状态,给人的一种外在感觉,应该是感性的、很抽象的一种形态。

没有人会是严格意义上独属于一种气质类型,一般都是几种类型的集合体,也没有所谓的最适合做设计师的气质类型存在,不同气质类型的人都会有一些长项,也会有一定的不足,在工作中需要扬长避短。因此设计师需要充分了解自己的气质类型及其特征:

(1)以胆汁质为主要气质类型的设计师,精力充沛,反应迅速,对工作充满热情,但要注意情绪管理,避免急躁。

(2)以多血质为主要气质类型的设计师,有活力,善于交流,感觉敏锐,但要避免情绪化。

(3)以黏液质为主要气质类型的设计师,理智、沉着、冷静,但要注意与人交流的方式与方法。

(4)以抑郁质为主要气质类型的设计师,深刻、理智、细腻,但要注意培养创作的意识与进取的信念。

每种气质都有其独特的一面,对于一个懂得设计管理的人而言,充分合理地利用好设计师的四种不同类型气质,给予不同设计师不同的定位与分工,将有助于创造更多的精神视觉文化新景观,推动社会及人类文明的进步。对于设计师个人而言,了解自己的个性气质,发挥自己的气质特点,才有可能成为优秀的设计师。

三、性格

性格（character）为个人对于现实的稳定的态度和习惯化了的行为方式。性格是在社会生活实践中逐渐形成的，一经形成便比较稳定，它会在不同的时间和不同的地点表现出来。但是，性格具有稳定性并不是说它是一成不变的，性格是可塑的，一个人的性格形成后，若生活环境发生重大变化，也一定会带来他性格特征的显著变化。

性格不同于气质，它受社会历史文化的影响，有明显的社会道德评价的意义，直接反映了一个人的道德风貌。所以，气质更多地体现了人格的生物属性，性格则更多地体现了人格的社会属性，个体之间的人格差异的核心是性格的差异。

从心理活动倾向性划分，性格可分为内倾型和外倾型，这是国际上广泛应用的一种分类方式。外倾型的人心理外向，对外界事物充满兴趣，活泼开朗，情感易于外露，待人处事不拘小节，但有时显得冲动；内倾型的人比较沉静冷漠，心理内向，情感深沉，待人处事严谨，性情孤僻，不善交际。

根据人们不同的价值观，斯普兰格（E. Spranger）把人的性格分为理论型、经济型、权力型、社会型、审美型、宗教型六类。每一个设计师都不是独有某种性格，都或多或少会具备几种性格特点，但每种性格所占比重不同。不同性格类型的设计师具有不同的创作风格，比如一个审美型设计师与一个社会型的设计师在做相同的居住环境景观设计项目时，就会有不同的审视角度和设计手法：审美型的设计师会更多地关注空间形态的审美特征，追求一种视觉上的愉悦体验；而社会型的设计师会更多地考虑人际交往与情感联系，追求一种心理上的满足感。如果使用者是注重视觉效果的，就更倾向于选择审美型设计师的设计方案；相反，如果使用者追求的是心理上的满足和归属感，他就更倾向于选择社会型设计师的设计方案。

一般情况下，人的性格是不易改变的，但在某些特殊情况下，可以做出适当的调整。比如，一个审美型的设计师在面对宗教类的景观设计项目时，就需要努力不让自己原有的审美思想发生作用，而让宗教型的观点占据主体地位。

对一个设计师的设计风格有重大影响的也正是设计师本人的性格特征和气质类型。景观设计师的性格与设计作品之间的关系是非常紧密的。有时是一种因果关系，有时是一种促进关系，有时又是一种互补关系。人们常说"字如其人""画如其人"，一般情况下，设计方案也反映了设计师的性格、气质等特征，也可以说"方案如其人"，如外倾型的人所设计的作品通常造型奔放、充满张力，内倾型的人其作品通常收敛含蓄、注重内涵，理论型的设计师注重设计理念、逻辑性强，权力型的设计师追求与众不同。

设计师生活的经历不同，阅历不同，接触到的人、事物不同，接受教育的程度不同，对生活的理解也就不尽相同，这些特点也都会在其设计作品的风格中表现出来。

例如叛逆的人设计出来的作品一般都是不拘一格、形式夸张的，色调比较丰富多彩；温顺的人设计出来的作品会给人一种安静的感觉；内向的人喜欢用冷色调；活泼的人喜欢用暖色调；等等。我们可以从不同的设计作品中理解设计师的内心感受，感受设计师的性格与气质特点。

复习巩固

1. 景观设计师应掌握的专业技能有哪些？
2. 简述气质的类型及特征。

第三节 设计师个性心理倾向

一、动机

动机（motivation）是激发和维持个体进行活动，并导致该活动朝向某一目标的心理倾向或动力。

动机从来源上可以大致归纳为内部动机（intrinsic motivation）和外部动机（extrinsic motivation）两类。其中，内部动机是一种指向活动本身的动机形式，活动者主要受活动本身所吸引，而从事活动的过程也就能带来需求满足，如理想、愿望；外部动机则是由与活动相分离的其他因素所引发和维持的动机，从事活动仅是一种工具性手段，活动者所期望的是以此达成其他目的或结果。

设计师从事创意创新活动的动机是复杂的，或为了生计，或为了理想信仰，但在设计史上以及现实的工作生活中，我们常常发现，杰出设计师对待自己的创作事业大多抱有类似的态度和信念。如职业生涯长达70余年的弗兰克·赖特（Frank Wright）在离世那年仍投身于纽约市古根海姆博物馆的设计，同为现代主义设计先驱的密斯·凡德罗（Ludwig Mies van der Rohe）在82岁的耄耋之年坚持完成了柏林新国家美术馆的创作，贝聿铭、弗兰克·盖里（（Frank Gehry）等当代设计大师在功成名就的晚年仍活跃于设计舞台，展示着他们令人惊艳的才华。显然，这些设计师的创作动机难以从薪酬、职位、晋升机会等外部激励因素的角度给出圆满解释。这也促使我们有必要去思考一些有趣且极为重要的问题：在艰辛而漫长的设计生涯中，创作活动本身何以具有一种特殊魅力,使设计师能从中体验到乐趣和满足? 在缺乏外部奖励的情况下,何种动机能让设计师始终保持旺盛的工作精力和强烈的创作激情?

弗洛伊德认为:"艺术的产生并不是为了艺术,它们的主要目的是发泄那些在今日大部分已被压抑了的冲动。"因此,艺术家从事艺术创作的深层动机起源于现实中未能得到满足的欲求和难以宣泄疏解的情感。生活中的挫折、社会规范的约束或是人格角色的矛盾郁积在内心造成压力和心理失衡,而艺术创作便可能成为能量得以释放的出口。正如朱光潜先生所言:"在弗洛伊德看来,一切文艺作品和梦一样,都是欲望的化装,它们都是一种'弥补'。实际生活上有缺陷,在想象中弥补,于是才有文艺。"可以认为,艺术创作为艺术家摆脱现实中的无力和束缚提供了一种替代性的慰藉品,所补偿的便是在生活中受到压抑的自我实现欲望和自我决定意识。这种补偿效应不仅为艺术家带来一种乐在其中的创作感受,也使得其在对艺术的追求和依恋中实现心理动力的转移、释放和升华。

对应到设计领域,设计的内部动机应该被看作设计师指向设计创意这一特定活动所表现出的具体内部动机形式,其产生主要取决于设计师从创意活动中体验到的能力胜任感和自我决策性,并外化为对这种活动本身的热情、兴趣、活力和自愿参与。在强烈内部动机的驱使作用下,设计师更倾向于享受自主创造的乐趣和攻克挑战的快乐,而不仅仅是关注设计成果所能换取的薪酬职位,这也使得他们对工作不仅抱有一种"我能够""我可以"的态度,更怀有一份"我乐意""我喜欢"的情感。

二、价值观

价值观是一个人基于一定思维、感官之上而作出的认知、理解、判断或抉择,也就是人认定事物、辨别是非的一种思维或取向。

设计师的价值观深刻地影响着设计师的创作风格和设计师所服务的对象,所以树立设计师正确的价值观显得尤为重要。影响设计师价值观的因素从来源上可以分为外界因素和内在因素。外界因素又包括商业因素、大众审美需求、文化制约、政治因素等等。内在因素包括个人的经历、爱好、情感、性格等。在不同时代、不同社会生活环境中,设计师所形成的价值观是不同的。设计师的价值观是从出生开始,在家庭和社会的影响下逐步形成的,设计师所处社会的生产方式及其所处的经济地位对其价值观的形成有决定性的影响。

设计价值观是直接影响设计作品的主要因素之一。树立正确的设计价值观,对设计行业的健康发展有着重要意义,同时,合理的设计行为也是设计价值实现的必要保证,设计师在完成商业价值的同时,还应完成其作为设计师的社会责任和义务,实现个人价值。设计师既要针对多方面的需求综合考虑,也应有明确的判断能力,实现人、物、景观环境利益的最大化,这才是合理的价值观,在这样价值观的指导下,才能产生好的设计。设计师应承担的责任是其设计价值观的主要体现,其主要有:

(1)生态责任(对于未来的责任)。

设计师有责任考虑其设计的作品在制作的整个过程中对地球生态造成的负面影响,拒绝单纯追求商业利益而破坏环境的作品,而且尽可能有节制地使用自然资源,并且从开始设计作品时便要考虑其长期使用及循环利用,而不是创造一次性观赏型作品。

(2)道德责任(对于当前的责任)。

设计师必须是一个有态度的人,而非一味投人所好的工匠,设计师不应无条件地满足顾客的要求,他有责任不做过度的设计,仅恰如其分地表达,不过分地刺激人们的感官欲望而企图引发更多的盲目消费,以期获取更大的商业利益。设计师要有社会良知,首要必备的素质是:诚实正直,不为利益名誉出卖灵魂。

(3)文化传承责任(对于过去的责任)。

先人在生产生活中创造了大量的文化财富,包括物质文化财富及非物质文化财富,它们都是先人智慧的结晶。这些文化财富是设计师进行设计创造活动的灵感宝库,因而,设计师有责任对这些财富加以保护、传承和发展。设计师通过创造力令传统文化焕发新的生命力。同时,设计师运用文化财富进行设计创造的过程,实际上也是创造文化财富的过程。

📖 拓展阅读 ○·················

景观设计师的国家职业标准

《景观设计师国家职业标准》(简称《标准》)由国家劳动和社会保障部制定,于2007年1月1日起施行。《标准》以《中华人民共和国职业分类大典》为依据对职业的活动范围、工作内容、技能要求和知识水平都作了明确的规定。《标准》体现了以职业活动为导向、职业能力为核心的特点,符合培训、鉴定和就业工作的需要,满足社会对景观设计师的需求。

景观设计师的职业活动是从事景观设计、园林绿化规划建设和室外空间环境创造等工作。从事设计、参与建设和提倡创造是景观设计师的核心工作,需要的相关专业知识包括城市规划、生态学、环境艺术、建筑学、园林工程学和植物学等。

> 景观设计师分成四个等级：景观设计员（国家职业资格四级）、助理景观设计师（国家职业资格三级）、景观设计师（国家职业资格二级）、高级景观设计规划师（国家职业资格一级）。景观设计师的就业领域宽广，能参与景观建设的全程，涉及设计、营造和监管等方面的事务。

复习巩固

1. 动机从来源上可以归纳为哪些类别？
2. 设计师应具备的责任包括哪些方面？

本章要点小结

1. 对于设计师而言，敏锐的感觉和完整的知觉非常重要。敏锐的感觉帮助设计师在第一时间收集到全新的外界信息，完整的知觉能够为设计师提供全面的设计资料储存。

2. 形象思维是设计思维的主要形式，设计师需要有大量表象的积累、观察能力的培养、想象的拓展，才能在设计中避免无创意、无新意的困境。逻辑思维方法能够对发散思维、直觉思维的结果进行分析判断，选择相对最优的结果，并有助于用简明的语言和必要的计算数据进行表达，对发展变化的市场和技术做出判断，提出改进方案或其他的设想。

3. 景观设计的过程包括五个主要的创意过程，分别是原始资料收集、资料审查、构思方案、实际创意与施工应用，每个阶段都与想象力息息相关，

4. 情绪体验的维度具有四方面，即强度（情绪的强弱程度）、快感度（愉快和不愉快的程度）、紧张度（从紧张到轻松的程度）和激动度（从激动到平静的程度）。每个维度都有不同程度的序列，这四种维度之间不同程度地组合构成复杂多样的情绪状态。

5. 设计师的情感主要表现在设计师的情感转换、情感习得和移情三个方面。情感转换是指设计师在特定情况下，转变自己的思考角度，以使用者的身份去感知和体会景观。情感的习得是指在生活、工作和学习过程中，自然而然地学到各种常识和知识，特别是景观设计中涉及的各种情感，如归属感、亲切感、庄严感等，这些情感需要设计师在景观设计中表达呈现出来，这些氛围的营造都需逐步习得。设计师的移情

是指将自身置于使用者的情绪空间之中,感受使用者在景观中正感受的情绪。

6.人是视觉动物,对外形的观察和理解是出自本能的,如果视觉设计越符合本能层次的思维,就越可能让人接受并喜欢。人们关注最多的是行为层次的设计,特别是对功能性的作品来说,讲究效用,重要的是性能,优秀的行为层次设计体现在功能性、易懂性、可用性和物理感觉四个方面。反思层次的设计与物品的意义有关,受到景观、文化、身份、认同等的影响,比较复杂,变化也较快。

7.景观设计强调场地设计,从事景观设计的人应具有宽广的专业知识和较强的实际设计技能,理论与实践并重。

8.古代所创立的气质学说用体液解释气质类型虽然缺乏科学根据,但人们在日常生活中确实能观察到这四种气质类型的典型代表。这四种气质类型的名称(胆汁质、多血质、黏液质、抑郁质)也曾被许多学者所采纳,并一直沿用。

关键术语

心理过程 mental process
心理特征 mental characteristics
认知过程 cognitive process
情绪过程 emotional process
情感化设计 emotional design
本能层次 visceral level
行为层次 behavioral level
反思层次 reflective level

选择题

1. 下列不是以国内心理学界多采用的"三分法"划分的基本心理过程的是（　　）。

A. 认知过程　　　　　　B. 记忆过程

C. 意志过程　　　　　　D. 情绪过程

2. 记忆过程是在人头脑中保存个体经验的心理过程,它包括编码、（　　）、提取。

A. 识记　　　　　　　　B. 回忆

C. 存储　　　　　　　　D. 再认

3. 根据新形象形成的目的性,想象可以分为(　　　)和(　　　)。

　　A. 有意想象　　　　　　　　B. 创造想象

　　C. 无意想象　　　　　　　　D. 再造想象

4. 情绪体验的维度不包括(　　　)。

　　A. 强度　　　　　　　　　　B. 紧张度

　　C. 激动度　　　　　　　　　D. 悲伤度

5. Aarron Walter 在其 *Designing for Emotion* 一书中,将情感化设计与马斯洛的人类需求层次理论联系了起来,那么人类需求层次理论中的社交需求对应的是(　　　)。

　　A. 愉悦性　　　　　　　　　B. 可依赖性

　　C. 功能性　　　　　　　　　D. 可用性

6. 诺曼在《情感化设计》中根据大脑活动水平将人们对物品的情感体验分为(　　　)三种。

　　A. 行为层次　　　　　　　　B. 本能层次

　　C. 意识层次　　　　　　　　D. 反思层次

7. 巴甫洛夫(Ivan Petrovich Pavlov)认为有四种典型的高级神经活动类型,其中表现为"强、平衡、不灵活"的又称为(　　　)。

　　A. 活泼型　　　　　　　　　B. 兴奋型

　　C. 安静型　　　　　　　　　D. 抑制型

8. 斯普兰格(E. Spranger)根据人们不同的价值观把人的性格进行了分类,其分类不包括(　　　)。

　　A. 理论型　　　　　　　　　B. 内倾型

　　C. 社会型　　　　　　　　　D. 外倾型

第十章

景观设计师的创造心理

设计师的创造力决定着景观作品的最终呈现效果,设计师在进行景观设计时必须要具备创造力和创造性思维。而创造力与创造性思维的形成需要一个漫长的积累的过程,而且受到很多因素的影响。本章通过对创造力与创造人格、设计师与创造性思维、文化影响及设计三个方面来探究景观设计师的创造心理。

第一节　创造力与创造人格

一、个体的创造力

（一）创造力的概念

创造力（creativity）一词是由拉丁语"creare"（意为创造、创建、生产、造成）衍生而来,从词源上看,创造力的大意是在原先一无所有的情况下创造出新的东西,它出现于19世纪,最先应用于艺术领域。

本书主要从创造的结果和人格特质的角度去定义创造力。从创造的结果的角度,创造力是指产生新的想法、发现和制造新的事物的能力。从人格特质的角度,美国心理学家马斯洛（A.H.Maslow）把创造力分为两种:一种是"特殊才能的创造力",这是科学家、发明家、作家、艺术家等所具备的一种禀赋、一种人格特质;一种是"自我实现的创造力",这是一般人都具有的开发自我潜能意义上的创造力。

（二）个体的创造力及影响因素

1.个体的创造力

就个体而言,创造力是智力、年龄、创造动机、创造方法与有关知识的函数,其公式为:创造力=智力×年龄×创造动机×创造方法×有关知识。

这也说明个体的创造力并不是随时都可发挥的能力,而是在其训练有素的领域,个体的创造力就高,在其他领域则低。所以若说某人富有创造力,应该是指该人在某一领域或某一范围之内富有创造力,当他没有创造动机和适当的有关知识时,便没有多大创造力了。同时创造力与智力紧密相关,它是智力的高级表现形式。但该公式只是代表一种概念,其各种变量只是可能影响人物创造力的因素,并非指各变量与创造力之间有数学性的定量关系,如"年龄"这一变量就不存在年龄越大创造力越高或者年龄越小创造力越高的特定相关性。

在创造力的结构方面,最具代表性的是美国心理学家吉尔福特的理论,他认为创造才能与智商是不同的两个概念。通过因素分析法,吉尔福特总结出了创造力的六个要素:(1)敏感性,即对问题的感受;(2)思维的流畅性;(3)思维的灵活性;(4)独创性;(5)重组能力或者称为再定义性,即善于发现问题的多种解决方法;(6)洞察性,即透过现象看本质的能力。其中,流畅性、灵活性与独创性是最重要的特性。

2.影响创造力的因素

美国心理学家罗伯特·斯滕伯格(R.J.Sternberg)和鲁巴特(T.I.Lubart)于20世纪90年代中期提出创造力投资理论(Investment Theory of Creativity),认为创造力是一个多维结构,是多个因素的有机结合。能够投入到创造性活动中的个体心理资源主要包含智力、知识、思维风格、人格以及动机五种,再加上外部环境,这六个方面共同组成了决定个体创造力水平的核心因素。

(1)智力。斯滕伯格等认为,智力对创造力的贡献主要体现在综合、分析和实践三个层面,或者可以说,创造性活动中的智力外化形式主要展现于创造主体的综合性技能、分析性技能和实践性技能。其中综合性技能是对问题进行再定义和顿悟的能力,是从新的角度审视问题,并冲破常规思维限制的关键;分析性技能则与批判性思维有关,它负责对综合性技能做出的反应及整个创造过程进行分解、筛选、评估和监控;实践性技能的主要作用是对社会公众包装、推销自己的主意,并处理反馈信息,也就是说服他人尊重并接受自己的想法。

(2)知识。知识是智力加工的材料,可分为正式知识和非正式的知识。正式的知识主要是通过正规教育渠道获取的与特定专业领域相关的信息。非正式的知识主要包括书本上学不到的常识和领域经验。由于创造性活动更重要的是以别人意想不到的方式来解决问题,因而,正式的知识仅是基础,而非正式的知识具有更重要的意义。

(3)思维风格。思维风格是一个人偏爱的使用自己技能的方式,从本质上来说,就是选择如何部署已有的技能。斯滕伯格等认为,就心智自我管理的功能而言,"一种创立规则型风格对创造力来说特别重要",也就是打破成规和前人设定的框架约束,用自己独创的方式进行思考。

(4)人格。按照斯滕伯格等的理解,创造力投资所要遵循的"低买高卖"原则势必要求公然对抗众人,而站在大多数人观点的对立面不仅要能容忍不确定性及富有自我效能感,还特别需要克服困难的决心和承担风险的勇气。

(5)动机。动机是驱使人们进行创造性活动的动力,它影响人们从事创作的积极性和执行力。斯滕伯格等十分强调内在动机的重要性,但他同时也认为,尽管过度受到外在动机驱使会使人失去超越自我的动力,但在某些情况下,外部动机只要能将个体注意力集中到创造性活动中去,也能转变为有益的因素。因此,内部动机和外部动机需要通过互补和协同来共同推动创造力的发展。

(6)环境。斯滕伯格等所提到的环境范畴非常广泛,可以包括大范围的整体社会环境及创造者扮演的各种社会角色模式,也包括小范围的学校氛围、公司氛围、任务情境、竞争合作、家庭影响等等。并且,斯滕伯格等认为环境因素能对创造力的发挥起支配性作用:一个人可能具备了所有进行创造性思维所需的内在资源,但是如果没有环境的支持,那么他或她内部的创造力将可能永远不会展示出来。

以上六种因素对创造力的作用也并不是简单的相加。首先,某些因素可能存在阈限,也就是说当一些因素没有达到一定水平时,不论其他因素如何,人都不可能表现出创造性;其次,某些因素之间可能存在补偿效应,例如强烈的动机可能弥补环境的不足;再次,因素之间也可能存在交互效应,譬如高智力、高动机有可能让人的创造性得到成倍的增长。

斯滕伯格等的创造力投资理论可以被视为创造学研究史上一个经典的综合性模型。该模型将个体创造力看作六个因素融会贯通所产生的结果,不仅较为全面地覆盖了吉尔福特所探讨过的智力、知识和动机因素,同时还将"环境"作为一个突出的独立变量划分了出来。这一做法使整个模型具有更高度的开放性,也使该理论对于创造力管理、创造力教育等领域的研究拓展具有了非常重要的启发意义。

二、富有创造力的人格

创造人格(creative personality)也称为创造性人格、创造型人格,是吉尔福特提出和使用的一个概念。它是指主体在后天学习活动中逐步养成,在创造活动中表现和发展起来,对促进人的成才和促进创造成果的产生起导向和决定作用的优良的理想、信念、意志、情感、情绪、道德等非智力素质的总和。创造性人格是人格的一种重要类型,它是以遗传素质为基础,通过后天环境和教育,加上个人的主观努力逐渐形成的。

大多数研究聚焦于富有创造力的个人,并相信通过研究理解他们的思维运转模式,能找出实现创造力的要领,然而事实并不一定如此,尽管每个新观点或新作品都是由具体的人所创造,但这类创新并非来自创新者个人的某个特点,不能说是某个人开启了创新的过程。如对于佛罗伦萨的文艺复兴,人们会认为是罗马艺术的重新发现或城市银行家的激励启动了它,而不是某个特定的人的作用。

创新者的人格能够适应特定领域的条件,且这些条件会随着时间的不同、领域的不同而发生变化。富有创造力的人之间也存在巨大差异,有的可能过着简单自律的生活,有的则放纵地消耗自己的精力。如米开朗琪罗对女人没有多大兴趣,但毕加索一生却追求了无数女人,但他们都在艺术领域做出了巨大成就。人们无法通过模仿某种人格或风格来获得创造力,但可以通过研究具有创造力的人物的人格特点得到他们共同的典型人格特征。

美国学者米哈里(Mihaly Csikszentmihalyi)在其著作 *Creativity: Flow and the Psychology of Discovery and Invention* 中提出富有创造力的人格与其他人格的一个区别——"复杂"。米哈里提出,富有创造力的人格包含着相互矛盾的两种极端性格,是"多面的",只有能在两个极端游刃有余的人,才能创造出足以改变领域的新事物或新观点,这类人就被称为富有创造力的人。他用了十对明显对立的性格来说明复杂的人格,并认为这些性格通常同时显现在富有创造力的人身上,并且毫无冲突地彼此融合在一起:

(1)富有创造力的个体通常体力充沛,但也会经常沉默不语、静止不动。

(2)富有创造力的人很聪明,但有时也很天真。

(3)富有创造力的个人是玩乐与守纪律、负责与不负责的结合体。

(4)富有创造力的个体可以在想象、幻想与牢固的现实感之间转换。富有创造力的人具有独创性,但不会表现古怪,他们看到的新颖性植根于现实。

(5)富有创造力的人似乎兼容了内向与外向两种相反的性格倾向。

(6)富有创造力的个人非常谦逊,同时又很骄傲。

(7)富有创造力的个体避免了性别角色成见。

(8)富有创造力的人通常被认为是反叛的、独立的。

(9)大多数富有创造力的人对自己的工作充满了热情,但他们同样会非常客观地看待工作。

(10)富有创造力的人的坦率与敏感使他们既感到痛苦煎熬,又享受着巨大的喜悦。

1980年,在第22届国际心理学大会上,美国学者戴维斯(Patrick Davies)做了如下总结:具有创造力的人,独立性强,自信心强,敢于冒风险,具有好奇心,有理想抱负,不轻听他人意见,对于复杂奇怪的事物会感受到一种魅力,而且,富有创造性的人一般都是具有艺术上的审美观和幽默感,他们的兴趣爱好既广泛又专一。

三、设计师的人格特征

(一)各类创造主体的人格特征

每个人都具有创造能力,只是其创造力水平不同,且以不同的方式显示出来。创造过程中的认知、情感和意志过程特点以及个性心理倾向与个性心理特征在创造主体身上的具体组合和表现就形成了他们的人格特点。

许多心理学家也分别从不同领域展开创造力人格的研究,研究表明,非凡的创造者通常都具有独特的个性特征,但是不同类型、不同领域的创造者的人格特征也具有其独特性。20世纪60年代初,美国加利福尼亚大学人格评价研究所的学者通过调查和研究发现,创造力水平不同的人在许多人格特质上存在显著差异,而在不同的领域,其典型人格特征也不尽相同。其中几种典型的人格特征如表10-1所示。

表10-1 不同领域人物的典型人格特征

人物类别	研究	人格特征概括
艺术家	Cross, et al.(1967)、Bachtold&Werner (1973)、Amos(1978)、Gotz(1979)等人的研究	内向、精力旺盛、不屈不挠的精神、焦虑、易有罪恶感、情绪不稳、多愁善感、内心紧张等
	贝伦(Frank Barron)对艺术学院学生的研究	灵活、富有创造力、自发性、对个人风格的敏锐观察力、热情、富有开拓精神、易怒
科学家	巴伦(Barron)从前人研究中归纳出科学家共同的特征	高度的强韧力及情绪稳定性、独立自治、自律、喜欢作抽象思考、具有超越的能力、高度的自我控制以及强烈的意见、有冒险性等
发明家	W.H.詹森贝蒂通过对历代发明家的资料进行研究整理、归纳总结	无畏、不在乎世俗眼光、执着坚持、孤独、力求完整化的心理、自信、有好奇心、好胜心等
建筑家	心理学家将对建筑家所得的印象用"高夫形容词检查表"(Gough's Adjective Check List)记录下来	崇美审美能力强、敏感、自我期望很高、独立自治、多产、高度智慧、妥当可靠、兴趣广泛、爱好感官经验(包括触觉、味觉、嗅觉及身体接触)、具有批评性、怀疑性、与人交往从容大方、直率坦白等
作家	巴伦(Barron)1957年对美国最著名的56名作家进行全面观察、测验、面谈	高度智慧、独立自主、非常灵敏、对哲学问题很感兴趣、自我期望很高、兴趣广泛、有着超俗的思想过程、直率而坦白、是有趣而引人注意的人物

(二)设计师的人格特征

当设计师从更高层次来要求自己的创作时,那么,他们的人格特征往往更接近艺术家,表现出艺术家的典型创造性人格,我们可以将其称为"艺术的设计师",在他们看来艺术设计是一门艺术,与其他纯艺术的创造没有根本的差别,因此,他们受到某种内在的艺术标准的驱使,设计作品较为个性化,显得卓尔不凡。还有一些职业的设计师,他们比较注重实际条件和工作效率,并不期望个性的表达或者做出经典之作,设计对他们而言更多是一种技能,这类设计师明显创造力不足,可以称为其工匠。

此外,设计师还需要具有一定的沟通和交流能力、经营能力等,这些虽然对于艺术设计创意能力并没有直接影响,但是却能帮助设计师弄清目标人群的需求、甲方意志、市场需要等,间接帮助艺术设计师做出既具有艺术作品的优美品质又能满足大众多层次需要的设计。

设计活动本身就是一项非常艰苦、具有探索性的长期性工作,与纯艺术重自我表现的特质不同,设计师需要不断探索、检验、修正、完善设计创意,一个新奇特别的创意是否能最终成为一项适宜的设计成品,需要长时间的辛勤工作。此外,勤奋使设计师的观察范围、经验累积、思维能力、想象能力、实践能力都能得到极大提高。

客观的人格特征也是设计师区别于纯艺术创作者的重要方面,设计师既不能像艺术家那样随意宣泄个人情感,表达主观感受,也不能像工程师那样一丝不苟,在相对狭窄专一的领域中不断探索下去。只有创造才是艺术设计的唯一标准,设计师比大多数人更容易辨别新颖的、具体的和独特的东西。客观性是设计师理想思维的集中体现,使设计师能够对自身及自己的设计进行客观评价,使设计与实际需求和审美取向等要素结合起来。同时,客观的个性能使设计师跳出一般思维、习惯的束缚,为设计师更好地设计创造条件。

另外,有意志力的设计师体现出自觉性、果断性、坚持性和自制力等人格特征。意志力能帮助他们自觉地支配行为,在适当的时机当机立断、采取行动,并顽强不懈地克服困难完成预定目标。兴趣也是影响设计师创造力发挥的重要因素,它是人对事物的特殊认识倾向,能促使人们关注与目标相关的信息知识,积极认识事物,执行某些行为。设计师往往对于创造、艺术、问题求解等方面具有浓厚的兴趣,有时没有接受过正规艺术设计教育的人,在强烈而持久的兴趣的驱使下,不断学习相关知识与技能,也能做出很好的设计作品。

复习巩固

1. 请简述吉尔福特创造力六要素。
2. 设计师具有哪些人格特征?

第二节　设计师与创造性思维

一、创造性思维

（一）创造性思维的概念

设计师所具备的能力中，最重要的一项就是创新能力。具有创新能力的人才指的是具有创造意识、创造性思维和创造能力的人才，其核心便是创造性思维。

创造性思维（creative thinking）是以感知、记忆、思考、联想、理解等能力为基础，以综合性、探索性和求新性为特征的高级心理活动。创造性思维是一种具有开创意义的思维活动，即开拓人类认识新领域、开创人类认识新成果的思维活动。广义的创造性思维是指思维主体有创见、有意义的思维活动，每个正常人都有这种创造性思维。狭义的创造性思维是指思维主体发明创造、提出新的假说、创建新的理论、形成新的概念等探索未知领域的思维活动，这种创造性思维是少数人才有的。

从一定意义上来说，人类所创造的一切成果都是创造性思维的外现与物化。与逻辑思维不同，创造性思维是要突破已有知识与经验的局限，常常是在看来不合逻辑的地方发现隐秘的规律，创造性思维在很大程度上是以直观、猜测和想象为基础进行的一种思维活动。创造性思维是开拓人类认识新领域的一种思维，它有一般思维的特点，又有不同于一般思维的地方：创造性思维不能只依靠现成表象或有关情况的描述，而是要在现成资料的基础上，进行想象、加以构思，才能解决前人所未能解决的问题。创造性思维不同于一般思维活动的重要之点就在于其有想象特别是创造想象的参与，其具有新颖性、独创性和突破性。

（二）创造性思维的形式及活动过程

1.创造性思维的形式

创造性思维离不开推理、想象、联想、直觉等思维活动。创新性思维的重要诀窍在于多角度、多侧面、多方向地看待事物、处理问题，其形式有以下几种：

（1）抽象思维：亦称逻辑思维，是认识过程中用反映事物共同属性和本质属性的概念作为基本思维形式，在概念的基础上进行判断、推理，反映现实的一种思维方式。

（2）形象思维：形象思维是用直观形象和表象解决问题的思维。其特点是具体形象性。

（3）直觉思维：直觉思维是指对一个问题未经逐步分析，仅依据内因的感知迅速地对问题答案作出判断、猜想、设想，或者在对疑难百思不得其解之时，突然对问题有"灵感"和"顿悟"，甚至对未来事物的结果有"预感""预言"等都是直觉思维。

（4）灵感思维：灵感思维是指凭借直觉而进行的快速、顿悟性的思维。它不是一种简单逻辑或非逻辑的单向思维运动，而是逻辑性与非逻辑性相统一的理性思维整体过程。

（5）发散思维：发散思维是指从一个目标出发，沿着各种不同的途径去思考，探求多种答案的思维，与聚合思维相对。

（6）收敛思维：这是指在解决问题的过程中，尽可能利用已有的知识和经验，把众多的信息和解题的可能性逐步引导到条理化的逻辑序列中去，最终得出一个合乎逻辑规范的结论。

（7）分合思维：它是一种把思考对象在思想中加以分解或合并，然后获得一种新的思维产物的思维方式。

（8）逆向思维：它是将司空见惯的似乎已成定论的事物或观点反过来思考的一种思维方式。

（9）联想思维：它是指人脑记忆表象系统中，由某种诱因导致不同表象之间发生联系的一种没有固定思维方向的自由思维活动。

2. 创造性思维的活动过程

创造性思维伴随着创造过程，对于创造过程的分析，英国心理学家沃拉斯（G.Wallas）提出的"四阶段理论"最具影响力。沃拉斯认为任何创造过程都包括准备、酝酿、明朗和验证四个阶段。

（1）准备阶段（preparation）：是指创造性思维形成前对问题相关知识的理解与累积。这一阶段最重要的是明确创造目的，掌握丰富的经验，收集广泛的信息，掌握必要的技能。于景观设计而言，这一阶段是在设计师了解项目既有知识的前提下搜集并分析有关资料，并在此基础上逐步明确设计主题及思路。

（2）酝酿阶段（incubation）：也叫潜意识加工阶段，指在准备阶段得不到结果而将问题暂时搁置，等待有价值的想法自然酝酿成熟而产生出来。

（3）明朗阶段（illumination）：也叫豁朗阶段，是指经过潜伏期酝酿之后，具有创造性的新观念可能突然出现，也就是常说的灵感或顿悟。事实上，灵感或顿悟并非一时心血来潮、偶然所得，而是前两个阶段认真准备和长期孕育的结果，它也是创造性思维导向结果的关键。

（4）验证阶段（verification）：由灵感或顿悟所得到的解决方案也可能有错误，或者不一定切实可行,所以还需通过逻辑分析和论证以检验其正确性与可行性。

沃拉斯"四阶段模型"的最大特点是显意识思维(准备和验证阶段)和潜意识思维(酝酿和明朗阶段)的综合运用,而不是片面强调某一种思维,这是创造性思维赖以发生的关键所在,也是该模型至今仍有较大影响力的根本原因。

(三)创造性思维的特征

北京师范大学著名心理学家朱智贤、林崇德等认为,创造性思维有四个特点:首先,创造性思维最突出的标志是具有社会价值的新颖而独特的特点;其次,创造性思维的过程,要在现实资料的基础上,进行想象,加以构思,才能解决别人所未能解决的问题;再次,在创造性思维的过程中,新形象和新设计的产生带有突破性,常被称为灵感;最后,创造性思维,在一定意义上说,是分析思维和直觉思维的统一。归纳起来,创造性思维具有以下几个特征:

(1)思维的新颖性及开创性。由于创造性思维要解决前人所没有解决过的问题,因而它必然具有新颖性和开创性,必然是没有现成的答案可以遵循的探索性活动过程。它或者在思路的选择上,或者在思考的技巧上,或者在思维的结论上,具有独到之处,在已有知识的基础上有新的见闻、新的发展、新的突破,从而表现出思维的新颖性与开创性。

(2)思维的广阔性。现代科学发展的高度分化、高度综合与高度社会化的特点,使得科学创造者的思维必须具有广阔性的特点。思维的广阔性表现为必须获得广泛的知识,善于多方面地思考问题和全面地探讨问题,善于在不同的知识与活动领域进行创造性思维。古今中外取得突出成就的科学家的思维都具有高度的广阔性。

(3)思维的深刻性。思维的深刻性指的是思维的深刻程度,它表现为能抓住事物的规律,预见事物的进程,不仅善于透过问题的现象而深入问题的本质,而且善于揭露现象产生的原因,善于预见研究的进程和结果,并且能够从多方面和多种联系的角度找问题和思考问题。

(4)思维的灵活性。思维的灵活性指的是思维活动能依据客观情况的变化而变化,也就是通常人们所说的"机智"。思维的灵活性体现为创造者思路活跃,他可以在知识的海洋里纵横驰骋,可以在想象的空间中自由翱翔,可以迅速地从一个思路跳到另一个思路,从一个意境进入另一个意境,并能随着情况的变化而改变或修正所探索的课题和目标。

(5)思维的独立性。思维的独立性表现为一个创造者能够独立地进行思考,善于独立地发现问题,独立地分析问题,独立地解决问题,不受别人的暗示或影响而动摇。思维的独立性可使一个创造者解放思想,破除迷信,不受传统习惯的束缚,敢于向科学权威的错误结论挑战,大胆地提出自己的新假设、新观念、新理论、新方法,并且通过实践来检验它是否正确。

二、设计师的直觉、灵感或顿悟

人类研究创造性思维的历史悠久,古希腊时有德谟克利特、柏拉图等对灵感的论断,近代的哲学家、科学家对创造性思维的联想、想象、类比、直觉、灵感等也都很关注。直觉、灵感对于景观设计师来说也是不可或缺的。

(一)直觉

直觉也可以理解为自觉的预感,在创造过程中,直觉能力强的人,能预先感知到所研究的事物在发展变化过程中会有某种现象发生,但对此他并不知其所以然。

意想不到的顿悟或理解叫直觉,这是人们的一种普遍的思维现象,许多科学家、艺术家在创造发明或创作时都会出现这种直觉现象。直觉是人人都有的,人类依靠感觉认识世界,并不断将感觉与思维方式相结合,逐渐形成经验的累积。

而对于设计师而言,直觉则发展为一种对设计语言的敏感、对所设计的物或者内容的敏感、对设计作品使用对象或者使用方式的敏感,面对设计产品时对设计语言的衡量或者感悟,即设计的直觉。设计直觉包括对各种设计的洞察,对形式特征、色彩、产品等的理解。设计师的直觉对设计起着巨大的作用,它是设计师在设计过程中不断发现、不断启示自己的设计思维,不断地提高自己对设计语言的感觉敏锐程度、综合程度、深刻程度的设计创造能力。

设计是一个传达过程,设计的直觉来源于对设计物的理解,设计作品的优劣从某种角度来说是由设计思维深入程度决定的,设计者的设计方向可以引导使用者的直觉感受。景观设计师通过色彩、造型、模型等的设计手法建立起和使用者能够进行相互理解和沟通的平台,即景观作品。

(二)灵感或顿悟

灵感(inspiration)是人脑对客观事物内在本质、规律的认识,是反映过程的飞跃和质变,这是灵感的本质。常规思维属于渐进和量变,创造性思维属于质变和飞跃,而灵感则属于正常认识、反映过程的中断,是突然的质变和飞跃。灵感思维不是凭空想象,它是人们的社会实践经验作用于人脑的结果。

灵感和顿悟虽略有区别,但它们在创造性思维和创造性活动中的表现形式和作用则基本相同。为了避免不必要的重复,在此一并加以论述。直觉、灵感或顿悟在艺术创作中发挥着重要作用,景观设计同样离不开非逻辑、非理性的直觉、灵感或顿悟的创造性功能。

灵感或顿悟是一种带有突破性的创造性思维认识活动,它的发生像其他创造性思维认识活动一样,必须始于问题、基于实践。由沃尔斯的创造活动四阶段理论可知,灵感或顿悟是在创造过程达到明朗阶段出现的一种富有创造性的思维心理状态。景观设计也是一个创造过程,在这个过程中,灵感或顿悟是景观设计师创造出美且吸引人的景观作品的重要因素。景观设计中的灵感主要可以从以下几种途径获取:

1.勤学苦练

灵感思维的出现是以长期的、辛勤的劳动为前提或基础的。灵感是在创造性工作中出现的心理,是由量变到质变转化的结果,顿悟是灵感质变的产物。灵感或顿悟是创造者在顽强的、孜孜不倦的创造性劳动中,创造力高涨的时候所处的一种思维心理状态,灵感或顿悟是创造性活动中普遍存在的现象。因此人们常说,创造是富于灵感或顿悟的劳动,任何灵感或顿悟都是人们长期辛勤劳动的结晶,只有在长久持续的实践活动中,才会有灵感或顿悟的显现。俄国著名画家列宾说,灵感是对艰苦劳动的奖赏。俄国著名作曲家柴可夫斯基更是形象地说:"灵感是这样一位客人,他不爱拜访懒惰者。"

2.体验自然

对自然的体验是设计灵感的重要来源之一,客观地说,人类的需求和对自然的重塑模仿观念是启发当代景观设计师的主要灵感来源。自然是景观设计的主体,自然条件对景观设计提出了要求和目标,同时,自然界中的生态问题也考验着景观设计师的能力。景观设计师要再造优美的自然意境,同时彰显对自然的崇敬并对环境带有人文关怀,让游人有寄情山水的意愿,有对话自然的冲动。

为了捕捉来自大自然的灵感,景观设计师把思考感悟的着力点放在对大自然的解构和变形上,关注天然的植被、功能、材料、色彩等设计元素,并将生态设计、绿色规划融入设计理念。运用场地的现有条件,回收利用旧资源,已是当代景观设计的一种趋势,既经济又可以作为景观灵感的一个来源。总之,投身自然,寄情山水,定能领略到不同凡响的思维创意。

美国波特兰演讲堂前庭广场巨大的水瀑、粗糙的混凝土地面、茂密的树林在城市人工环境中为人们架起了一座通向大自然的桥梁,它使人想起那点缀着如画的瀑布和绿色植物的绵绵山脉,这也是其设计者哈普林的设计理念:利用具有雕塑感和园林风格的形象使人回想起自然和在自然中的体验。哈普林设计的位于波特兰的爱悦广场也是其从自然中获得灵感的产物,广场中不同高度的瀑布将高低错落的水池联系起来,混凝土台阶和池边的设计形成一种如同流水冲蚀过的感觉,这便是从高原荒漠中得到的灵感。

3. 观察分析

观察分析是产生灵感的必要手段,客观的带有目的性、计划性的观察行为和对概念的再造冲动有助于灵感激励。著名的英国皇家建筑师钱伯斯(William Chambers)对中式园林情有独钟,16岁时就随着瑞典的东印度公司两次游历中国进行采风,他在1757年写下的《中国园林的艺术布局》和《东方造园论》中,就毫不避讳地谈道其灵感源于实地考察所感悟到的东方情调,其代表作丘园中的代表景点"中国塔"也是受游历期间观察绘制的南京大报恩寺琉璃塔启发。钱伯斯通过对中式园林实地考察发现,东方园林的意境之美正是英国自然风景园所缺失的,之后,他大胆地将中国园林的风格作为灵感素材,并巧妙融入到传统的英式造园体系中,开启了风靡欧洲的"英华庭院"流派。由此可以看出,细致的观察、严谨的信息整合、理性的创造,是将灵感转化为优秀的设计成果的关键。

4. 知识储备

广泛地涉猎各个方面的知识是灵感来源的重要基础。丰厚的知识储备是灵感的重要来源之一。景观设计师的灵感是很多元的,除了与艺术相关领域的激励有关,文化领域和个人经历的启发也存在,但这些都是设计师有意识或无意识的带有目的性的知识和创作素材的积累。极简主义造园大师彼得·沃克(Peter Walker)就表明勒·诺特尔(André Le Nôtre)的作品对他早期的创作具有激励作用,他也曾在访谈中坦露他的极简主义思想受到20世纪60年代的极简主义艺术作品和雕塑的启发,日式的禅宗思想也曾是沃克中后期作品的主要灵感来源之一,等等。

5. 心态平和

灵感是在艺术构思探索过程中源自某种机缘的启示而突然出现的豁然开朗、精神亢奋、取得突破的一种心理现象。然而,长时间的紧张思考状态会引发神经过程的负诱导现象,思维中心过度兴奋导致周围的神经活动受到抑制,而潜意识中的灵感原料被使用的可能性就会降低,这就是为什么很多设计师在超负荷工作压力下常常会感到灵感枯竭的原因。其他的心理活动也会干扰潜意识的推动活动,成为灵感闪现的障碍。因此,景观设计师与其沉浸在焦头烂额却又毫无头绪的构思状态中,不如放下重担,莫急功近利,平心静气地出去走走,甚至安心睡上一觉,或许灵感的大门就会打开。

三、设计师的创造性思维

（一）景观设计中的思维

在设计过程中，创造性思维贯穿于景观设计活动的始终，创造是设计的核心。设计活动是一个创造性设计思维的过程。创造是设计的灵魂，而创造的本质是创造性思维，创造性思维在景观设计中起着至关重要的作用。

虽然创造性思维对于设计是必不可少的，但不同设计领域所要具备的创造性思维方式还是有所不同的。景观设计是一项复杂、多元的工作，不仅需要想象，也要求逻辑性和计划性，因而景观设计所需要的创造性思维不仅包括形象思维、发散思维，也包括逻辑思维。景观设计也需多种创造性思维形式的综合，研究设计过程中的心理也是设计师形成一个完整思维过程中的一步，设计师在形成完整思维的过程中会用到以下几种思维。

（1）设计思维（design thinking），即设计产物产生的思维过程。斯坦福大学哈索普莱特纳设计学院的研究者提出，设计思维一般具有共情（empathize）、需求定义（define）、创意构思（ideate）、制作原型（prototype）和实际测试（test）五个阶段。

（2）抽象思维。在进行景观设计时，最先要做的工作就是对场地及现状进行分析，包括周边环境、地形、水文、植被状况、历史文化、地域文化特点等，通过总结和概括，为概念的形成和初步设计做好准备。在繁杂的信息中筛选出可以用于后期设计的信息与条件，是一个项目成功的关键，这与一个优秀的景观设计方案在项目进行之初就能找到一个合适的设计主题相同。曼哈顿高线公园主张的"转化废旧交通设施为立体化景观"，秦皇岛汤河公园强调的"最小化影响环境创造景观步道"，北京皇城根遗址公园利用的"追寻历史遗迹，打造城中带状绿化空间体系"的想法，都归功于设计者利用抽象思维对项目进行的正确定位。因此，在景观设计中，特别是在设计开始时的策划阶段，发挥设计者的抽象思维尤为重要。

（3）发散思维。景观设计虽然不像平面媒体或工业设计等其他设计门类一样具有很强的创意空间，但景观设计依然具有艺术性。景观设计中的发散思维为景观设计增添了活力，最重要的是，发散思维是头脑风暴的基础，充分的发散使得景观设计方案能够具有充分的发展余地，探索更多的可能性。景观设计中发散思维的作用就是由一个设计点逐渐扩散到与其有联系的其他点，发展设计的广度，这样的设计才能既具有一定的继承性，又具有创新之处。另外，发散思维还能使设计师多角度地思考问题，从而设计出更人性化的作品。

（4）收敛思维。收敛思维作为景观设计中较为理性的一种思维方式，在项目设计的后期创作中发挥着非常重要的作用。景观创作在经历了发散、联想、抽象后，需要继续往下推进整合,形成一个有秩序的体系,这就要发挥设计者的收敛思维。收敛思维有助于景观结构、交通流线、视线处理等大方面的合理化,使得方案在整体上更加完整,同时也能更有条理地把设计展示给"客户",以便让观者更好地理解设计方案。

(5)联想思维。联想思维的应用是一个项目成功的关键之一。景观设计中常用的象征手法就是运用联想思维的最好例证。

(6)意象思维(image thinking)。设计创意中运用意象思维最直接的体现是设计之初的构思。设计中的不同物象(即意象)通过转变为设计形式而产生出再生艺术形象(即再生意象)。再生意象被观者解读的时候,与之心灵碰撞出来的意象以及意境,又一次使设计师的意象得以展现。

景观设计之初主要运用发散思维和联想思维,到中期主要运用抽象思维,形成方案时主要运用收敛思维,每种思维都有不同的作用。从景观设计的特性来看,景观设计具有较强的逻辑性,只有按照一定的步骤,设计过程才更高效,同时也能使方案更有说服力。创造性思维在景观设计中的应用不是一次性的,不同思维也不是独立地运用的,而是以各种方式交叉甚至是反复进行的。如,初步设计时设计者更注意设计的创意,但随着设计的逐渐深入,形式可能会与功能或空间尺度、技术、材质等其他设计要素发生冲突,这时就需要运用创造性思维重新调整。重新调整的过程便是重复运用创造性思维的过程。

(二)设计师的创新

景观设计师的创新不能仅仅局限于对设计的风格、材料等因素的创新,更要侧重于对精神功能的再创造。景观设计师要通过观察,发现人们内心世界的根本需要,以自己的设计来满足其精神世界的需求。在收集到的前期资料的基础上,通过设计师的审美品位和专业知识,用形式美的法则去规范,再经过与空间界面及环境陈设等设计要素相结合,在环境中加入个性和情感,这样才能使环境空间的精神功能得以整体提升。

作为景观设计师,了解受众的喜好是创新的基础。若景观设计师从自己的喜好出发,而不顾受众的喜好,其设计的作品即使在各个方面都运用了创新要素,但因为没能尊重受众的内心,没有理解受众的情感需求,也不能成为成功的设计。

景观设计过程中,矛盾错综复杂,问题千头万绪,设计师要始终以"为人服务,以人为本,为确保人们的安全和身心健康,为满足人和人际活动的需要"作为设计的核心思想。"为人服务,以人为本"这一设计原则常会因为设计师从局部因素考虑而被忽视。景观设计需要满足人们的生理、心理等要求,需要综合地处理人与环境、人与人等多项关系,需要在"为人服务"的前提下展开。

景观环境设计不能忽略人与人的不同,每个受众都有着不同的情感,对环境空间有着不同的精神需求,这种需求是充满个性化的,因此,景观设计的形式风格也应该个性化。景观设计师可以通过选择不同的环境设计元素和组合方式,传达出不同的空间感情,增加一些细节化设计凸显受众的精神需求,这样的景观环境设计创新才是不断变化的、不断挑战自我的,同时也能让受众获得幸福感与满足感。

景观环境设计和人的生活及工作条件的创造和现代技术的进步息息相关,所以设计师在考虑景观环境设计的创新时不仅要着眼结构、材料等景观构成要素的创新,而且要不断探索人的心理需求,从人的心理需求和精神需求出发打造适宜的"软环境"。

(三)设计师创造性思维的培养

创造性思维是在一般思维的基础上发展起来的,它是后天培养与训练的结果。卓别林说过:"和拉提琴或弹钢琴相似,思考也是需要每天练习的。"对于设计师而言,可以有意识地从如下几个方面培养自己的创造性思维。

1.展开"想象"的翅膀

人脑有四个功能部位:一是从外部世界接受感觉的感受区,二是将这些感觉收集整理起来的贮存区,三是评价收到的新信息的判断区,四是按新的方式将旧信息结合起来的想象区。只善于运用贮存区和判断区的功能,而不善于运用想象区功能的人就不善于创新。如果没有想象的参与,人的思考就会发生困难。想象是创造性思维的基础。想象力是人运用大脑中的信息进行综合分析、推断和设想的思维能力。想象能引导人们发现新事物,还能激发人们的探索欲望,促使人们去进行创造性劳动。

2.培养发散思维

一般认为,发散思维是创造性思维的最主要的特点,是测定创造力的主要标志之一。发散思维也是设计求新、求异的主要思维形式,是艺术灵感产生的思维基础。想要培养设计师的创造性思维,就需得重视发散思维在设计中的实践,而在设计中树立设计师的创新意识,推崇设计师的个性,对发散思维的培养起到至关重要的作用。在设计师的实际设计活动中,发散思维是指不依常规,运用丰富的想象求新、求异,对已有材料、信息从不同角度、不同方向进行分析,用不同方法或从不同途径解决问题的思维模式。"见多识广"是培养发散思维的基础,设计师接触的新鲜事物越多,想象力就越丰富,发散思维就越能更好地被激发,设计的创意就越活跃。

培养发散思维还需要打破固定的思维模式,激发多维度的思维能力,不断地更新思维模式会给设计师带来不竭的创意源泉。

3.发展直觉思维

直觉思维是艺术与设计灵感产生的主要思维方式。直觉思维不是凭空产生的，而是需要多方面条件来促成，因此设计师要善于从大局出发，宏观把握事物属性的内部关系，促成直觉思维的产生。首先，设计师必须以思维积累为基础，灵感是在积淀的基础上产生的。其次，当设计师设计思路受阻时，需要暂时主动放弃已有的思路，这对设计灵感的产生是有益的，因为潜意识思维仍在运行中，变换思路有利于激发灵感。最后，设计师需要对任何事物都要有敏锐的观察力，需要多关注生活，平时生活中的大量信息会在设计师的潜意识中形成刺激，这些刺激也会激发设计师的灵感。

4.培养思维的流畅性、灵活性和独创性

流畅性、灵活性、独创性是创造力的三个重要的因素。流畅性指针对刺激流畅地作出反应的能力。灵活性指随机应变的能力。独创性指对刺激作出不寻常的反应。20世纪60年代，美国心理学家曾采用类似"头脑风暴"的方法来训练大学生们思维。训练时，要求学生像夏天的暴风雨一样，迅速地抛出一些观念，不需要考虑观念质量的好坏，或数量的多少，对观念的评价在训练结束后进行。速度愈快表示愈流畅，讲得越多表示流畅性越高。这种自由联想与迅速反应的训练，能有效地促进创造性思维的发展。

5.培养强烈的求知欲

古希腊哲学家认为，积极的创造性思维往往是在人们感到"惊奇"并在情感上燃烧起来对这个问题追根究底的强烈的探索兴趣时开始的。因此，设计师要激发自己的创造性思维，首先就必须使自己具有强烈的求知欲。而人的欲求感是在需要的基础上产生的，没有精神上的需要，就没有求知欲。因此，要有意识地为自己出难题，激发自己的求知欲，只有在探索过程中，才会不断地激起好奇心和求知欲。求知欲驱使人类对自己未知的领域不断探索，不断发现未掌握的新知识，创造前所未有的新见解、新事物。

复习巩固

1. 简述沃拉斯关于创造活动的四阶段理论。
2. 简述景观设计中获取灵感的几个途径。

第三节　文化影响及设计

　　设计师的心理、个性及审美等自身因素都会影响设计作品的风格,除了设计师本身的影响因素外,设计师所处地域的文化也会影响设计作品的呈现。

　　文化是人类在文明进化的过程中留下的产物,包括语言、风俗、宗教、艺术、思维方法和生活习惯等,是人们习得的信念、价值观和风俗的总和。文化像一只无形之手左右着人们的一举一动。

　　景观设计也无时无处不受文化的影响。文化直接影响设计师和受众的思维方式,从而导致设计原则、设计风格、形成体系以及设计评价差异巨大。从社会发展的角度出发,不同时期下,社会的文化价值取向不同,这使得不同时期的设计各具时代风格特色。

一、历史文脉与景观设计的关系

　　历史文脉(historical context)是一个城市关于文明的记忆,是一个城市中集结的人类智慧,是一个城市区别于其他城市的独有特色,是一个城市中被人们传承和引以为傲的精神瑰宝。城市景观是城市中为人类提供使用功能和观赏功能的空间和场地,是城市中为人类创造自然氛围和人文气息的一门艺术,是城市中让人们体验到人与自然和谐统一关系的一种方式和手段,景观设计师在打造城市景观时,需要正确认识历史文脉对城市的重大价值,并通过合理运用历史文脉使其在景观设计中发挥它对城市的重要作用。

　　城市景观设计与历史文脉之间是密不可分的,只有承载着历史文脉的景观才是城市真正所需要的,而历史文脉也通过景观在城市中得以留存、传承和发展。因此,我们首先应认识到一个城市的品位与魅力在于它所拥有的历史文化财富,而在进行城市景观的设计时,应立足于城市的历史文化背景,通过对人类文明的深度挖掘和研究,将符合城市精神的元素高度提炼精简,使之成为能够运用到景观设计中的具有代表性意义的符号。设计人员应该拥有社会责任感和使命感,要正确地认识到只有符合城市历史文脉的景观设计才能够有利于城市的特色和精神文明建设。

二、社会历史背景对设计师的影响

　　人具有社会属性,也就是说,人生活在社会中,必然与社会环境产生各种联系。因而,虽然人各不同,但在同一社会背景下的人必然有其相似性。而不同的社会必然孕育不同的人。而不同社会背景下的设计师,有着不同的文化心理,进而有不一样的创作趋势。文化心理是影响各种风格产生的一大因素,而文化心理受当时各种阶级特点以及社会背景的影响。

以古罗马建筑与巴洛克风格建筑为例,古罗马建筑给人以血腥与暴力的感受,大型斗兽场和大型建筑构件的使用广泛,其风格趋向于大规整,这样的建筑留给当时设计师的创作余地较少。古罗马时期,奥古斯都称帝,表彰功绩成了那一时期重要的活动,凯旋门、功绩柱、万神庙等建筑物应运而生,这些建筑物无一不透露着帝王希望自己的丰功伟绩被人牢记的信息。巴洛克风格建筑既有古罗马时期建筑的大气磅礴,也呈现出新异的特征,如充满了华丽的装饰、色彩艳丽、标新立异等。

设计作品不仅是一种个人产物,它还是具有社会效应的重要事物。历代设计师的辛勤努力与奋斗,使人们能看到不同风格的设计作品,而其中以具有鲜明特色和风格的建筑与艺术流派最为人所熟知。比如,中世纪建筑以哥特式建筑为代表,其集中反映出那一时期整个建筑行业的社会心理状态。中世纪的建筑师并不都是墨守成规、食古不化的人。从留存至今的中世纪建筑中可以看出:当时的建筑师能够接受各种各样的建筑风格与理念,建筑类型和建筑形式的多样化远远超过前人。比如维尼奥拉(Giacomo Barozzi da Vignola),其在自己的著作中为古典柱式制定出严格规范,但中世纪的建筑师们,包括维尼奥拉本人都没有受这些规范的束缚。那时的设计师大都思想独立,设计师们通过自己的努力为社会提供了更多的思想改变,他们的设计理念也充实了当时的社会思想。其建筑作品为现代人考察当时的社会状况和历史事件提供了实物资料,其设计风格也让现代设计师们深受影响。

影响设计的文化有很多,除社会历史文化外,还有前面章节讲到的地域文化,地域文化对一个人的人格形成有着巨大影响,对景观设计师亦如是。地域文化影响着设计师的人格特征,从而影响其景观设计作品。地域文化影响景观设计是通过影响设计师来实现的。此外,在园林景观设计中,地域文化是重要元素,且会对最终的设计效果造成直接性的影响。城市景观设计,不仅要体现对城市历史和文化的传承和发扬,还要让人们对城市有归属感和自豪感。地域文化涉及的生活习惯和风土人情,为景观设计提供了重要的素材。从设计师的角度看,文化对于艺术设计的意义在于:使用者具有不同的文化背景,有自己的文化偏好和禁忌,当文化不同时,其差异主要体现在人的品位上。不同文化背景的使用者对同一产品性能的要求基本类似,而对由于文化所导致的产品特征的需求却截然不同。从设计的角度讲,在不同场景进行设计时,需要注意当地传统文化、风土人情及历史建筑风格等因素,只有了解了当地文化的独特性,才能使设计出的景观具有丰富的文化底蕴。

复习巩固

历史文脉与景观设计的关系是什么?

本章要点小结

1.从创造的结果的角度来说,创造力是指产生新的想法、发现和制造新的事物的能力。从人格特质的角度来说,创造力分为两种,一种是"特殊才能的创造力",一种是"自我实现的创造力"。

2.吉尔福特总结出了创造力的六个要素:(1)敏感性,即对问题的感受;(2)思维的流畅性;(3)思维的灵活性;(4)独创性;(5)重组能力或者称为再定义性,即善于发现问题的多种解决方法;(6)洞察性,即透过现象看本质的能力。其中,流畅性、灵活性与独创性是最重要的特性。

3.斯滕伯格等认为创造力是一个多维结构,是多个因素的有机结合,能够投入到创造性活动中的个体心理资源主要包含智力、知识、思维风格、人格以及动机五种,再加上外部环境,这六个方面共同组成了决定个体创造力水平的核心因素。

4.戴维斯表示,具有创造力的人,独立性强,自信心强,敢于冒风险,具有好奇心,有理想抱负,不轻听他人意见,对于复杂奇怪的事物会感受到一种魅力,而且,富有创造性的人一般都是具有艺术上的审美观和幽默感,他们的兴趣爱好既广泛又专一。

5.创造性思维是开拓人类认识新领域的一种思维,它有一般思维的特点,又有不同于一般思维的地方:创造性思维不能只依靠现成表象或有关情况的描述,而是要在现成资料的基础上,进行想象、加以构思,才能解决前人所未能解决的问题。

6.创造性思维的重要诀窍在于多角度、多侧面、多方向地看待和处理事物、问题和过程,其形式有抽象思维、形象思维、直觉思维、灵感思维、发散思维、收敛思维、分合思维、逆向思维、联想思维。

7.创造性思维伴随着创造过程,对于创造过程的分析,英国心理学家沃拉斯认为任何创造过程都包括准备、酝酿、明朗和验证四个阶段。

8.设计无时无处不受文化的影响。文化直接影响设计师和受众的思维方式,从而导致设计原则、设计风格、形成体系以及设计评价差异巨大。

关键术语

创造力投资理论 Investment Theory of Creativity

创造人格 creative personality

创造性思维 creative thinking

意象思维 image thinking

历史文脉 historical context

选择题

1. 斯滕伯格等的创造力投资理论与吉尔福特所探讨的影响创造力的因素不同的是,将(　　)作为一个突出的独立变量。

A. 智力　　　　　　　　　　B. 动机

C. 环境　　　　　　　　　　D. 知识

2. 斯滕伯格等认为创造力是一个多维结构,是多个因素的有机结合,能够投入到创造性活动中的个体心理资源主要包含(　　)、(　　)、(　　)、人格以及动机五种,再加上外部环境,这六个方面共同组成了决定个体创造力水平的核心因素。

A. 智力　　　　　　　　　　B. 知识

C. 思维风格　　　　　　　　D. 性格

3. 用直观形象和表象解决问题的思维被称为(　　)。

A. 形象思维　　　　　　　　B. 直觉思维

C. 逻辑思维　　　　　　　　D. 发散思维

4. 斯坦福大学哈索普莱特纳设计学院的研究者提出,设计思维一般具有(empathize)、(define)、(ideate)、(prototype)和实际测试(test)五个阶段,其第一阶段是(　　)。

A. 需求定义　　　　　　　　B. 创意构思

C. 共情　　　　　　　　　　D. 制作原型

5. 景观设计之初,设计师刚开始时的策划阶段(　　)最为重要。

A. 形象思维　　　　　　　　B. 抽象思维

C. 发散思维　　　　　　　　D. 收敛思维

参考答案

第一章

第一节复习巩固

1. 简述景观与场所的联系和区别。

景观与场所也有所区别,可以说景观是场所,但是不能完全等同于场所。场所是指特定的人或事所占有的环境的特定部分,指的是特定建筑物或公共空间的活动处所,依靠的是人与人之间的关系,具有更多的个人主观意义在里面。相比之下,景观则更多是客观与真实的事物,比起场所的某个区域和某个特定的地点来说,景观更多是具有连续性的地理地貌。

2. 简述景观与园林的区别。

园林是指在一定的地域运用工程技术和艺术手段,通过改造地形(或进一步筑山、叠石、理水)、种植树木花草、营造建筑和布置园路等途径创作而成的美的自然环境和游憩境域。园林包括庭园、宅园、小游园、花园、公园、植物园、动物园等,随着园林学科的发展,还包括森林公园、风景名胜区、自然保护区或国家公园的游览区以及休养胜地。其主要功能是为人们提供游憩和观光,同时可以改善人的生理健康和心理健康,甚至提升人的精神追求,

还可以保护和美化环境。景观除了"风景"的含义以外,它更多的是体现为"地域综合体"的含义,主要还是为人所用,给人类做研究而用的一种适宜的尺度,它是没有明显边界的,具有动态稳定性。

3. 简述景观在景观生态学中的定义。

在景观生态学中,景观的定义可概括为狭义和广义两种。狭义景观是指几十公里至几百公里范围内,由不同生态系统类型所组成的异质性地理单元。而反映气候、地理、生物、经济、社会和文化综合特征的景观复合体称为区域。狭义景观和区域可统称为宏观景观。广义景观则指出现在微观到宏观不同尺度上的,具有异质性或缀块性的空间单元。根据刘惠清等人从景观生态学的角度对景观下的定义:景观是由相互联系、相互作用的异质景观要素组合而成的包括过去和现在人类活动影响的具有特定结构和功能的地域综合体。

第二节复习巩固

1. 简述信息加工心理学。

信息加工心理学又叫认知心理学,始于20世纪50年代中期。1967年,美国心理学家奈瑟尔所著的《认知心理学》一书的出版,标志着信息加工心理学已成为一个独立的流派。其主要代表人物是艾伦·纽厄尔和赫伯特·西蒙。信息加工心理学是现代心理学研究中最为重要的研究取向,其主要内容包括感知过程、模式识别及其简单模型、注意、意识、记忆、知识表征、语言与语言理解、概念、推理与决策、问题求解等方面

2. 简述注意恢复理论。

注意恢复理论(attention restoration theory,ART)认为,为了有效率地进行日常生活,必须保持认知清晰,清晰的认知需要集中注意,集中注意的能力下降会导致很多负面影响,如应激性降低、没有能力做计划、对人际关系信息的敏感性降低、认知作业错误率上升等,而集中注意机制因为需要个体忽略所有潜在的分心物,所以耗能巨大,使个体易于疲劳。

第三节复习巩固

1. 简述目前景观设计心理学的几种主要研究方法。

(1)观察法:观察法是在自然条件下,研究者依靠自己的感官和观察工具,有计划、有目的地对特定对象进行观察以获取科学事实的方法。

(2)实验法:在传统的心理学里,实验法是指有目的地在严格控制的环境中,或创设一定的条件的环境中诱发被试产生某种心理现象,从而进行研究的方法。科学的心理实验过程是这样的:确定用实验法做心理学研究→设想控制条件→改善条件→出现要研究的心理现象→观察心理现象的规律→验证设想。

(3)问卷法:问卷法是指以书面形式向被调查者提出若干问题,并要求被调查者以书面或口头的形式回答问题,从而搜集资料来进行研究的一种方法。

(4)访谈法:访谈法是通过和被试面对面地交谈,引导他以自我陈述的方式谈出个人的意愿、感受和体验,从而把握并分析其心理规律和特点的方法,也被称为口头调查法。

(5)档案法:档案法是通过运用已有的资料,而不是学术上的验证假设或变量间的关系而进行研究的方法。档案研究的资料通常是书面资料,包括历年来的社会记录,如统计资料、保险统计资料(如出生日期、死亡日期、婚姻状况)、人名录、报纸或以往的调查结果,还有的是私人资料,如日记、信件或合作经营记录。

2. 简述按照实施原则的不同,观察法可以分为哪几类。

(1)控制观察和自然观察:控制观察是指将被观察者置于特定的人为控制之下进

行的观察,因此被观察者的行为可能与真实状态不一致,典型的控制观察就是实验观察。为了使被观察者的行为尽可能接近自然状态,应该使观察场景尽可能自然。自然观察是对处于自然状态下的人的活动进行观察,被观察者并没有意识到自己正在被观察,因此观察到的情形比较真实。

(2)直接观察和仪器观察:直接观察是研究人员亲自在现场观察发生的情形以搜集信息,仪器观察是利用电子、机械仪器来观察。一般而言,使用仪器观察可以保证观察结果的客观性、真实性,还可以反复检验,比直接观察更加精确、易于控制,但灵活度有所欠缺。

(3)参与观察和非参与观察:参与观察是指观察者亲身介入观察对象的活动情境,对其中的对象进行观察;而非参与观察是观察者以局外人的身份进行观察。

选择题:C、AC、ABC、AC、AD

第二章

第一节复习巩固

1.简述环境的分类。

我们一般认为,人类环境可分为物质环境和社会环境两种,物质环境又分为自然环境和人工环境。

自然环境指的是我们周围自然界中各种自然因素的总和,。

人工环境是为克服自然环境的严酷条件,按人类社会功能需求而创造的,适宜人类生存的环境,是人类智慧的产物,它是不断发展、不断完善、不断提高的动态环境。

社会环境是指人们所在社会的经济基础和上层建筑的总体,它包括社会的经济发展水平、生产关系及相应的政治、宗教、文化、教育、法律、艺术、哲学等。

2.简述刺激来源有哪些?

刺激的来源可分为来自体外和体内两种,来自体外的刺激是指外在刺激,来自体内的刺激是指内在刺激。外在刺激分为心理刺激、物理刺激、环境刺激和社会刺激;内在刺激可分为生理刺激和心理刺激。

第二节复习巩固

1.简述密度的分类?

一般来说,根据不同的计算方法,密度又被分为内部密度和外部密度、社会密度和空间密度、实际密度和可知觉密度。

(1)内部密度和外部密度:内部密度是个体数目与建筑内部空间面积的比值;外部密度是个体数目与建筑外部空间面积的比值。

（2）社会密度和空间密度：面积不变而变化个体数目，这属于社会密度；个体数目不变而变化面积，这属于空间密度。

（3）可知觉密度：个体对所处空间的密度的主观评价，就是可知觉密度。它与实际测量的密度不同，其结果可能是与实际密度一致，也可能与其不一致。

2.简述高密度对人类身心健康的影响。

高密度对人造成的影响可分为直接效应和累积效应，即短期影响和长期影响。直接效应指由于高密度带来的即时负性情感体验，如焦虑；累积效应指高密度对健康的损害。

拥挤会对情感产生一定影响，大多数人认为，拥挤容易使人产生消极的、令人不愉快的情绪，如会使人感到烦躁不安、抑郁消沉等。

高密度可令我们的情绪低落，生理唤醒水平过高，它也会对我们的身体造成一定的危害，从而引发相关的疾病或使病情加重。另外，高密度环境更加有利于病毒的传播等。

第三节复习巩固

1.简述人与人之间保持的空间距离的大小与分类。

霍尔（Hall）将人与人之间保持的空间距离概括地分为四类：亲密的距离、个人空间的距离、社交距离和公共距离。双方交谈亲密，身体距离在0~45厘米，这属于亲密距离；个人空间的距离指身体距离在45~122厘米的距离；社交距离指122~366厘米的距离；公共距离指两人约366~762厘米的距离。

2.简述扬"边界效应理论"

扬指出，森林、海滩、树丛、林中空地等边缘空间都是人们喜爱的逗留区域，而开阔的旷野或滩涂则少有人光顾，除非边界区已人满为患，此种现象在城市里随处可见。

选择题：B、C、A、ABCD、ABCD

第三章

第一节复习巩固

1.感觉有哪些基本规律？

感觉一共有四大规律，包括感觉阈限、感觉适应、感觉后效和感觉对比，具体概况如下：

（1）感觉阈限。感觉阈限是指在刺激情境下感觉经验产生与否的界限。引起感觉的最小刺激量称为感觉阈下限,能产生正常感觉的最大刺激量称为感觉阈上限。

(2)感觉适应。由于刺激对感受器的持续作用从而使感受性发生变化的现象,叫感觉适应。

(3)感觉后效。对感受器的刺激作用停止以后,感觉印象并不会立即消失,仍能保留短暂的时间,这种在刺激作用停止后暂时保留的感觉现象称为感觉后效。

(4)感觉对比。对某种刺激的感受性不仅决定于该刺激的性质,还会受到同一感受器接受的其他刺激的影响。不同的刺激作用于同一感受器而导致感受性发生变化的现象称为感觉对比。感觉对比分两类:同时对比和先后对比。几个刺激物同时作用于同一感受器而产生的对比现象称为同时对比。刺激物先后作用于同一感受器而产生的对比现象称为先后对比。

2. 感觉有哪些种类?

(1)根据感觉刺激是来自有机体外部还是内部,可把各种感觉分为外部感觉和内部感觉。

(2)根据刺激能量的性质,可把感觉分为电磁能的感觉、机械能的感觉、化学能的感觉和热能的感觉四大类。

(3)临床对感觉也有其分类:① 特殊感觉,包括视觉、听觉、味觉、嗅觉和前庭觉;② 体表感觉,包括触压觉、温觉、冷觉、痛觉;③ 深部感觉,包括来自肌肉、肌腱、关节的感觉及深部痛觉和深部压觉;④ 内脏感觉。

第二节复习巩固

1. 举例说明知觉是如何产生的?

当你知觉某个东西的时候,你会利用以前的知识对感觉器官记录的这个刺激进行解释。知觉就是利用已有的知识解释感觉器官记录的刺激。比如,你利用知觉解释这一页上的每一个词语,看一下你是如何知觉"刺激"一词中的"激"这个字的:①眼睛记录的信息;②字典中关于字的形状的已有知识;③当你的视觉系统已经加工了"刺"的时候期待与什么样的已有知识相结合,来知觉"刺激"中的"激"。

知觉是一系列组织解释外界客体和事件的产生的感觉信息的加工过程。首先,知觉结合了外部世界(视觉刺激)和内部世界(已有知识)。你将会注意到这种模式识别的加工是将自下而上和自上而下的加工结合了起来。

2. 简述知觉的特性。

(1)知觉整体性:知觉的对象是由不同的部分组成的,具有不同的属性。

(2)知觉选择性:人们总是有选择地将对自己有重要意义的刺激物作为知觉的对象。

(3)知觉理解性:在感知当前事物时,人总是借助于以往的知识经验来理解它们,并用词标示出来,这种特性即知觉理解性。

(4)知觉恒常性:当知觉的对象在一定范围内发生了变化,知觉印象仍然保持相对不变。

3. 简述格式塔理论及其在景观设计中的应用?

格式塔作为心理学术语包含以下两种含义:一指事物的一般属性,即形式;二指事物的个别属性,即分离的整体,形式仅为其属性之一。从辩证的角度来讲,就是事物整体与部分的关系问题,也就是说,一个整体可能由多个部分组成,各部分结合构成整体,而这里面的每一部分之所以会发挥其特性,是因为它们并不是单独存在的,而是存在于整体当中。格式塔心理学不是从独立的角度去观察事物,而是从整体上去研究视知觉问题。

格式塔心理学家指出,图形有确定的形状,而背景只是在图形后面的简单延伸。图形看起来离我们更近,比背景更突出。在景观设计中,较好地运用格式塔的组织原则,可以增加景观的丰富性和可观察性,方便人们从形式美的角度增加对景观的认识和理解。例如,在环境设计中强调图底关系之分,有助于突出景观和建筑的主题,即受众在第一眼就能发现想要观赏的对象。环境中的某一元素一旦被感知为图形,它就会取得对背景的支配地位,使整个形态的构图形成对比、主次和等级。反之,感知对象图底不分或难分,成为暧昧或混乱的图形,知觉就会忽略不顾。

第三节 复习巩固

1. 注意的基本特征是?

注意具有指向性和集中性两个基本特征,指向性和集中性统一于同一注意过程中,保证了注意的产生和维持。

(1)注意的指向性表现为人的心理活动具有选择性,即在某一时刻,人的心理活动总是有选择地指向一定对象。

(2)注意的集中性是指心理活动停留在一定对象上,对其进行深入加工。当注意集中时,个体的心理活动只关注当前注意所指向的事物,即注意对象,与当前注意对象无关的事物或活动则被抑制。

2. 注意的功能有哪些?

(1)选择功能:注意的选择功能是指注意对外界信息进行选择性加工。每一时刻,个体内外存在各种类型的大量刺激,在注意的作用下,个体只是选取符合当前需要的、有意义的刺激,排除和抑制不重要的、无关的刺激。注意的选择功能使个体在同一时刻将注意指向于一项或少数几项工作或事件,使心理活动具有一定的方向性,使人们能在纷繁复杂的刺激面前做出有意义的选择,从而高效率地适应环境。

(2)维持功能:注意的维持功能是指注意对象的表象或内容在意识中得以保持,

然后得到进一步加工,直到完成任务为止。具体来说,当外界信息进入知觉、记忆等心理过程进行加工时,注意能够将已经选择好的有意义的、需要进一步加工的信息保持在意识之中,使之得到进一步加工。例如,文字校对员可以连续很长时间将注意集中于校对任务上;小朋友观看动画片时可以聚精会神很长时间。注意的维持功能在人们的生活和工作中起着重要作用。

（3）调节与监督功能:注意可以提高活动的效率,还体现在注意具有调节和监督功能上。在注意集中的情况下,人们常常需要把自己的当前行为与既定目标进行比较,然后通过信息反馈,对当前行为进行相应调节,使之与目标相一致,直至达到目标为止。在实现目标的过程中,注意还起着监督功能,目的是使行为效率增加,错误减少,准确性和速度提高。例如,有些小学生的作业出现错误,不是他们不会计算这些题目,而是由于他们在做作业时注意的参与程度不够,监督功能不完善,才导致错误的出现。

第四节复习巩固

1.认知地图的构成要素有哪些?

认知地图的构成要素包括道路、标志物、节点、区域、边界这五个因素。

道路指的是行进的通道,如步行道、大街、公路、铁路、河流等连续而带有方向性的通道,其他要素均沿路径分布。标志物指的是具有明显视觉特征而又充分可见的参照物,是引人注意的目标。节点指的是观察者可进入的具有战略地位的焦点,如广场、车站、交叉路口、道路的起点和终点、码头等人流集散处。区域指的是具有共性的特定空间范围,如公园、旧城、金融区、少数族群聚居区等。边界是不同区域之间的分界线,包括河岸、路堑、城墙、高速路等难以穿越的障碍,也包括示意性的可穿越的界线。

2.认知地图的特点?

（1）多维环境信息的综合再现:认知地图具有地理地图的特点,但它不只是一张简单的二维平面草图,它既包含具体信息,如街景、建筑造型等,也包含抽象信息,如构成整体意象的单独要素(林奇提出的五要素)和环境氛围等,它们共同形成"头脑中城市或环境"的结构。

（2）模糊性和片断性:认知地图来源于对环境的感知和体验,带有直觉性和形象性,然而它并非客观环境的照片或测绘图,更不是精确的复制模型,而是经头脑加工过的记忆的产物。

（3）个人差异:对于同一物质环境,不同个人具有与众不同的认知地图,这主要取决于个人对环境的熟悉程度,这种熟悉程度又取决于多种复杂的因素,如当地居民与外来者、生活方式与活动范围、性别差异、年龄差异等。

选择题：A、A、B、C、D、ACD、AC

第四章

第一节复习巩固

1. 简述情绪与情感的区别与联系。

区别：情感是对感情性过程的感受和体验，情绪是这一感受和体验状态的过程。情绪具有较大的情境性、激动性和暂时性，如悲哀、愤怒、恐惧、狂喜等往往随着情境的改变和需要的满足而减弱或消失。情感经常被用来描述具有稳定而深刻社会含义的高级感情。它所代表的感情内容，诸如对祖国的尊严感、对事业的酷爱、对美的欣赏不是指其语义内涵，而是指对这些事物的社会意义在感情上的体验，所以情感比情绪更具稳定性、深刻性和持久性。

联系：在具体的个人身上，它们彼此交融、不可分割。稳定的情感是情绪体验的概括，是在情绪的基础上形成的并通过情绪来表达。但同一种情感可以有不同的情绪表现，而同样的情绪也可以表现不同的情感。情绪也离不开情感，情绪是情感的具体形式和直接体验。情感是在情绪的基础上产生的，反过来情感对情绪又具有重要的影响。

2. 简述情绪状态的分类

依据情绪发生的强度、持续性和紧张度可以把情绪划分为心境、激情和应激。

心境是一种微弱而持久的、影响人整个精神生活的情绪状态。当一个人产生某种心境后，往往以同样的情绪状态看待一切事物，使他的言语、行动、思想和接触的事物都染上了同样的情绪色彩。

激情是一种强烈而短促的情绪状态，激发激情的直接原因往往是对个人意义重大或突发的事件。激情的特点是具有激动性和冲动性。

应激是指人对意外的环境刺激所做出的适应性反应。当人遇到困难，特别是遇到出乎意料的紧急情况时就会进入应激状态，把各种潜力调动起来，以应付当前紧张的局面。

第二节复习巩固

1. 简述景观的喜爱度与复杂性及秩序感的关系。

环境复杂性和秩序与喜爱度之间的关系非常微妙，复杂性增加提高了人们的唤醒程度，因而提高了人们对环境的兴趣，秩序感的提高减弱了人们对环境的兴趣却提高了喜爱度,所以只有中等程度的复杂性和较高的秩序感才能获得较高的喜爱度。

2. 从地区影响色彩偏爱的角度简述拉丁美洲地区与北欧地区运用色彩差异的原因。

在日照强的地方,人们通常喜欢鲜艳的颜色;在阳光少的地方,人们通常喜欢浅淡的颜色。受极昼影响,高纬度地区的人们对紫色、蓝色和绿色等短波长的光线比较敏感,因而也影响了该区域人们对颜色的偏好。北欧地区的人的生活中缺乏阳光,相比纯色,更偏好柔和的颜色,例如,他们喜欢粉色胜过红色。拉丁人生活的区域通常阳光明媚,因而拉丁人普遍喜欢暖色系,特别是红色、橙色和黄色。

3. 举例说明人群的流动习性。

人群的流动习性包括靠右行、识途性(原路返回)、走捷径、不走回头路、乘兴而行(追求新奇体验)、人流的暂时停滞。

第三节复习巩固

1. 简述巴塞罗那博览会德国馆厅内的流动空间与中国古典园林空间处理手法的相似之处,以及这种手法如何影响使用者的情绪。

巴塞罗那博览会德国馆厅内设有玻璃和大理石隔断,纵横交错,隔而不断,有的延伸出去成为围墙,形成既分隔又联系、半封闭半开敞的空间,使环境各部分之间、环境内外之间的空间相互关联。墙以一种非常自由的方式垂直布局,墙与墙之间相互独立,看似缺乏一定的联系,实际墙之间相互穿插,形成了空间的流动性。这正是流动空间最好的表现形式。

流动空间分隔了空间,同时也制造了对景,有点像中国古典园林里的对景手法,不是开门见山地让你看到景物,而是不断阻隔迂回,指引使用者慢慢发现玄机。这种手法使得游人的游览内容更丰富,增加小空间的复杂程度,提升使用者的新奇感。另外在环境设计中,相比于垂直线与水平线所带来的稳定、呆板印象,多种不同折线的运用能创造更为丰富与活泼的视觉效果,而造型丰富多变的环境空间极易引起人们的好奇心。

2. 简述在不同人流量的商业场所如何运用声景。

在顾客数量较少时:播放一些音量适中、节奏较舒缓的音乐,不仅能使顾客和销售人员心情更加舒畅,而且还能使顾客行动的节奏放慢,延长在商场的停留时间,增加更多的随机购买行为。

在顾客人数较多时:播放一些音量较大、节奏较快的音乐,使顾客和销售人员的行动节奏随着音乐的节奏而加快,从而提高体验和服务的效率,避免由于人多效率低而引起心情不好、矛盾冲突增多的情况出现。

3.说明不同特点的噪声与烦恼程度的关系。

(1)噪声强度越高,就越容易引起烦恼。

(2)高频率噪声比低频率噪声引起的烦恼程度高。

(3)脉冲噪声比稳态噪声引起的烦恼程度高。

(4)噪声频率结构不断变化的场合,尤其是噪声强度不断变化的场合,引起的烦恼程度高。

选择题:ABC、B、CD、ABCD、A、ABD、C、ACD

第五章

第一节复习巩固

简述心理疲劳的含义及其产生的原因。

心理疲劳也称精神疲劳,是指由于人主观的精神和心理因素,面对学习或工作产生的心烦意乱、精疲力竭和不愉快的感觉。心理疲劳的产生主要与消极情绪、单调感及厌烦感等因素有关。

(1)消极情绪。消极情绪是引发心理疲劳的重要原因。工作、学习、生活不顺心,受到他人打击和遭遇某种不幸,或者合理的需求得不到满足,这些情况都容易引起消极情绪。消极情绪对人的行动会产生负面作用,进而引发心理疲劳。

(2)单调感和厌烦感。现代企业分工过细,会使员工感到单调、乏味、厌倦。持续从事单调操作的员工,大多数在上午上班一小时后和下午上班半小时后就开始进入心理疲劳状态,工作效率开始下降。

第二节复习巩固

1.简述卡普兰(Kaplan)归纳的4个环境恢复性特征。

第一,环境是否能引起和通常情境不同的心理内容;第二,环境是否迷人,引人关注;第三,环境是否有足够的内容和结构能长时间占据人的头脑;第四,环境提供、鼓励或者要求的活动是否与个人的倾向能很好匹配,让个体感到舒适。

2.蒙太诺等人研究的4种令人产生拥挤感的情境包括哪些?

第一,个体感觉自己的行为受到限制;第二,人身自由受到他人的干涉;第三,个体由于很多外来人的出现而感到不舒服;第四,高密度使个体对未来失去信心和兴趣。

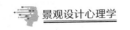

第三节复习巩固

1.眩光是什么? 眩光的大致分类又有哪些?

眩光(glare)是影响照明质量和光环境舒适性设计的主要因素之一。它是时间上的、空间上的不适当的亮度分布、亮度范围或极端对比等,导致视觉不舒适或知觉降低的一种视觉条件。就其对视力的影响而言,眩光可分为不舒适眩光(discomfort glare,又称为心理眩光)、失能眩光(disability glare,又称为减视眩光)和失明眩光(blinding glare,又称为生理眩光)。2.紫外线对眼睛有哪些负面影响?

紫外线又分成长紫外线、短紫外线和极短紫外线。紫外线可以被眼组织吸收,产生光学作用、荧光作用及抑生作用。其中:长紫外线可被眼内晶体吸收,使晶体产生变性而由清亮变为混浊,诱发白内障;短紫外线可由眼球壁上的组织角膜、结膜吸收后造成角膜、结膜的炎症,产生充血、水肿、上皮脱落,而产生眼红、眼磨痛、视物不清。

第四节复习巩固

1.简述噪声对人们健康的负面影响。

噪声从多方面危害人的健康。除了对听力的直接损伤,高水平的噪声还可能会导致较高水平的生理唤醒和系列应激反应;噪声可能也是心血管病和高血压的诱因之一;经常处于有噪声的环境中,会引发一些急性或慢性疾病,以及导致失眠等症状。另外,噪声还会通过改变某些行为对健康产生间接的影响。

2.医院的主色调为白色是否适合病患?

传统医院普遍采用单一的白色作为色彩基调,往往给病人带来冰冷、毫无生气的感受,进而增加病人在治疗过程中的心理负担,造成病人的逆反心理,从而影响他们的康复。医学方面的资料显示,淡蓝色的房间有利于高烧病人情绪稳定,紫色的房间使孕妇镇定,深红色的房间则能帮助低血压的病人升高血压。因此主色调为白色不适合病人情绪稳定。

选择题:ABCD、B、ACD、A、A

第六章

第一节复习巩固

1.简述可防卫型空间设计特征。

美国建筑师纽曼扩展了简·雅各布斯认为实质环境可以影响安全的想法,并把自己的理论称为可防卫空间。他认为一定的设计元素可减少犯罪,即:

(1)建立真正或象征性的障碍物;

(2)增加居民对公共空间的自然监视机会；

(3)提升居民对公共空间的拥有感；

(4)实质环境的尺度，这主要包括社区的规模和住房层数。

2.简述纽曼可防卫型空间理论设计的实质特征对犯罪的影响。

(1)楼层高度对犯罪的影响：纽曼用美国司法部的犯罪档案说明高层住宅楼的犯罪率最高，而低层住宅楼的犯罪率最低。

(2)纽曼相信矮墙、树篱、台阶等象征性的障碍物和高墙、铁门和铁栅栏等真正的障碍物都可以防止犯罪的发生，并提高居民的安全感。

(3)可见度良好的人工照明与开敞的空间是居民安全感的重要保证，纽曼用"自然监视"这一术语来阐释这一点。

第二节复习巩固

1.简述巴伦等人提出的故意破坏行为的模式。

巴伦等人提出的故意破坏行为的模式解释了在什么情况下产生这种行为的原因。这个模式指出，社会心理学中的公平理论认为应该公平地对待别人，自己也应该得到公平的对待。但是，当事实不符合公平原则时，如觉得自己受到了不公平对待，人们就会变得愤怒，并试图寻找某种平衡。这个模式说明，故意破坏行为是某些人对不公平待遇的宣泄，他们通过对固有规则的反抗，达到心理上恢复公平感的目的。

2.简述为了减少乱扔垃圾的行为和鼓励人们增加捡拾垃圾的行为，研究者们采用的先行策略。

许多实验结果表明，使用提示和暗示作为禁止乱扔垃圾的先行策略比单纯的教育更能减少乱扔垃圾的行为。除提示和暗示之外，先行策略的方法还有呈现榜样，这实际也属于提示的一种。此外，先行策略还包括设置垃圾箱。有研究表明，在适当的地方设置垃圾箱，乱扔垃圾的行为会有所减少，并且垃圾箱作用的大小在于它是否引人注意或有特点。

第三节复习巩固

1.举例说明攻击性行为是否和拥挤有直接的关系。

攻击性行为的发生与拥挤并没有直接关系，而是取决于拥挤时人们的情绪体验、人格特点、社会情境等因素。例如，在有足够的玩具分给儿童时，即使是在高密度条件下，儿童也不会发生攻击性行为。因此，高密度并不是引发攻击性行为的直接因素。无论是动物研究还是人类研究都显示，单纯的拥挤并不一定产生消极后果，拥挤给人带来的影响因个体差异、社会因素和具体情境而不同。

2.转向攻击是什么？噪声是如何导致个体转向攻击的？

转向攻击是指个体遭遇挫折后，无法直接对挫折源做出反应，进而转向无关的对象并将其作为代替品进行攻击的行为。有研究者采用访谈和问卷法考察了环境噪声污染对转向攻击的影响，结果发现：噪声敏感性越高、噪声持续的时间越长，个体转向攻击的水平就越高；而低频和高强度的噪声也与更高的转向攻击水平有关。

选择题：A、ACD、AC、AD、BD、D、C

第七章

第一节复习巩固

1. MBTI人格理论认为人与人之间的差异产生于哪些方面？

MBTI人格理论认为人与人之间的差异产生于四个方面：（1）他们把注意力集中在何处，从哪里获得动力（外向、内向）；（2）他们获取信息的方式（实感、直觉）；（3）他们做决定的方法（思维、情感）；（4）他们对外在世界如何取向，通过认知的过程或判断的过程（判断、知觉）。

2. 简述人格的基本特性。

人格的基本特性大致有整体性、稳定性、独特性和社会性四类。人格的整体性是指人格虽有多种成分和特质，但在真实的人身上它们并不是孤立存在的，而是密切联系并整合成一个有机组织。人格的稳定性并不意味着人格是一成不变的，而是指较为持久的、一再出现的定型的东西，它表现为两个方面，一是人格的跨时间的持续性，二是人格的跨情境的一致性。人格的独特性是指人与人之间的心理与行为是各不相同的。人格的社会性是指社会化把人这样的动物变成社会的成员，人格是社会的人所特有的。

第二节复习巩固

1.地域文化在景观设计中应如何表现？

首先必须探究该地域的历史与现状，对历史留存的地域文化进行分析、归纳与提炼，同时要观察当地人民的生活习惯、行为特点与价值取向，协调好人与地域自然环境之间的关系，用最适宜的设计方法和途径，使得地域文化景观能与体验它的人产生心理上的联系，激发人们对其的认同感。比如在城市公园中，地域文化的主要表达载体为地形地貌、园林建筑、植物、景观小品及辅助设施（园路）等几个方面。

2.简述地域文化在景观中的运用形式。

将地域文化融入景观之中主要有四种形式：（1）再现历史文化；（2）地域文化与现

代手法的融合;(3)适当保留地域传统文化;(4)提取地域文化元素。

第三节复习巩固

1. 奥尔波特提出健康的人格需具备哪些特征?

奥尔波特提出健康人格需要具备七个特征:(1)自我意识强烈;(2)人际关系融洽;(3)情绪上有安全感,能自我认可;(4)具有现实的知觉;(5)专注地投入工作;(6)现实的自我形象;(7)统一的人生观。

2. 简要描述影响人格发展的几个因素。

研究者们普遍认为,人格是在先天遗传因素的基础上,在后天社会实践的活动中形成和发展起来的。影响人格发展的因素有很多,主要包括遗传、环境、教育、社会实践及人的主观性等因素。

选择题:B、ABCD、C、C、A

第八章

第一节复习巩固

1. 简述美的特征。

美具有形象性、感染性、相对性、绝对性、社会性等特征。

(1)美的形象性。美能够以具体的事物来体现,美是形象的、生动的、能被人的感觉器官所感知的。在人们的身边,有自然的形象、社会的形象、艺术的形象、设计的形象等,都是感知的审美对象。大自然的美千姿百态,令人震撼。而在人类的一切领域中,美也以不同的形态展现出来,形成一个个生动具体的美的形象。

(2)美的感染性。由于美具有感染性,美才能使人感动、愉悦,引起情感的共鸣。美学的先哲柏拉图是第一位提出美具有愉悦与感染性的人,他指出美的事物不但能让你愉悦,而且还让你受到感染。人类的愿望、人生的价值,必然能唤起人在心理上的喜悦、精神上的满足。自然界的美感染了艺术家,使他们创造了各种各样的艺术品。这些创作就是美的感染性激发创造灵感后的产物。

(3)美的相对性。美是发展的、变化的,而且也是不断丰富的,美具有相对性。由于人的本质力量不断提升,每个时代和社会对美的审视也是不同的,美的形式和评判标准也是不断变化的。作为审美主体的人,其审美的角度以及个人的喜好、品位、素养、身份、地位、人生追求等不同,审美的感觉和结果也就不尽相同。任何事物都是与其他事物紧密相连的,互为作用的,其关系的改变也必然会影响审美对象的审美属性。

(4)美的绝对性。美具有绝对性,美是普遍的、永恒的。美的事物有其自身质的规定性,是有一定的客观标准的。如果事物符合美的客观标准,那么它就是永恒的。例如,张衡的地动仪,有着聪明的构想、巧夺天工的造型,成为经典的设计,它以永恒的审美价值,给后人以美的享受。

(5)美的社会性。人类的实践创造了美,使美成为一种社会的存在物,具有社会的属性。美是人类自由自觉地创造世界的结果,随着人的本质力量对社会发展的不断作用,美在不断地丰富与发展。

2.简述审美感知的特性。

(1)审美感知的限制性。只有在人的感觉能力可以接受的范围内,事物的信息才有可能让人产生美感。

(2)审美感知的综合性。美感与人的全部感官有关,但人们一般只注意视觉与听觉这两种感官的审美感知。事实上,美感产生时,人的全部感官都参与了,只是由于审美对象的差异,各感官参与审美的程度不同。审美感知的综合性还表现在各种感觉的相互贯通上,感觉的贯通称为"联觉",又称"通感"。

(3)审美感知的选择性。审美感知虽然具有整体综合性,但作为审美主体的人,对进入感知的各种信息不是不加选择、不分主次、一视同仁的。人们总是在知觉对象中自觉或不自觉地找出他最感兴趣的东西作为主要的知觉点,而将其他部分作为这个知觉点的背景,这就表现出了知觉的选择性。因而审美感知也就具有了选择性。

3.简述审美情感的特性。

(1)审美情感的主体性。审美主体的情感在审美中具有主体性,即不是审美对象的情感而是审美主体的情感构成了美感的本质。

(2)审美情感的形式性。审美情感的形式性体现在三个方面:第一,它在形式(形象)中存在;第二,它在形式(形象)中深入;第三,它创造形式(形象)。

(3)审美情感的趣味性。这是审美情感十分重要的特性,从某种意义上讲,日常情感只有成为趣味情感,它才能称为审美情感。

(4)审美情感的精神性。审美情感具有很高的精神性,它渗透了深刻的理性内涵,是人性集中的体现。

第二节复习巩固

1.景观形式美有哪两种类型?

景观形式美有两种类型,即秩序型形式美与变化型形式美。

秩序型形式美,即人们普遍认识的传统形式美,是指在历史演进过程中,形式所呈现的具有共同性、规律性且广为接受的抽象的美,包括事物的自然属性(如形、声、色)及其组织原则(如对称、均衡、比例、节奏)等传统形式美法则,是一种特指的符合人们审美习惯的、内容被固定下来的形式美,秩序是其主要特征。在景观中,传统法国园林是以秩序为特征表现传统形式美的典型,如凡尔赛花园通过规整的布局、清晰的轴线、严整的比例表现出传统形式美。

变化型形式美是指与传统形式美法则相悖的美感形态,如混乱、无序、怪异等,变化是其主要特征。也有人称之为传统形式美的审美变异。中国传统园林就以变化为特征,是表现非传统形式美的典型,讲究"步移景异",时常违背传统形式美法则,但却无可置疑地富含"形式美"。如耦园通过多变的山体、蜿蜒的流水、曲折的小桥、变换的视点表现出非传统形式美。

2. 简述景观意境美的独特性。

景观作为一种艺术门类,与其他艺术相比,在意境生成方面具有独特性,具体表现在五个方面:(1)高度契合;(2)身心合一;(3)亦幻亦真;(4)易于感知;(5)亲和余味。

3. 景观意境和意蕴有何区别。

传统意境的内涵十分宽泛,"情景交融"是其主要特征。从理论分析的研究角度,意境可以区分为"境"与"意"两种突出特征。"境"就是前述的审美幻境,偏重于客体形态;"意"就是"意蕴",偏重于主体的情感感受。意蕴是主体在对意境的欣赏体验中生发的情态,是更深层次的审美产物,是景观深层审美结构的作用结果。

第三节复习巩固

1. 简述审美体验的特征。

(1)审美体验具有原构性。原构性是指审美体验具有原始建构的属性。它显现了审美体验的力度。

(2)审美体验具有历构性。历构性是指审美体验具有历史建构的属性。它体现了审美体验的深度。

(3)审美体验具有超构性。超构性是指审美体验具有超越现实、超越个体而进行意义建构的属性。

(4)审美体验具有预构性。预构性是指审美体验具有预先建构未来形象的属性。

2. 简述审美条件的内涵。

审美条件的内涵体现为较高的审美能力、丰富的文化知识、适当的审美心境、高尚的审美情操四个方面。

(1)较高的审美能力。较高的审美能力是开展审美活动非常重要的一个条件。审美能力大致包含三个方面,一是完善的审美感官,二是敏锐的审美感受力,三是丰

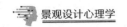

富的审美想象力。

（2）丰富的文化知识。审美是一种文化活动，一个人若要顺当地开展审美活动，就必须具有相应的文化知识，否则就不能在美的天地中自由翱翔，真正领略其中的美。文化知识的面是很广的，它包括历史知识、社会知识、科技知识、艺术知识等。

（3）适当的审美心境。审美是对象与主体之间发生的一种情绪反应活动，审美心境是引起这种活动的重要情绪基础。孔子认为，欣赏音乐一定要专心致志，不仅要用耳听，而且要用心和气去感受。此外，还要排除尘世间的一切杂念，忘却自我，否则，就很难进入美的境界。这就是我们所强调的审美心境。良好的审美心境是主体所必备的条件，如果一个人心绪烦闷，精神不振，那么，再美的对象也不能唤起他的审美情趣。

（4）高尚的审美情操

审美是一种高尚的行为，是人类精神文明发展水平的一种标志。美是前进的、积极的，具有一种勃勃向上的生命力。这是因为任何一个美的对象总要通过具体的感性形态显示出人的积极向上的本质力量。但是，作为社会历史发展的一种精神成果，从严格意义上讲，它并不属于每一个社会成员，而只属于进步人类。因为只有心地善良、具有相应的积极向上的本质力量的人，才会去发现美、保护美，也只有他们才会欣赏美、创造美；品格卑下、灵魂肮脏的人，与美总是格格不入的，他们往往是嗜臭成癖，视丑成美。一个真正能够欣赏美的人，自身就必须具有高尚的审美情操。

第四节复习巩固

1.设计师的审美感知主要包括哪些内容？

设计师的审美感知主要包括审美感觉和审美知觉两个方面。

审美感觉为整个审美心理活动提供基础。通过感觉，设计师能认识外界事物的颜色、气味、形态等属性，获得最基本的审美快感和初级美感。在此基础上，设计师对通过感觉获得的信息进行加工，进行审美中更复杂的知觉、情感、联想、想象等高级心理活动，从而更好地反映客观世界。

为了给设计和创作的想象、联想、判断、理解和情感奠定心理基础，设计人员在拥有了形象的知觉外，还应具备时间知觉、空间知觉、节奏知觉以及动知觉、静知觉等。设计的审美知觉不是知识的判断或科学的归类，而是通过设计对象的外在表现形式来诠释其内在的情感。

2.审美知觉与一般的知觉的不同点在哪里？

就设计的审美知觉而言，设计者能在不考虑审美对象功利性的前提下，对事物的形状特征进行特别关注，从而用他的感官系统全面接收关于事物的特征和情感的信息。设计的审美知觉与一般的感性知觉还有另外一点明显的区别,即设计的审美知觉具备丰富的情感色彩,促使设计者产生一种有选择、有对比的主动积极的心理活动,并将其付诸于个性鲜明的设计活动中,达到外在形式与内在心理的融合。

选择题:A、ABD、B、BD、A

第九章

第一节复习巩固

1.简述设计师的形象思维与逻辑思维的区别与联系。

形象思维是以具体的形象或图像为思维内容的思维形态,是人的一种本能思维,人一出生就无师自通地能以形象思维方式考虑问题。形象思维也是设计思维的基础,是设计主体进行思维活动的基本素材。形象思维是一种以形象为依托和工具的思维方式,与逻辑思维相比,形象思维呈现整体性、直觉性、跳跃性、模糊性的特点。形象思维使人们能创造出整体的、概括的、典型的、具有某种风格的图像。

逻辑思维是以概念、判断、推理等形式进行的思维,又称抽象思维、主观思维。逻辑思维是一种理性的思维过程,逻辑思维方法能够对发散思维、直觉思维的结果进行分析判断,选择相对最优的结果,并有助于用简明的语言和必要的计算数据进行表达,能够对发展变化的市场和技术做出判断,提出改进方案或其他的设想。

形象思维与逻辑思维同样具有创造性,都是创造性思维的组成部分,而且形象思维在整个创造性思维中处于先导的、启示性的地位。

2.景观设计的创意过程主要包括哪些内容? 他们分别与设计师的想象有什么联系?

景观设计的过程包括五个主要的创意过程,它们分别是原始资料收集、资料审查、构思方案、实际创意与施工应用,每个阶段都与想象息息相关。

(1)原始资料收集与想象。原始资料收集阶段要求景观设计师对项目所涉及的各类资料进行全面搜索,在这一过程中设计师的思路与想象力决定着资料收集的广度与深度。

(2)资料审查与想象。资料审查阶段总的来说是一个集中思维的过程,这一阶段最重要的任务是将前期收集的资料进行汇总审查。设计师需要判断资料的科学性与重要性,要保留正确的且重要的信息,排除不准确的次要信息。对此,设计师最需要的是理性分析,但想象也不可或缺,想象在这里起着指引作用,它引导设计师在审查资料时始终围绕着后期的设计方案,许多设计师在此阶段已经能够凭借想象得出大体的设计定位与风格主题。

（3）设计方案的构思与想象。构思设计方案的过程是一个设计师头脑中的想象肆意挥洒的过程，设计师需要充分调动自己的发散思维，任凭想象在脑海中驰骋，在无数的信息链接点中找到最佳的解决方案。通过想象，设计师的头脑中会形成相应的空间形象，设计师经过深思熟虑会对头脑中虚拟的各种空间形象做出修改与抉择。设计构思阶段是设计师想象最为活跃的一个阶段。

（4）实际创意的产生与想象。在设计行业，产生实际创意的阶段就是指确立设计方案、制作空间模型与绘制施工图的阶段。这一阶段需要适当运用设计师的想象力。在图纸表达与模型制作中，设计师的空间想象力非常重要，因为他需要把设计意图在三维与二维之间进行转换。

（5）施工应用与想象。施工应用过程是设计师与施工人员共同完成的，在此过程中，设计师需要把设计理念和图纸概念等用口头语言的方式表达出来，最好能调动施工人员的想象，让所有施工团队成员的头脑中都形成项目的整体形象，包括每个施工阶段的空间形象及建成后的空间形象。这样在施工中会减少盲目性和疏漏。

第二节复习巩固

1. 景观设计师应掌握的专业技能有哪些？

从事景观设计应熟练掌握的专业技能包括六个方面：

（1）景观设计的造景基本要求和营造手法。要求掌握各类景观规划设计的原则、步骤和方法，掌握景观设计原理，从工程学、生态学、美学和艺术的角度营造景观环境，组织景观空间。

（2）园林植物种植手法。了解园林植物知识，能够识别常见的园林植物，熟悉乡土植物。具备根据土质、气候等地域条件选择园林植物的技能，具备根据美学知识、艺术原理合理配置植物的造景能力。

（3）景观建筑设计技能。具备设计景观所需的建筑、建筑小品和服务性功能建筑的能力，具备设计硬质地面、景观驳岸、河沿和挡土墙体的技能。

（4）景观施工设计。根据景观施工技术的原理和特点，掌握各分部工程施工的基本技能，具备指导施工、配合施工的现场服务技能。

（5）造型艺术设计。掌握一定的造型技能、素描技能、色彩布置技能，能探索艺术规律的表达，运用素描、效果图绘制和计算机辅助等表达手法正确贴切地展示设计意图。

（6）熟练使用 AutoCAD、PhotoShop、Sketch Up、lumion、VRary、ArcGIS 等景观绘图建模分析软件，正确、清晰地绘制景观工程设计图。

2. 简述气质的类型及特征。

多血质：属于活泼型神经活动类型，灵活性高、易于适应环境变化、活泼、好动、敏感、反应迅速、喜欢与人交往、注意力容易转移、兴趣容易变换等特征。

胆汁质：属于兴奋型神经活动类型，具有情绪易激动、反应迅速、行动敏捷、性急、直率、热情、精力旺盛、心境变换剧烈等特征。

黏液质：属于安静型神经活动类型，具有安静、稳重、反应缓慢、沉默寡言、情绪不易外露、注意稳定但又难于转移、善于忍耐等特征。

抑郁质：属于抑制型神经活动类型，具有孤僻、行动迟缓、体验深刻、善于觉察别人不易觉察到的细小事物等特征。

第三节复习巩固

1.动机从来源上可以归纳为哪些类别？

动机从来源上可以大致归纳为内部动机和外部动机两类。内部动机是一种指向活动本身的动机形式，活动者主要受活动本身所吸引，而从事活动的过程也就能带来需求满足，如理想、愿望；外部动机则是由与活动相分离的其他因素所引发和维持的动机，从事活动仅是一种工具性手段，活动者所期望的是以此达成其他目的或结果。

2.设计师应具备的责任包括哪些方面？

（1）生态责任（对于未来的责任）。

设计师有责任考虑其设计的作品在制作的整个过程中对地球生态造成的负面影响，拒绝单纯追求商业利益而破坏环境的作品，而且尽可能有节制地使用自然资源，并且从开始设计作品时便要考虑其长期使用及循环利用，而不是创造一次性观赏型作品。

（2）道德责任（对于当前的责任）。

设计师必须是一个有态度的人，而非一味投人所好的工匠，设计师不应无条件地满足顾客的要求，他有责任不做过度的设计，仅恰如其分地表达，不过分地刺激人们的感官欲望而企图引发更多的盲目消费，以期获取更大的商业利益。设计师要有社会良知，首要必备的素质是：诚实正直，不为利益名誉出卖灵魂。

（3）文化传承责任（对于过去的责任）。

先人在生产生活中创造了大量的文化财富，包括物质财富及非物质财富，它们都是先人智慧的结晶。这些文化财富设计师进行设计创造活动的灵感宝库，因而，设计师有责任对这些财富加以保护、传承和发展。设计师通过创造力令焕发新的生命力。同时，设计师运用文化财富进行设计创造的过程，实际上也是创造文化财富的过程。

选择题：B、C、AC、D、D、ABD、C、BD

第十章

第一节复习巩固

1. 请简述吉尔福特创造力六要素。

吉尔福特总结出了创造力的六个要素:(1)敏感性,即对问题的感受;(2)思维的流畅性;(3)思维的灵活性;(4)独创性;(5)重组能力或者称为再定义性,即善于发现问题的多种解决方法;(6)洞察性,即透过现象看本质的能力。其中,流畅性、灵活性与独创性是最重要的特性。

2. 设计师具有哪些人格特征?

当设计师从更高层次来要求自己的创作时,表现出艺术家的典型创造性人格。

此外,设计师还需要具有一定的沟通和交流能力、经营能力等,帮助设计师弄清目标人群的需求、甲方意志、市场需要等。

勤奋。设计活动本身就是一项非常艰苦、具有探索性的长期性工作,与纯艺术重自我表现的特质不同,设计师需要不断探索、检验、修正、完善设计创意,一个新奇特别的创意是否能最终成为一项适宜的设计成品,需要长时间的辛勤工作。此外,勤奋使设计师的观察范围、经验累积、思维能力、想象能力、实践能力都能得到极大提高。

客观。客观的人格特征也是设计师区别于纯艺术创作者的重要方面,设计师既不能像艺术家那样随意宣泄个人情感,表达主观感受,也不能像工程师那样一丝不苟,在相对狭窄专一的领域中不断探索下去。客观性是设计师理想思维的集中体现,使设计师能够对自身及自己的设计进行客观评价,使设计与实际需求和审美取向等要素结合起来。同时,客观的个性能使设计师跳出一般思维、习惯的束缚,为设计师更好地设计创造条件。

对创造、艺术、问题求解等方面具有浓厚的兴趣。兴趣也是影响设计师创造力发挥的重要因素。设计师往往对于创造、艺术、问题求解等方面具有浓厚的兴趣,有时没有接受过正规艺术设计教育的人,在强烈而持久的兴趣的驱使下,也能做出很好的设计作品。

有意志力。有意志力的设计师体现出自觉性、果断性、坚持性和自制力等人格特征。意志力能帮助他们自觉地支配行为,在适当的时机当机立断、采取行动,并顽强不懈地克服困难完成预定目标。

第二节复习巩固

1. 请简述沃拉斯关于创造活动的四阶段理论。

沃拉斯认为任何创造过程都包括准备、酝酿、明朗和验证四个阶段。

(1)准备阶段(preparation):是指创造性思维形成前对问题相关知识的理解与累

积。这一阶段最重要的是明确创造目的,掌握丰富的经验,收集广泛的信息,掌握必要的技能。于景观设计而言,这一阶段是在设计师了解项目既有知识的前提下搜集并分析有关资料,并在此基础上逐步明确设计主题及思路。

(2)酝酿阶段(incubation):也叫潜意识加工阶段,指在准备阶段得不到结果而将问题暂时搁置,等待有价值的想法自然酝酿成熟而产生出来。

(3)明朗阶段(illumination):也叫豁朗阶段,是指经过潜伏期酝酿之后,具有创造性的新观念可能突然出现,也就是常说的灵感或顿悟。事实上,灵感或顿悟并非一时心血来潮、偶然所得,而是前两个阶段认真准备和长期孕育的结果,它也是创造性思维导向结果的关键。

(4)验证阶段(verification):由灵感或顿悟所得到的解决方案也可能有错误,或者不一定切实可行,所以还需通过逻辑分析和论证以检验其正确性与可行性。

2.简述景观设计中获取灵感的几个途径。

勤学苦练。灵感思维的出现是以长期的、辛勤的劳动为前提或基础的。创造是富于灵感或顿悟的劳动,任何灵感或顿悟都是人们长期辛勤劳动的结晶,只有在长久持续的实践活动中,才会有灵感或顿悟的显现。

体验自然。对自然的体验是设计灵感的重要来源之一,客观地说,人类的需求和对自然的重塑模仿观念是启发当代景观设计师的主要灵感来源。

观察分析。观察分析是产生灵感的必要手段,客观的带有目的性、计划性的观察行为和对概念的再造冲动有助于灵感激励。

知识储备。广泛地涉猎各个方面的知识是灵感来源的重要基础。丰厚的知识储备是灵感的重要来源之一。景观设计师的灵感是很多元的,除了与艺术相关领域的激励有关,文化领域和个人经历的启发也存在,但这些都是设计师有意识或无意识的带有目的性的知识和创作素材的积累。

心态平和。长时间的紧张思考状态会引发神经过程的负诱导现象,思维中心过度兴奋导致周围的神经活动受到抑制,而潜意识中的灵感原料被使用的可能性就会降低。因此,景观设计师在感到灵感枯竭的时候,与其沉浸在焦头烂额却又毫无头绪的构思状态中,不如放下重担,平心静气地出去走走,甚至安心睡上一觉,或许灵感的大门就会打开。

第三节复习巩固

历史文脉与景观设计的关系是什么?

历史文脉是一个城市关于文明的记忆,是一个城市中集结的人类智慧,是一个城市区别于其他城市的独有特色,是一个城市中被人们传承和引以为傲的精神瑰宝。

城市景观是城市中为人类提供使用功能和观赏功能的空间和场地,是城市中为人类创造自然氛围和人文气息的一门艺术,是城市中让人们体验到人与自然和谐统一关系的一种方式和手段。

城市景观设计与历史文脉之间是密不可分的,只有承载着历史文脉的景观才是城市真正所需要的,而历史文脉也通过景观在城市中得以留存、传承和发展。一个城市的品位与魅力在于它所拥有的历史文化财富,而在进行城市景观的设计时,应立足于城市的历史文化背景,通过对人类文明的深度挖掘和研究,将符合城市精神的元素高度提炼精简,使之成为能够运用到景观设计中的具有代表性意义的符号。

选择题:C、ABC、A、C、B

参考文献

［1］常怀生．环境心理学与室内设计［M］．北京：中国建筑工业出版社，2000．

［2］陈根．图解设计心理学［M］．2版．北京：化学工业出版社，2019．

［3］陈芝蓉，石林，崔洪弟．公共场所出入口拥挤感研究［J］．新世纪论丛，2006（2）．

［4］池丽萍．从"空间"到"地方"：女性青少年依恋的社会微环境研究［J］．首都师范大学学报：社会科学版，2011（1）．

［5］丁腾腾．新时代大学生健康人格培育研究［D］．济南：山东大学，2019．

［6］杜瑜．中国人人格地图：最全面的中国地域人格说明书［M］．北京：金城出版社，2010．

［7］范永丽．当代儿童人格塑造［M］．太原：山西人民出版社，2007．

［8］费移山，王建国．高密度城市形态与城市交通——以香港城市发展为例［J］．新建筑，2004（5）．

［9］符浩彬．形式美法则在景观设计中的运用［J］．现代园艺，2015（4）．

［10］付莉．浅议地域文化景观设计［J］．戏剧之家，2016（3）．

［11］高翔，姚雷．特定芳香植物组合对降压保健功能的初步研究［J］．中国园林，2011（4）．

［12］高也陶．临床交流学概论［M］．上海：同济大学出版社，1989．

［13］高轶．基于景观美学的关中环线长安区段沿线空间优化策略研究［D］．西安：西安建筑科技大学，2016．

［14］郭有遹．创造心理学［M］．北京：教育科学出版社，2002．

［15］韩树伟．基于地域文化特征的大庆青龙湖湿地公园景观设计研究［D］．哈尔滨：哈尔滨工业大学，2019．

［16］胡正凡，林玉莲．环境心理学：环境—行为研究及其设计应用［M］．4版．北京：中国建筑工业出版社，2018．

［17］黄彩燕．创造性思维的认识过程与方法研究［D］．桂林：广西师范大学，2012．

［18］黄国松．色彩设计学［M］．北京：中国纺织出版社，2001．

［19］黄希庭,邓涌．心理学导论［M］．3版．北京:人民教育出版社,2015．

［20］季蕾．植根于地域文化的景观设计［D］．南京:东南大学,2004．

［21］金炜．声景学在园林景观设计中的应用及探讨［J］．现代园艺,2019(2)．

［22］陆军,宋吉涛,汪文姝．世界城市的人口分布格局研究——以纽约、东京、伦敦
　　　为例［J］．世界地理研究,2010(1)．

［23］赖凯声．区域人格与健康:文化、经济与政治环境的调节作用［D］．天津:南开
　　　大学,2016．

［24］蓝宇蕴,黄定平．城市高密度人口分布下的社区建设——以广州荔湾区为例
　　　［J］．城市观察,2012(3)．

［25］李剑．城市景观设计中的地域文化因素及其重要影响［J］．黑龙江科技信息,
　　　2017(2)．

［26］李寿欣,李传银,王学臣．基础心理学实验指导［M］．济南:山东人民出版社,
　　　2009．

［27］李玉杰,李景春．心理学概论［M］．北京:人民日报出版社,2006．

［28］李泽厚．美的历程:插图本［M］．2版．桂林:广西师范大学出版社,2001．

［29］刘嘉欣．园林景观设计地域文化的探讨［J］．现代园艺,2018(2)．

［30］刘能强,等．设计心理学基础［M］．北京:人民美术出版社,2011．

［31］刘晓光．景观美学［M］．北京:中国林业出版社,2012．

［32］刘志红．社会心理学基础［M］．沈阳:辽宁大学出版社,2002．

［33］柳沙．设计心理学(升级版)［M］．上海:上海人民美术出版社,2016．

［34］鲁娟,谢长勇,王悦．不同地域人员人格特征调查［J］．中国健康心理学杂志,
　　　2014(11)．

［35］罗国杰,等．中国伦理学百科全书•伦理学原理卷［M］．长春:吉林人民出版
　　　社,1993．

［36］吕勤智,赵千慧,王一涵．基于审美体验的乡村旅游景观营造探究——以浙江
　　　省石壁湖村为例［J］．浙江工业大学学报(社会科学版),2019(3)．

［37］马铁丁．环境心理学与心理环境学［M］．北京:国防工业出版社,1996．

［38］毛延佳,付伟,方俊橙．基于人格发展理论的景观设计初探——以上海辰山植
　　　物园第四届国际兰展大赛作品"傣乡乌兰"为例［J］．中国园林,2018(A2)．

［39］彭明福,朱云才．实用美学与审美鉴赏［M］．2版．重庆:重庆大学出版社,
　　　2015．

［40］邱明正．审美心理学［M］．上海:复旦大学出版社,1993．

［41］任静,李文艳．旅游心理学［M］．北京:北京理工大学出版社,2015．

［42］粟深蓉．审美体验与文化修养［M］．成都:电子科技大学出版社,2014.

［43］孙时进,王金丽．心理学概论［M］．上海:复旦大学出版社,2012.

［44］田蕴,毛斌,王馥琴．设计心理学［M］．北京:电子工业出版社,2013.

［45］汪瑞霞．宗教主题文化景观吸引力的构建与提升［J］．艺术百家,2008(S1).

［46］汪元宏．中老年心理保健［M］．合肥:安徽大学出版社,2004.

［47］王纪武．地域文化视野的城市空间形态研究——以重庆、武汉、南京地区为例［D］．重庆:重庆大学,2005.

［48］王竞永,李素雅,宋菊芳．五感景观在美丽乡村建设中的应用——以随县潘家湾 为例［J］．绿色科技,2016(23).

［49］王茂林．山西人的性格与社会心理［M］．太原:山西人民出版社,2010.

［50］王云才,石忆邵,陈田．传统地域文化景观研究进展与展望［J］．同济大学学报（社会科学版）,2009(1).

［51］翁玫．听觉景观设计［J］．中国园林,2007(12).

［52］吴建平,侯振虎．环境与生态心理学［M］．合肥:安徽人民出版社,2011.

［53］武雪婷,金一波．不同地理环境与文化背景下人的心理差异研究［J］．中共宁波市委党校学报,2008(3).

［54］须博,过伟敏．民族建筑设计中传统宗教文化的摄入［J］．贵州民族研究,2018（8）.

［55］徐磊青,杨公侠．环境心理学——环境、知觉和行为［M］．上海:同济大学出版社,2002.

［56］徐力怡．论大学校园人文景观设计与学生人格塑造［J］．高教论坛,2004(6).

［57］徐学俊．人格心理学——理论•方法•案例［M］．2版．武汉:华中科技大学出版社,2012.

［58］许远理,熊承清．情绪心理学的理论与应用［M］．北京:中国科学技术出版社,2011.

［59］燕杰．设计中的直觉感受［J］．艺海,2015(11).

［60］叶奕乾．现代人格心理学［M］．2版．上海:上海教育出版社,2011.

［61］余波,谢英彪．疲劳综合征防治190问［M］．北京:人民军医出版社 ,2015.

［62］余达淦．创造学与创造性思维［M］．北京:原子能出版社,2003.

［63］翟天然．景观设计中的互动行为研究［J］．艺术科技,2017(12).

［64］张彬,霍双．中小学生眼病防治300［M］．石家庄:河北科学技术出版社,2015.

［65］张浩．直觉、灵感或顿悟与创造性思维［J］．重庆社会科学,2010(5).

［66］张雷．注意力经济学［M］．杭州:浙江大学出版社,2002.

[67] 张琦. 地域文化形成与湖湘人格[J]. 求索,2011(8).

[68] 张为平."极限都市"香港——作为"亚洲式拥挤文化"的典型[J]. 城市建筑,2008(12).

[69] 张晓燕,李少晨. 创造性思维方式在景观设计中的应用[J]. 美术向导,2013(6).

[70] 张鑫,郭媛媛. 设计心理学[M]. 武汉,华中科技大学出版社,2012.

[71] 张耀翔. 感觉心理[M]. 北京:工人出版社,1987.

[72] 赵良. 景观设计[M]. 武汉:华中科技大学出版社,2009.

[73] 赵伟军. 设计心理学[M]. 2版. 北京:机械工业出版社,2012.

[74] 赵翔,刘贵萍. 犯罪学原理[M]. 北京:中国言实出版社,2009.

[75] 赵子苊. 中国传统文化在圆明园景观中的体现述略[J]. 艺术百家,2015(2).

[76] 郑希付,陈娉美. 普通心理学[M]. 长沙:中南工业大学出版社,2002.

[77] 中共中央马克思恩格斯列宁斯大林编著作译局. 马克思恩格斯全集·第26卷下册[M]. 北京:生活•读书•新知三联书店,1965.

[78] 钟磊. 园林景观设计中色彩的配置与运用探究[J]. 现代园艺,2019(18).

[79] 周研. 设计心理学课程思路改革探析——景观设计心理学变革[J]. 吉林建筑大学学报,2014(4).

[80] 朱光潜. 朱光潜全集·第二卷[M]. 合肥:安徽教育出版社,1996.

[81] 朱建军,吴建平. 生态环境心理研究[M]. 北京:中央编译出版社,2009.

[82] 朱伟. 旅游文化学[M]. 武汉:华中科技大学出版社,2011.

[83] 大野隆造,小林美纪. 人的城市——安全与舒适的环境设计[M]. 余漾,尹庆,译. 北京:中国建筑工业出版社,2015.

[84] 相马一郎,佐古顺彦. 环境心理学[M]. 北京:中国建筑工业出版社,1986.

[85] 弗洛伊德. 图腾与禁忌[M]. 杨庸一,译. 台北:台湾志文出版社,1985.

[86] 斯托曼. 情绪心理学[M]. 张燕云,译. 沈阳:辽宁人民出版社,1986.

[87] 林奇. 城市意象[M]. 方益萍,何晓军,译. 北京:华夏出版社,2001.

[88] 贝尔,等. 环境心理学[M]. 5版. 朱建军,吴建平,等,译. 北京:中国人民大学出版社,2009.

[89] 克雷奇,等. 心理学纲要(下册)[M]. 周先庚,等,译. 北京:文化教育出版社,1981.

[90] 苏彦捷,李佳. 环境心理学[M]. 长春:吉林教育出版社,2001.

[91] 朱颖俊. 组织行为与管理[M]. 武汉:华中科技大学出版社,2017.

[92] 何雯,李卓染,丁石雄. 景观设计之道及其应用实践[M]. 北京:中国书籍出版

社,2017.

[93] 李道增. 环境行为学概论[M]. 北京:清华大学出版社,1999.

[94] ALLIK J, REALO A, MÕTTUS R, PULLMANN H, TRIFONOVA A& MCCREA R R. (2009). Personality Traits of Russians from the Observer's Perspective. European Journal of Personality,23(7),567-588.

[95] EVANS G W. (1979), Behavioral and Physiological Consequences of Crowding in Humans. Journal of Applied Social Psychology, 9, 27—46.

[96] FREEDMAN J L, LEVY A S, BUCHANAN R W& PRICE J. (1972). Crowding and Human Aggressiveness. Journal of Experimental Social Psychology, 8(6), 528—548.

[97] KRUG S E& KULHAVY R W. (1973). Personality Differences Across Regions of the United States. Journal of Social Psychology,91,73—79.

[98] OUELLETTE J A& WOOD W. (1998). Habit and Intention in Everyday Life:The Multiple Processes by Which Past Behavior Predicts Future Behavior. Physiological Psychology,63,28—33.

[99] VAIDYA J G, GRAY E K, HAIG J & WATSON D. (2002). On the Temporal Stability of Personality:Evidence for Differential Stability and the Role of Life Experience. Journal of Personality and Social Psychology,83,1469—1484.